普通高等教育工程训练系列教材
国家级实验教学示范中心系列教材

# 工程综合创新训练


主　编　张艳蕊　冯慧娟　王铁成
副主编　王　伟　母芳林　郑惠文　宋　健
参　编　刘晓微　毕海霞　马玉琼　郑红伟　苗　青　王军伟
　　　　王春松　李　良　王丽萍　张皓楠　唐　乐　王明川
　　　　由希雨　闫文军　王高生　韩　炜　李　琳　张彧硕
　　　　张　妍　韩海生　师　硕　张男男　郭兰申　杨泽青
　　　　吴建海　赵　欣　孙　英　陈学广　赫　阔　李丽莎
　　　　崔紫尧　王祖星　苗　双　成玉飞　孔祥明
主　审　师占群

创新作品集

机械工业出版社

本书是在河北工业大学连续5年开展工程创客训练的基础上总结经验编写而成的，以学生为中心，以实际工程项目为牵引，以产品成果为导向，让学生直接面对工程项目，通过全要素、全环节实战训练，培养和锻炼学生基于问题的自主学习能力、多学科知识和技术的综合应用能力以及解决复杂工程问题的能力。

本书共4篇，分别为工程基础知识、产品设计、工业企业产品创新、知识产权与科技论文写作。其中第1篇从工程的视角，让学生树立大工程意识，具备良好的职业道德和素养；第2篇从产品设计制造的视角，让学生掌握机械产品、电子产品、机电一体化系统、智能产品设计、制造及装配的方法和工艺，引导学生基于问题，主动学习不同学科专业知识，通过多学科知识和技术综合应用去解决实际工程问题；第3篇从工业企业的视角，让学生掌握产品创新的方法和流程，培养学生实践中进行创新的意识；第4篇让学生了解专利的申请流程和科技论文写作规范，培养学生知识产权的保护意识与科技论文表述的规范意识。

本书主要作为新工科教育下项目式课程建设、工程训练系列课程、工科竞赛等的案例教材或参考资料，也可作为普通高等院校相关专业的参考书，还可供其他有关专业的教师和工程技术人员参考使用。

**图书在版编目（CIP）数据**

工程综合创新训练 / 张艳蕊，冯慧娟，王铁成主编．北京 ：机械工业出版社，2024. 9. --（普通高等教育工程训练系列教材）. -- ISBN 978-7-111-76400-7

Ⅰ. TH16

中国国家版本馆 CIP 数据核字第 2024L852Z6 号

机械工业出版社（北京市百万庄大街22号　邮政编码100037）

策划编辑：丁昕祯　　责任编辑：丁昕祯　章承林

责任校对：王　延　李　婷　　封面设计：张　静

责任印制：任维东

河北鑫兆源印刷有限公司印刷

2024年12月第1版第1次印刷

184mm×260mm · 14. 25印张 · 348千字

标准书号：ISBN 978-7-111-76400-7

定价：48. 00元

电话服务　　网络服务

客服电话：010-88361066　　机　工　官　网：www. cmpbook. com

010-88379833　　机　工　官　博：weibo. com/cmp1952

010-68326294　　金　书　网：www. golden-book. com



机工教育服务网：www. cmpedu. com

# 前　言

党的二十大报告指出：实施科教兴国战略，强化现代化建设人才支撑，突出强调“教育、科技、人才是全面建设社会主义现代化国家的基础性、战略性支撑”。当代的高精尖工程技术人才，需要更好地适应大数据、云计算、人工智能背景下的科技革命，需要适应工业、商业、社会等领域的深刻变革。这为工程教育创新变革带来了重大机遇与挑战，要求我们在科技革命、产业革命、新经济背景下做出工程教育改革的重大战略选择，“新工科”的提出，为探索今后我国工程教育发展提供了新思维、新方式，为高等工程教育的改革探索提供了一个全新视角和“中国方案”。“复旦共识”“天大行动”“北京指南”吹响了新工科建设的集结号，要求坚持立德树人、德学兼修，强化工科学生的家国情怀、国际视野、法治意识、生态意识和工程伦理意识等，着力培养“精益求精、追求卓越”的工匠精神；树立创新型、综合性工程教育理念，提升学生工程科技创新、创造能力，终身学习发展和适应时代要求的关键能力；全面落实“学生中心、成果导向、持续改进”的国际工程教育专业认证理念，面向全体学生，关注学习成效，建设质量文化，持续提升工程人才培养水平；开设跨学科课程，探索面向复杂工程问题的课程模式，组建跨学科教学团队、跨学科项目平台，推进跨学科合作学习。

本书是坚持党的教育方针，以立德树人为根本任务，落实新工科人才培养理念，根据教育部高等学校机械基础课程教学指导委员会和教育部高等学校工程训练教学指导委员会对工程实践课程的教学基本要求，在探索新工科跨学科实践课程——河北工业大学工程创客训练课程的同时，吸取同类高校教学改革和课程建设经验凝练而成的。工程创客训练课程以学生为中心，以实际工程项目为牵引，以产品成果为导向，让学生直接面对工程项目，通过全要素、全环节的实战训练，培养和锻炼学生基于问题的自主学习能力、多学科知识和技术的综合应用能力以及解决复杂工程问题的能力。

本书共4篇，包括11章，由河北工业大学实验实训中心张艳蕊、冯慧娟、王铁成担任主编，由河北工业大学王伟、母芳林、郑惠文、宋健担任副主编，参与编写的还有河北工业大学刘晓微、毕海霞、马玉琼、郑红伟、苗青、王军伟、王春松、李良、王丽萍、张皓楠、唐乐、王明川、由希雨、闫文军、王高生、韩炜、李琳、张彧硕、张妍、韩海生、师硕、张男男、郭兰申、杨泽青、吴建海、赵欣、孙英、陈学广、赫阔、李丽莎、崔紫尧、王祖星、苗双、成玉飞、孔祥明等。全书由河北工业大学师占群教授任主审，师老师提出了很多宝贵意见，在此深表感谢。

本书的编写参考了相关手册、教材、学术杂志等文献资料的有关内容，借鉴了许多同行专家的教学成果，在此一并表示衷心感谢。

由于编者水平有限，书中难免存在一些不足和错误之处，恳请广大读者指正。

编　者

# 目　录

## 第4篇 知识产权与科技论文写作

第1篇

# 工程基础知识

1

## 第1章 工程概述

### 1.1 工程内涵、人才、教育和环境

#### 1.1.1 工程内涵

工程是将自然科学原理应用到工农业等生产部门中而形成的各学科的总称。这些学科是应用数学、物理、化学等基础学科的原理，结合生产实践中所积累的技术经验而发展起来的。其目的在于利用和改造自然来为人类服务，如机械工程、电子工程、建筑工程、食品工程、纺织工程等。工程的核心任务是设计和实施尚未存在的问题并寻求问题的答案，直接或间接地服务于社会。工程的具体内容包括对工程基地的勘测、设计、施工，原材料的选择，设备和产品的设计制造，工艺方法的研究等。工程的本质是利用自然材料和科学技术在不同领域创造不同的事物。在工程活动中，围绕着要建造一个新的有形物的工作目标，集成各种工程要素，包括科学技术、资源环境、社会经济、文化政治等，发挥工程技术人员的主观能动作用，制订项目计划，做好方案设计，安排制造流程，力求取得最佳工程效果。工程过程如图 1-1 所示。

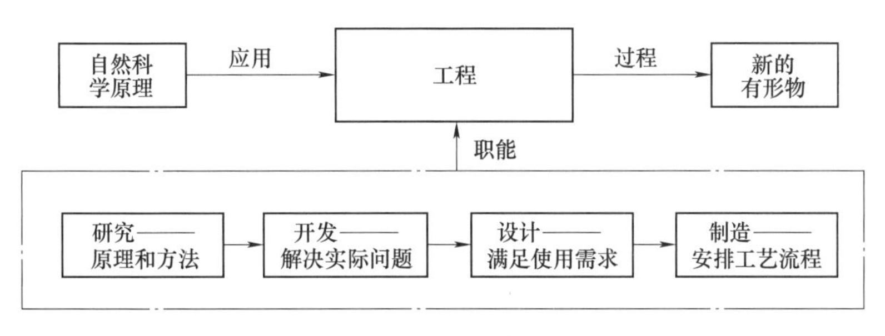


图 1-1 工程过程

工程是伴随人类劳动进步的历史而产生和发展的。它起源于人类生存的需求，包括最基本的衣食住行的需求，特别是对赖以生存的工具的需求。人类为渴求生存的条件，进而追求生活的美好而辛勤劳作，生生不息，制作、建造出无数新的现实存在物，从石器到电器，从

手工产品到智能产品，从土屋窑洞到高楼大厦，从荆钗布裙到绫罗绸缎，……所有这些构成了人类工程活动的发展历史。现代工程源自古代，但其内涵已得到极大地拓展，主要表现在现代工程的理论基础、技术手段、组织管理体系等方面。

工程具有如下属性：

（1）社会性　工程的目标是服务于人类，为社会创造价值和财富。工程的产物要满足社会的需要。工程活动的过程受政治、经济、文化地制约，其社会属性贯穿于工程的始终。

（2）创造性　创造性是工程与生俱来的本质属性。在工程活动中，将科学和技术结合并应用于生产实际，从而创造出社会和经济效益。

（3）综合性　工程的综合性一方面表现在工程实践过程中所使用的学科和专业知识是综合的，必须综合应用科学和技术的各种知识，才能保证工程产出的质量和效率；另一方面也表现在工程项目在实施过程中，除技术因素，还应综合考虑经济、法律、人文等因素，只有这样，才能保证工程能够获得最佳的社会和经济效益。

（4）科学性与经验性　遵循科学规律是保证工程顺利实施的重要前提。同时，为使工程能够达到预期效果，要求工程的设计和实施人员必须具备较为丰富的相关领域的实践经验。

（5）伦理约束性　工程的最终目的是造福人类，因此，为了确保工程是用于造福人类而不是摧毁人类，工程在应用过程中必须受到道德的监视和约束。尽管工程对人类做出了巨大贡献，但是如果缺乏道德制约，那么它对人类生活也会产生破坏性的乃至毁灭性的影响。

### 1.1.2　工程人才与工程教育

工程人才是指完成各类工程活动所需的专业技术人员、管理人员和技能人员，他们担负着通过工程来创造社会财富、促进社会进步的重要使命。世界经济的竞争主要是科学技术的竞争，归根结底是人才的竞争。竞争、变革与发展是当代的特点。在世界综合国力的竞争中，拥有高素质工程技术人才的多少已成为衡量一个国家科技进步、经济实力、生产力发展水平的重要指标和依据。因此，培养大批高素质的工程技术人才，是我国经济、科技国际化和时代发展的需要。随着世界范围内高新科技的迅猛发展以及我国改革开放和现代化进程的不断加快，培养高素质工程技术人才有着重大的现实意义和深远的战略意义。如何培养大批符合时代发展需要的高素质工程技术人才，对社会经济发展和科技进步至关重要。

工程人才的内涵在于其自身应具备卓越的工程素质。工程素质是指工程技术人员在决策、实施工程任务的全过程中应该具备的基本素质。一名具备优秀工程素质的技术人员不仅在本领域内具备丰富的工程技术知识和经验，而且在市场、管理、质量、安全、经济、法律等领域也有丰富的经验。卓越工程师的培养，就是要积极创造条件，特别是创造贴近市场、贴近企业的工程教育环境，使学生能够在这样的条件和环境下，自身工程素质的各个方面得到全面发展。

卓越工程师即具备杰出工程素质的工程技术人才。美国波音公司对所需工程师提出：具备一定的数学、物理等工程科学基础知识；了解设计-制造流程；具有复合学科和系统的观点；具备基本的工程管理知识；具有较好的人际沟通能力；具有较高的道德水准；具有批判的、创新的思维能力，善于独立思考，又能博采众长；具有较强的心理素质和环境适应能力；具有强烈的求知欲和终身学习的愿望、态度；具有团队精神和团队工作能力。由此可见，现代产业对于一名优秀的工程技术人员提出的用人标准，不仅局限于工程专业知识和技能，而且在身心、思维、管理、协作、道德等各方面提出了全面要求。由此，也可深刻体会出卓越工程师的培养内涵在于工程教育理念的凝练和提升，在于深化工程实践教学改革，要打破传统的应试型教育模式，形成适于优秀工程技术人才培养的工程教育体系（图 1-2）。优秀工程素质培养的核心目标是适应现代产业对工程师提出的要求，注重学生实践能力的提高和工程技术知识、经验的积累，培养和锻炼学生健康向上的人格和品性。

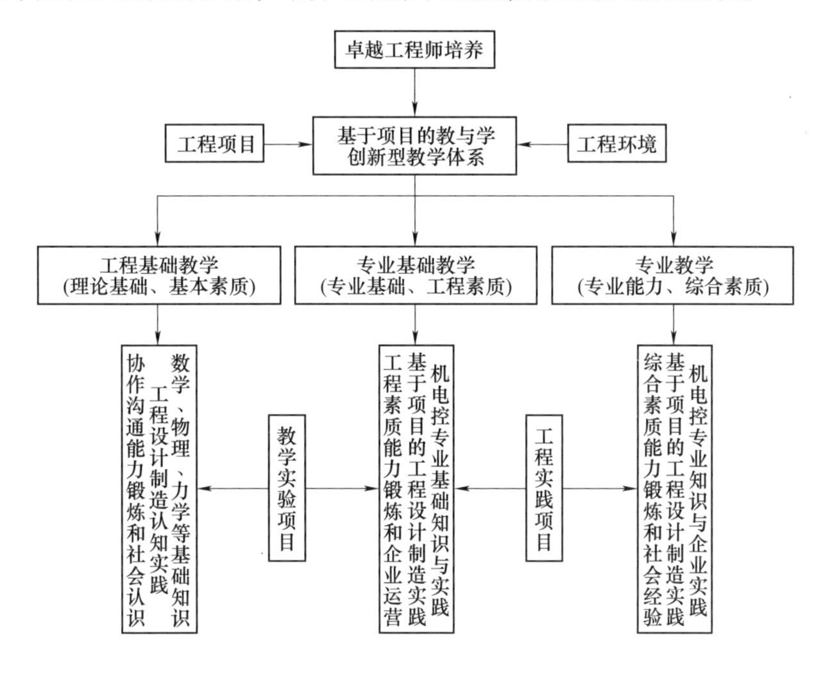


图 1-2　工程教育体系

就素质而言，工程技术人才应不断增强自身应对经济全球化、知识经济和社会风险挑战的能力，在诸多身心素质方面得以强化（图 1-3）。

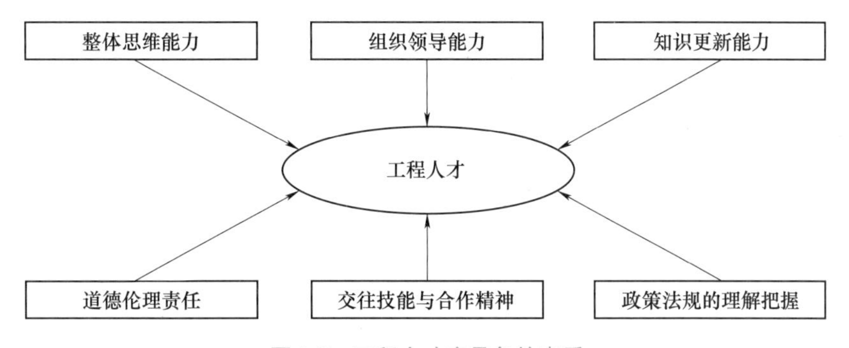


图 1-3　工程人才应具备的素质

工程教育肩负着培养优秀工程人才的重要职责，关系到社会的进步和国家经济的发展。目前，我国工程教育领域存在很多问题，如：亟待树立以学生能力培养为导向的现代工程教育理念；工程技术与职业技能培养的定位模糊；学生培养过程中实践教学环节的实效性差；实验室、实训车间软硬件建设相对滞后等。使许多工科毕业生面对社会和企业感到茫然，无所适从。国家卓越工程师计划的启动，无疑是针对工程教育领域存在的问题，汲取发达国家工程技术人才培养的成功经验，努力促进我国工程教育从“学科型”教育到“应用型”教育的转变，着力培养大批适应我国现代工程技术发展需要的工程师。工程教育作为培养未来工程人才的主要途径，必须以工程哲学为指导，用当代工程观引领工程教育改革，树立大工程教育思维，优化工科大学生的知识、能力和素质结构，培养大批符合时代要求的优秀工程人才。

工程教育的直接目标是培养国家和社会需要的各类工程师。按照工业产品和工程项目研究、开发、设计、生产、运行、服务、管理的完整过程对工程师类型的需要，工程师可划分为服务工程师、生产工程师、设计工程师、研发工程师四种类型。不同类型的工程师在知识、能力、素质三方面都有相应的标准要求，具体见表 1-1。

表 1-1　工程师的类型和基本要求

| 类型 | 要　求 | | |
|---|---|---|---|
| | 知识 | 能力 | 素质 |
| 服务工程师 | 职业方向：工程服务<br>数学：高等数学、应用数学<br>经济管理：市场营销、质量管理、财务管理<br>工程基础：基本的设计、工艺、制造流程知识<br>工程运行：技术标准、相关领域的政策法规 | 分析和解决工程实际问题<br>交流沟通和团队合作<br>基本的组织协调<br>信息获取和终身学习<br>交流、竞争与合作 | 较好的工程职业道德、较强的社会责任感和较好的人文科学素养，良好的质量、环境、安全和服务意识，较强的创新意识和一定的国际视野 |
| 生产工程师 | 职业方向：组织生产<br>数学：高等数学、应用数学<br>经济管理：工程经济学、工程预算、项目管理、质量管理、生产组织<br>工程基础：较为全面的设计、工艺、制造流程知识<br>工程运行：技术标准、相关领域的政策法规 | 分析和解决工程实际问题<br>生产运作系统的设计、运行和维护及技术改造与创新<br>交流沟通、环境适应和团队合作<br>工程项目组织管理能力<br>信息获取和终身学习<br>交流、竞争与合作 | 较好的工程职业道德、较强的社会责任感和良好的人文科学素养，良好的质量、环境、安全和服务意识，较强的技术革新与创新意识和一定的国际视野 |
| 设计工程师 | 职业方向：工程设计<br>数学：工程数学、应用数学<br>经济管理：工程经济学、工程预算、运筹学、系统工程、工程管理和企业管理<br>工程基础：全面的设计、工艺、制造流程知识<br>人文：历史、文化、哲学等<br>工程运行：技术标准、相关领域的政策法规 | 创新性思维和系统性思维<br>独立分析和解决工程问题<br>设计、开发和项目集成<br>技术创新与开发<br>工程系统的组织管理<br>交流沟通、环境适应和团队合作<br>信息获取、知识更新和终身学习及交流、竞争与合作 | 良好的工程职业道德、强烈的社会责任感和丰富的人文科学素养，具有良好的市场、质量和安全意识，注重环境保护、生态平衡和可持续发展，具有开拓创新意识和国际视野 |

（续）

| 类型 | 要求 | | |
|---|---|---|---|
| | 知识 | 能力 | 素质 |
| 研发工程师 | 职业方向：工程研发<br>数学：工程数学、计算数学<br>自然科学：物理、化学、力学等<br>经济管理：工程经济学、工程概预算、运筹学、系统工程、工程管理、企业管理等<br>工程基础：全面扎实的设计、工艺、制造流程知识<br>人文：历史、文化、哲学、政治、法律等<br>工程运行：技术标准、相关领域的政策法规 | 战略性思维、创新性思维和创造性思维<br>独立分析和解决复杂工程问题及复杂产品或工程项目的开发、设计和集成<br>工程项目的研究开发能力<br>工程技术创新和科学研究<br>知识更新、知识创造、终身学习、交流沟通、环境适应和团队合作<br>工程系统的组织管理及交流、竞争与合作 | 良好的工程职业道德、强烈的社会责任感、丰富的人文科学素养和坚定的追求卓越的心态，具有良好的市场、质量、安全意识，注重环境保护、生态平衡、社会和谐及可持续发展，具有强烈的开拓创新意识和宽阔的国际视野 |

### 1.1.3 工程环境

工程环境是指与工程活动相关联的周围事物，是影响工程过程的各类要素的集合。工程环境具有广泛性、多样性、不确定性等特点，主要包括自然和社会两大方面。任何领域的工程活动都在特定的环境下进行（图 1-4），因此，工程环境对整个工程活动过程能否顺利进行有着显著的影响。

**1. 工程与自然环境**

在人类文明进步的历史发展进程中，工程与自然环境始终相互作用、相互协调或相互对立，它遵循着矛盾的同一性与斗争性相互联结的哲学原理。利用工程改善自然环境即二者协调发展，而在开发实施工程项目中使自然环境遭到破坏就意味着二者的相互对立。随着技术进步和经济社会的飞速发展，作为具有整体性、持续性和多样性特征的自然生态环境与人类工程活动的利益性、局部性和短期性之间的矛盾日益凸显。事实上，工程与自然的关系很大程度上就是人与自然的关系，是辩证的。一方面人类对自然的影响与作用，包括从自然界索取资源与空间，享受生态系统提供的服务功能，向环境排放废弃物；另一方面是自然对人类的影响与反作用，包括资源环境对人类生存发展的制约，自然灾害、环境污染与生态退化对人类的负面影响。在工业文明的发展中，传统价值观认为，自然财富是无限的，人的物质需求无止境，人类只要不断地征服自然、扩大消费，就能促进经济发展，满足不断增长的物质需要。导致生态危机和人与自然关系的异化。工业社会的一个显著表征就是无处不在的功利性工程项目加剧了人与自然的关系异化。自然不是被当

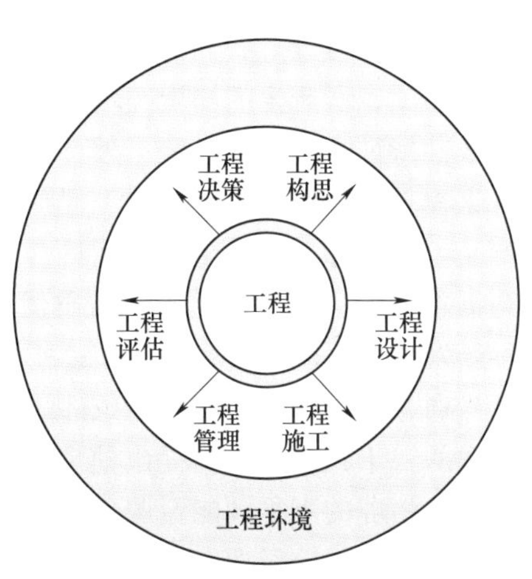

图 1-4 工程内容与工程环境

作与人亲和、协调的对象，而是被当作征服、统治的对象。

认识到了这种现状，在全球经济一体化的大背景下，保护环境、崇尚绿色文明发展模式已成为经济发展、社会进步的共同理念。人类工程活动的各个领域都与生态环境发生着某种联系，必须转变传统观念，树立科学的自然观与社会发展观，从多层次多角度构建工程与自然环境的和谐发展。必须树立可持续发展的观念，把对自然的工程开发和工程保护统一起来。环境问题往往产生于技术经济的落后，只有大力发展科学技术，有效促进经济和社会的发展，才有可能更好地解决环境问题。在处理工程与自然环境的关系时，必须树立正确的工程生态观，有效促进工程与生态环境的协调发展、优化发展、循环发展和再生发展。

**2. 工程教育的环境**

教育的目标是使受教育者通过一定的方式获得知识，培养受教育者的个体素质和能力。教育的方式是多样的，最常见的就是课堂讲授。在教育的整个过程中，环境因素起重要作用。一般而言，环境是指围绕着某一主体事物并对该事物产生影响的所有外界事物（通常称其为客体）。环境在很大程度上利于理解掌握事物的本质特征。我们常说“潜移默化”一词，如果没有环境作用的因素，任何人和事物都不会有“潜移默化”的效果。例如，学校整体环境包括教室、实验室、教学设施、图书馆等，形成了一个利于促进学生知识能力协调发展的教育环境；企业环境涉及生产车间、研发设计部门、管理部门、营销部门等，这些对企业获取效益发挥着不可替代的作用。对于人文社会意义上的环境，与“氛围”一词的含义是相通的，营造某种氛围就是创造一个利于获得最佳工作效果的人文社会环境。

工程教育的功能目标是培养具备优秀工程素质的工程人才。由于工程领域学习和工作内容往往要面对已经存在或构思开发中的现实存在物，要创造出新的存在物必须对该物的历史发展、当前状态有充分的了解和把握，就是要有一个学习的过程。而学习方法和效果与周围环境因素密不可分。我们都能体会到“身临其境”地认识事物所带来的感受触动，所留下的深刻印象，所产生的知识经验增长效应。工程教育的功能目标决定了其教育过程具有突出的实践性特征，同时也决定了教育过程对教育环境的需求与依赖。

工程教育要培养出合格的工程师，教育环境必须尽可能地贴近工程活动实际，特别是企业产品生产实际。企业生产环境具有以下几方面的固有特征：①围绕市场研发生产产品，以客户需求为本；②提供性能、品质优良的产品和优质的服务；③注重技术创新，引进新技术、新发明，不断改进企业工作；④注重实际问题的解决，而不是学科导向；⑤团队合作与有效沟通；⑥注重现有资源和条件的有效利用。

党的二十大报告明确提出建成教育强国的宏伟目标。我国的工程教育由大国向强国迈进。高校培养的工程师能否服务国家战略、满足产业需求，是检验“卓越工程师培养”的重要标准。我国已经拥有全世界最大规模的工程教育，但业界的统一呼声却是：缺人。2023年9月，“创新之路：卓越工程师培养交流研讨会”上透露了一组数字：从2001年到2021年，我国工科本科生在校人数从157.4万增长到644.0万，工科研究生招生人数从6.3万增长到41.9万。但是，研讨会现场的企业却不约而同地提出，符合需求的工程人才太难找，尤其具备跨学科素养的工程人才。多位学界和业界专家指出，随着AI+时代的到来，无论原始创新还是企业面临的实际应用技术，都需要工程人才具备跨学科能力，以及系统集成解决工程问题的能力。“既要有过硬的专业能力，具备跨学科知识，擅长解决各类工程疑难问题，又要有家国情怀和职业素养……”，工程人才供需的结构性问题亟待破解。

基于卓越工程师的培养，工程环境建设的目标是在学校工程实践教育基地内形成企业运营模式的工程教育氛围。要达到培养学生优秀工程素质的目的，给学生提供一个贴近生产实际的工程教育环境非常重要。学生可以在这样的环境中真实地体验工业生产，在体验中锻炼能力，积累知识和经验。这是实现高等工程教育中心任务的重要途径。

工程环境建设必须强调内涵建设。它并不是单纯做表面文章，而是通过引入职业实践环境，使学生在实训过程中感受到以客户需求为本的企业理念，树立产品和服务的市场意识，注重问题的解决而不是学科导向。同时，在良好的工程环境中，在致力于解决问题的过程中，锻炼自身的团队合作及人际沟通能力。

## 1.2 工程与科学、技术、产业的关系

### 1.2.1 概念描述

科学发现、技术发明、工程建造、产业生产是四种不同类型的社会实践活动。正确理解和认识四者之间的辩证关系，对于科学技术的发展创新，工程活动的决策、运行，产业生产的效益产出都具有重要的现实意义。科学、技术、工程、产业的概念和特征见表1-2。

表1-2 科学、技术、工程、产业的概念和特征

| 名词 | 概念描述 | 突出特征 |
| --- | --- | --- |
| 科学 | 科学是一种理论化、逻辑连贯的知识体系，是人类探索真理、发展和修正自身的实践活动，是人类认识、解释、探索世界的方法和手段，是人类社会结构、文化体系的重要组成部分 | ①探索发现<br>②客观性和发展性<br>③解决“是什么”“为什么”的问题<br>④主角是科学家 |
| 技术 | 技术是人类为满足社会需要，运用科学知识，在改造、控制、协调多种要素的实践活动中所创造的劳动手段、工艺方法和技能体系的总称，是人工自然物及创造过程的统一，是在人类历史发展中形成的技能、技巧、经验和知识，是人类合理改造自然、巧妙利用自然的方式方法，是社会生产力的重要构成部分 | ①发明革新<br>②操作形态、实物形态、知识形态<br>③自然属性和社会属性<br>④主角是发明家 |
| 工程 | 工程是将自然科学的原理应用到工农业生产部门而形成的各学科的总称，是一种解决特定实际问题的活动过程。技术从观念形态向实物形态转化，转化过程作为一种活动的存在，就是工程。工程是技术的动态系统 | ①集成建造<br>②新的存在物<br>③实践性、创造性、系统性、经验性<br>④主角是工程师 |
| 产业 | 产业是建立在各类专业技术、各专业工程系统基础上的各种行业的专业生产及社会服务系统。产业生产活动是指同类工程活动、运行效果及投入产出特征 | ①经济效益<br>②标准化<br>③可重复性<br>④主角是企业家 |

### 1.2.2 工程系统

系统是指由相互联系、相互作用的若干要素构成的具有特定功能的有机整体。工程系统

是为了实现集成创新和建构等功能，由人、物料、设施、能源、技术、信息、资金、土地、管理等要素，按照特定目标及技术要求所形成的有机整体，并受自然、社会、经济等环境因素广泛深刻的影响。工程系统是包含了多种要素的动态系统，必须用系统论的观点去认识、分析和把握工程。工程系统的组成和分解如图 1-5 所示。

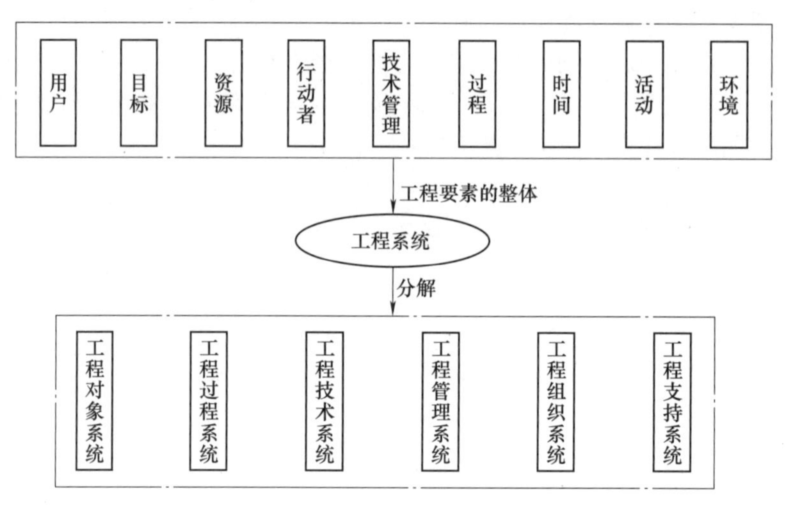


图 1-5　工程系统的组成和分解

工程系统化是现代工程的本质特征之一，主要表现在以下三方面：

1）现代工程活动由于影响因素众多，系统规模庞大，结构关系及环境作用复杂等，越来越明显地具有复杂系统的特征。

2）现代工程中的各种专业工程如机械工程、电气工程、材料工程等相互之间及其与系统工程之间的融合程度越来越高，集成创新功能不断增强。

3）现代工程活动对工程技术人员的知识、能力、素质不断提出新的要求，也包括系统思想、系统方法论方面的内容。只有这样，他们才能成长为具有战略眼光和综合素质的优秀工程技术人才。

工程系统有很强的环境依存性和适应性。随着技术进步和社会文明程度的日益提高，工程系统与自然系统和社会系统的关联度越来越高。在现代社会中，工程系统的发展必须按照科学发展观的要求，在发展过程中要时刻考虑到以人为本，全面、协调、可持续发展，在发展中构建和谐的自然环境和社会环境。工程系统观的发展历史，实际上也是人类和社会进步的历史。在这个历史进程中，人的主观能动性无时无刻不在对自然和社会的前行产生着积极或消极的影响。图 1-6 表明了人的主观能动性过于弱化或过度发挥都会对文明进步形成消极作用，或者减慢技术进步、文明程度的发展步伐，或者破坏大自然的生态平衡。历史发展到科学技术高度发达的今天，无数经验和教训告诉人们，只有在为追求美好生活和文明进步而实施

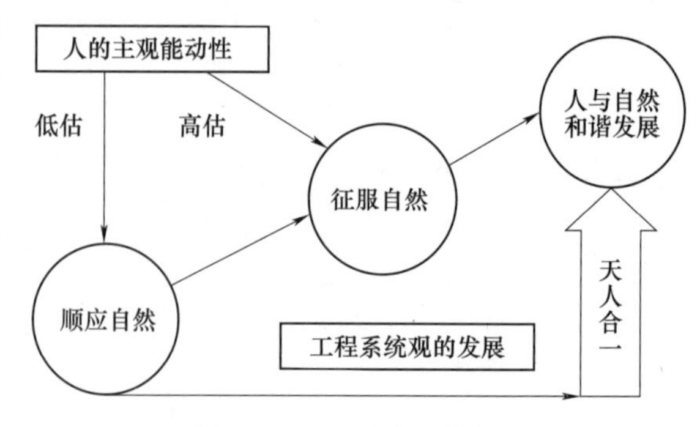


图 1-6　工程系统观的发展

的工程活动中，实现工程系统、自然系统、社会系统的和谐统一，才能达到人与自然、社会“天人合一”的理想境地。

### 1.2.3　辩证关系

科学、技术、工程、产业四者在对象、行为、活动等方面是不同的。科学以探索发现为核心，技术以发明革新为核心，工程以集成建造为核心，产业以经济效益为核心。明确区别的同时，必须重视四者之间的关联性和互动性（图 1-7）。

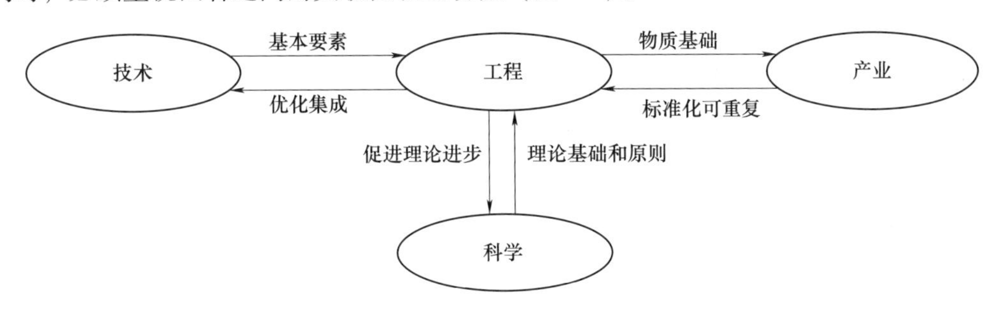


图 1-7　科学、技术、工程、产业的辩证关系

**1. 工程与科学**

科学是工程的理论基础和原则。现代工程活动以集成建造为核心，如果没有科学理论基础，工程活动将无法正常开展，工程建造存在物的可靠性就难以保证。直观来看，科学理论是知识形态的存在，工程活动是物质形态的存在，在工程的诸多要素中，科学是最基础的。工程的所有技术要素都来源于科学原理。没有空气动力学的理论基础，就不会有航空技术和工程的快速发展；没有原子物理的科学原理，就不会有核技术及工程的产生和发展；没有微积分、线性代数等的数学基础，现代工程和技术将会停滞不前。工程必须遵循科学理论的指导，符合科学的基本原理。

工程在集成建造活动中往往会发现新问题，反过来又促进科学理论的进一步发展。科学理论不是静态和一成不变的，工程实践活动是促进和完善科学理论的重要因素。科学研究中经常根据现象和现有知识提出一些假说，其正确性除必要的理想状态实验验证外，工程实际应用是使之成为真正科学理论的必由之路。由此可见，科学的探索发现与工程的集成建造这两种相对独立的创造性活动，实际上是一个互为条件、双向互动的辩证过程。

**2. 工程与技术**

工程与技术的界限往往容易混淆，主要是由于工程与技术存在固有的密切联系。人们常说的“工程技术”一词，实际上是指技术，是人们应用科学知识的研究成果于工业生产过程，以达到改造自然的预定目的的手段和方法。工程是一种活动，强调动态过程，而技术是活动过程中使用的手段和方法。工程与技术的关系如图 1-8 所示。

技术是工程的基本要素，单一技术或若干技术的系统集成决定了工程的规模和水平。技术作为工程的要素具有局部性、多样性和不可分割性的特点。完成一项工程需多种要素的综合作用，技术只占有其中的一部分；在工程中根据诸多技术要素发挥作用的大小从而有不同的地位，它们之间往往存在着不同的功能，所谓关键技术和一般技术就体现了技术在工程中的地位和作用；不同技术作为工程构成的基本单元，在工程环境下以集成形式构成工程整体，形成有效的结构功能形态。例如，汽车产业工程中，发动机技术无疑是汽车整体工程的关键技术，其他如制动技术、调速技术、转向技术、智能安全技术、车身技术、电器技术等在工程过程中发挥着不同的作用，所有这些技术构成了汽车工程的不可分割的整体。

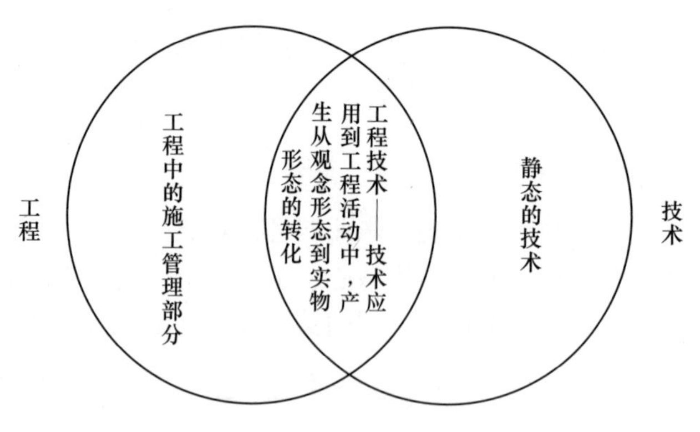


图 1-8　工程与技术的关系

工程是技术的系统集成优化。构成工程的各技术要素之间是有机联系组织在一起形成的一个系统的整体，其中涉及的技术有核心和辅助之分。工程作为技术的系统集成具有统一性、协同性和相对稳定性的特征。工程都是以统一整体出现的，所涉及的技术之间必须相互协同配合，同时，各技术应有序有效集成，其功能和结构在一定条件下具有相对的稳定性。技术可以是知识形态，也可以是实物形态，当从知识形态向实物形态转化时，就产生了工程活动，如图 1-9 所示。

**3. 工程与产业**

产业是建立在各类专业技术、工程系统基础上的各种专业生产以及社会服务系统。产业的组织形式就是企业，企业是从事生产、流通或服务活动的独立核算经济单位。产业生产活动是把同类工程活动组织在一起，利用技术、工艺、管理等手段获得产品，进而取得经济效益。产业生产活动的主要目标是以工程活动为基础，最大限度地获取经济效益。

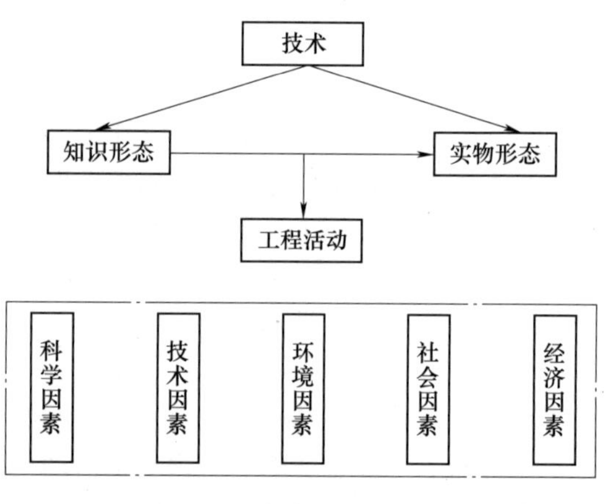


图 1-9　技术与工程活动

工程是产业发展的物质基础。工程类型和产业分类有较强的对应性，如机械工程对应装备制造产业，纺织工程对应棉纺、化纤、织造、制衣产业，冶金工程对应钢铁、有色金属产业等。一些大的工程项目，如三峡工程、高速铁路工程、南水北调工程等，其建设过程和运行过程，往往会形成相关多种产业，也会形成产业发展的必要条件和基本要素。工程活动作为产业发展的基本内容和物质基础，推动着技术经济的升级换代，深刻地影响着人类生活的各个方面。

产业生产是标准化、规范化、可重复的工程活动。产业生产活动以经济效益为最终目标，其过程以生产出满足社会需求的产品为基本途径。在整个过程中，标准化、规范化生产是提高生产率、保证生产质量的重要前提。同时，只有实现可重复性生产才能持续不断地满足社会日益增长的物质需求。在现代产业中，标准化是促进技术进步的重要手段。实现高度的标准化，是不断扩大生产规模、提高技术水平、加强分工协作、协调部门管理、获取最佳效益的必要途径。

# 1.3 工程伦理和工程师的职业素养

## 1.3.1 工程伦理概述

伦理学集中研究人的行为和价值的道德领域。工程活动是人类最基本的社会实践活动。从工程活动的内容和环境看，工程活动的过程中，不可避免地会涉及许多复杂的伦理问题。随着科学技术的发展，工程和科学、技术一起，在给人类带来巨大福祉的同时也使人类遇到了许多风险和挑战。工程伦理问题已经成为人类需要正视的重要问题之一。

工程系统汇集了科学、技术、经济、法律、文化、环境等要素，其中的许多因素与伦理问题密不可分，或者说，伦理在工程系统各要素中起着重要的定向和调节作用。在工程活动中，存在着许多不同的利益主体和利益集团，诸如工程的投资者、承担者、设计者、管理者和使用者等。伦理学在工程领域必须直接面对和解决的重要问题就是如何公正合理地分配工程活动带来的利益、风险和代价。事实上，伦理问题在整个工程活动过程中都会时时存在，如在设计阶段关于产品的合法性、是否侵权等问题；在签署合同阶段可能会出现恶意竞争等问题；在产品销售阶段可能存在贿赂、夸大广告宣传等问题；在产品使用阶段可能存在没有告知用户有关风险的问题。

工程伦理学起源于对技术的批判，对工程师的质疑。所以，工程伦理学既称为“技术伦理学”，也可称为“工程师伦理学”前者主要针对技术的负面影响和消极作用，其实技术的无论积极还是消极的作用和影响都是在具体的工程活动中得以体现；后者主要从工程共同体出发，工程师在工程活动中对于技术设计、改进等方面起到重要作用，同时也面临着利益冲突、忠诚于雇主还是负责于公众等道德困境。因此结合美国工程伦理学发展经验，首先要加强工程师的职业化进程，制定现实合理的伦理规范，促进工程师伦理制度化发展。其次，加速工程伦理教育的发展，在工程类院校开设工程伦理方面的相关课程，开展工程伦理培训，提高学生的道德敏感性。再次，由于工程的境域性特征，在我国的工程活动中，不仅工程师面临着道德困境，其他工程共同体如管理者共同体、工人共同体、企业家共同体、公众共同体等都要面对多种的道德选择，与工程师的处境有一定相似性。所以，在工程伦理学发展过程中，更需要关注其他工程共同体的道德困境。

## 1.3.2 工程师的伦理意识与伦理责任

无数的工程事故如楼房倒塌、桥梁断裂、火车出轨、煤矿爆燃等给人们以深刻的启示，如果抛开管理方面的责任，在技术层面，在工程质量与安全方面，工程技术人员特别是工程师应该树立怎样的意识与责任？如果说科学家对科学的社会后果应负什么责任尚存很大分歧的话，那么工程师对其工作的社会后果应负责任似乎应该有一致的认识。工程师探索知识并把它们付诸实践，他们进行的工作与研究，获得的工程项目的效果是高度清晰的。

### 1. 工程师应遵守的工程伦理原则

（1）以人为本　以人为本是工程伦理观的核心，是工程师处理工程活动中各种伦理关系最基本的伦理原则。它体现的是工程师对人类利益的关心，对绝大多数社会成员的关爱和尊重。以人为本的工程伦理原则意味着工程建设要利于人的福祉，提高人民的生活水平，改善人的生活质量。

（2）关爱生命　工程师必须尊重人的生命权，要始终将保护人的生命摆在重要位置，这意味着不支持以毁灭人的生命为目标的研制开发，不从事危害人的健康的工程设计和实施。这是对工程师最基本的道德要求，也是所有工程伦理的根本依据。尊重人的生命权而不是剥夺人的生命权，是人类最基本的道德要求。

（3）安全可靠　在工程设计和实施中以对待生命高度负责的态度充分考虑产品的安全性和劳动保护措施，要求工程师在进行工程技术活动时必须考虑安全可靠，对人类无害。

（4）关爱自然　工程技术人员在工程活动中要坚持生态伦理原则，不从事和开发可能破坏生态环境或对生态环境有害的工程，工程师进行的工程活动要利于自然界的生命和生态系统健全发展，提高环境质量。要在开发中保护，在保护中开发。要善待和敬畏自然，保护生态环境，建立人与自然的友好伙伴关系，实现生态循环。

（5）公平正义　工程技术人员的行为要利于他人和社会，尤其是面对利益冲突时要坚决按照道德原则和法律行事。公平正义原则还要求工程师不把从事工程活动视为名誉、地位、声望的敲门砖，反对用不正当的手段在竞争中抬高自己。在工程活动中体现尊重并保障每个人合法的生存权、发展权、财产权、隐私权等个人权益。

**2. 工程师的伦理责任**

事实上，在工程活动中，工程师承担的事故责任非常有限。因为，所有工程技术专家的工作在相当大程度上是受经营者或政府控制，而不是由工程师支配。当然工程师对自身工作中由于失职或有意破坏造成的后果应负责任，但对无意的疏忽（如产品缺陷）或由于根本没有认识（如地震预报失误）而造成的影响分别应负什么责任？更重要的是，在前一种情况，即大量的工程项目是受经营者或政府控制的情况下，工程师是否有责任，应对谁负责？是对工程本身（桥梁、房屋、汽车等）负责，还是对雇主、对用户乃至对国家、对整个社会负责？如果在工程本身，公众利益，雇主利益以至社会或人类的长期利益之间有冲突，工程师应首先维护谁的利益？

伦理责任的含义是指人们要对自己的行为负责，该行为可以以正义为标准进行解释说明。相对于法律责任，伦理责任具有前瞻性，它是一种以善与恶、正义与非正义、公正与偏私、诚实与虚伪、荣誉与耻辱等作为评判准则的社会责任。工程师必须增强自身的伦理责任意识，勇于承担伦理责任。只有这样，他们才能恪尽职守，工作中一丝不苟。工程师之所以要承担伦理责任，首先是因为工程师的工作职责事关人类和社会的前途，其次是因为工程师的行为选择。选择和责任是分不开的，选择将工程师带进价值冲突之中，使他们在多种可能性中取舍。传统观点认为，工程师的社会责任是做好本职工作。实际上这种看法是片面的，当代工程技术日新月异，赋予了科技工作者前所未有的力量，使他们的行为后果常常难以预测，信息技术、基因工程等工程技术在给人类带来利益的同时还带来了可以预见也难以预见的危害甚至灾难，或者给一些人带来利益而给另一些人带来危害。可见在现代社会，工程师的伦理责任要远远超过做好本职工作。

### 1.3.3　现代工程意识

2013 年 11 月 28 日，教育部、中国工程院印发了《卓越工程师教育培养计划通用标准》（教高函〔2013〕15 号）。这个通用标准规定了卓越计划各类工程型人才培养应达到的要求，同时也是制定行业标准和学校标准的宏观指导性标准。通用标准分为本科、硕士、博士三个层次。根据通用标准以及社会发展的需求，现代工程人员应具有良好的质量意识、安全意识、效益意识、环境意识、职业健康意识、服务意识、创新意识以及精细化工作意识。

**1. 质量意识**

工程质量是保证工程造福于民的关键，工程质量的好坏直接关系到人民的生命安全和国家的经济利益。由于质量事故，利国利民工程变成祸国殃民工程的情况在现实生活中并不少见，如重庆彩虹桥倒塌事件、九江大桥垮塌事件、哈尔滨阳明滩大桥断裂事件等，都使人民生命财产蒙受了重大损失。质量意识就是工程技术人员对质量和质量工作的认识、理解和重视程度，拥有良好的质量意识是工程技术人员追求卓越的前提，须贯穿于工程技术人员的整个职业生涯。

**2. 安全意识**

安全意识就是工程技术人员从事生产活动中对安全现状的认识，以及对自身和他人安全的重视程度。良好的安全意识关系到人民群众的人身安全和切身利益、国家和企业财产的安全，以及经济社会的健康稳定发展。安全既是工程技术人员从事工程实践的前提和保障，也是企业快速发展创造利益的需要。可以说，安全是企业生产发展的命脉。安全意识也是员工应具备的核心意识。因此，现代工程技术人员必须具有高度的安全意识，生产过程中严格遵守相关规章制度和劳动纪律，杜绝违章，才能实现安全生产并创造效益和价值。

**3. 效益意识**

效益意识是指工程技术人员在从事相关工程活动中对经济效益和社会效益的重视程度，以及对两者关系的认识水平。良好的效益意识就是要求工程技术人员在工程活动时，既需要关注工程产生的经济效益，也需要注重其带来的社会效益，这样企业能在获取经济效益的同时得到社会的认可和支持。

**4. 环境意识**

环境意识是人们对环境的认识水平以及对环境保护行为的自觉程度。良好的环境意识是工程技术人员在工程活动中重视环境保护、处理好人与自然和谐关系的基础。

**5. 职业健康意识**

职业健康意识是指在职业活动过程中，人们注重个人身心健康和社会适应能力。良好的职业健康意识，是有效预防职业病，保持身心健康、乐观向上和能在各种环境下顺利开展工作的主观条件。尤其作为现代工程技术人员，面对的工作环境往往具有一定复杂性和危害性，更应树立起良好的职业健康意识。

**6. 服务意识**

服务意识是人们自觉主动地为服务对象提供热情和周到服务的观念和愿望，是现代企业应对市场竞争，要求员工必须具备的重要意识。工程师的服务意识不仅体现在设计和研发阶段，还体现在产品售后或工程项目交付使用后的保养、维护和更新阶段。

**7. 创新意识**

创新意识就是推崇创新、追求创新、主动创新的意识，即创新的积极性和主动性、创新的愿望与激情。创新意识具体表现为强烈的求知欲、创造欲、自主意识、问题意识，以及执着、不懈的创新追求等。目前，日益凸显的能源、资源和环境问题已严重影响我国经济社会的持续健康发展。要解决这一系列突出问题，必须坚持科学发展观，走新型工业化道路，这就迫切需要创新型工程科技人才，就必须树立创新意识。

**8. 精细化工作意识**

精细化工作意识是指工作人员在各种工作中对小事和工作细节的态度、认知、理解和重视程度。精细化工作意识通常能反映出一个员工的职业素养，而这也许就是一些人能否取得成功的关键点所在。

总而言之，作为一名工程师，不仅要掌握基本的知识，更重要的是担负起社会责任。工程的可靠性直接关系到国家和人民的生命财产安全，只有保持精细化的工作意识，科学运用所学知识才能真正造福于民。树立正确的精细化工作意识是工程师成就自我、追求卓越的前提，应在每个工程师的职业生涯中得到实现。

### 1.3.4 工程师职业素养与职业精神

**1. 职业素养**

职业素养是职业内在的规范和要求的综合，是在从事某种职业过程中表现出来的综合品质，是员工素质的职场体现。职业素养包含职业道德、职业价值观、职业技能、职业规范等要素。在工程领域，职业素养体现着一个工程师在职场中成功的素养及智慧。工程师职业素养应该深度了解工程相关知识，并且能够考虑技术、政治、经济、环境等因素综合解决工程问题；对于从事非工程相关工作的人员来说，应该具备一定的工程知识，能处理日常生活中涉及的工程问题，能对公共工程项目和问题做出科学、理性、独立的判断和选择。

（1）职业道德　职业道德是同职业活动紧密联系的符合职业特点所要求的道德准则、道德情操与职业品质的总和。它既是对员工在职业活动中行为的要求，又是职业对社会所担负的道德责任与义务。

（2）职业观念　职业观念是具有其职业特征的职业精神和职业态度。职业精神的内涵是具备职业责任和职业技能，具备职业纪律和职业良心，以为人民服务为职业理想并甘于奉献。

（3）职业技能　职业技能是从业人员在职业活动中能够娴熟运用并能保证职业生产、职业服务得以完成的特定能力和专业本领。

（4）职业规范　职业规范是指维持职业活动正常进行或合理状态的成文和不成文的行为要求，这些行为要求是人们在长期活动实践中形成和发展起来的，并为大家共同遵守的各种制度、规章、秩序、纪律以及风气、习惯等。

**2. 职业精神**

（1）职业精神的内涵　职业精神是指人们在一定的职业生活中能动地表现自己，反映职业性质和特征的思想、观念和价值取向。职业精神既是人类在改造物质世界过程中被激发出来的活力和意志的体现，具有强烈的社会性特征，也是对从业者职业意识、职业思维和职业心理状态的反映，具有强烈的主观性色彩，同时还是从业者职业道德素质的具体体现。

（2）职业精神的要素

1）“敬业”是职业精神最重要的要素。敬业就其基本内涵而言，要求从业者以极其负责的态度对待自己所从事的职业。敬业是职业精神的基本实践要素。职业精神就是人们在一定的职业活动中能动地自我表现，这种自我表现体现了劳动者的职业态度，展现了劳动者的职业素养，并在很大程度上影响着劳动者的职业行为。敬业要求劳动者要有积极踏实的职业态度，坚定自己的职业操守，能够在工作中充分发挥自己的积极性和主动性，摆脱单纯追求个人和小集团利益的狭隘视野，保持高昂的工作热情和务实苦干的精神，把对职业的奉献和付出看作无上的光荣。

敬业是履行社会责任的基本途径。对于从事不同职业的人，职业本身就是一种社会关系，正是由于从事了某一职业，才真正意义上算成为一个社会人，也正是由于成为了一个完整的社会人，这份职业才显示了它的价值。所以，敬业本身就是在很好地履行社会责任。有了敬业，也就有了责任心，这本身就是一种担当，一种动力，一种约束。

2）“诚信”是职业精神的内在道德准则。诚信是每一个公民做人立世的根本道德，是做人的基本要求。《周易·乾·文言》记载：“君子进德修业。忠信，所以进德也；修辞立其诚，所以居业也。”我国古代著名思想家孔子说：“人而无信，不知其可也。”诚信作为一种职业品质，反映的是从业者个体在长期实践过程中，自觉履行诚信要求后积淀而形成的一种稳定的态度和价值取向；诚信作为一种结果，反映的是从业者通过自身的诚信品质营造出的一种相互信任的和谐环境。通常情况下，职业活动中的诚信是指真实无欺、遵守约定或践履承诺的态度和行为。从业者只有真诚坦荡、不自欺、不欺人、量力承诺、努力践行，既忠实于自己，也忠实于职业服务对象和自己的职业委托人，做到三位一体，才能在职业人格上实现真正的统一与和谐。

诚信是大学生将来作为工程师社会交往的基础，是处理人与人、人与社会关系的最起码的要求。诚信增加了安全感，减少了压抑和提防，让人们自由地分享情感和梦想；诚信使人们之间的关系融洽；诚信使人们之间有了关爱；诚信使人们愿意为他人履行自己的责任，奉献自己的一片爱心。在人际交往中，不守诚信会使人与人之间互不信任，当这种相互不信任达到一定程度后就没有了互惠互利，任何人都无法借助他人的力量实现自我价值。

3）“公正”是职业精神的基本要求。在职业活动中，公道、正义是制度设计的灵魂。职业设计、职业行为、职业品行如果离开了公正的原则，那么就会使制度贯彻实施失去了平衡，使职业的“责”“权”“利”失去了统摄的灵魂，失去了平衡三者之间关系的杠杆，最终导致职业活动处于混乱无序的状态。

公正不仅是工程师个人的责任和追求，也是作为一种社会建制的工程职业的责任和追求。所谓公正或公平，又称为正义，原意指“应得的赏罚”，抽象地说，即对等和同等地对待。但公正不等于平等，实际上，它还规定了不平等的程度。公正最基本的概念就是每个人都应获得其应得的权益，对平等的事物平等对待，不平等的事物区别对待。当然确定一个人应得的利益可以有多种方式，例如可以根据其工作、能力、品行或需要等各种标准来衡量。

在现实社会生活中，公正与效率经常发生冲突。公正强调人们应得的权益，效率则关注现实活动目标的实现。工程师在工程活动中的道德抉择，必须解决如何兼顾公正与效率这个问题。首先，科技的迅猛发展已经使工程活动影响到每个人的切身利益，工程活动一定要坚持基本的分配公正。而事实上，基本的公正既是效率合法性的前提，也是长期效率的保障。其次，公正是相对于具体社会情境，不存在绝对的公正。由于必要的效率关系到全体公众及环境的福祉，所以公正地实现不应该妨碍效率的合理提升。所以，在工程活动中，公正地实现必须考虑现实活动目标的效率。公正应该是工程实践内在目标的有机组成部分，公正的实现应该与效率的追求相统一。效率的实现要以基本公正为条件，反过来，没有合理效率的公正不仅是不现实的，而且是有碍公正本意的。因此，应该实现的公正首先是可以实现的公正，而可以实现的公正应该是有合理效率的公正。

# 第2篇

# 产品设计

## 第2章 产品设计概述

### 2.1 产品设计基础知识

#### 2.1.1 产品的定义

产品的整体概念是指能够提供给市场、被人们使用和消费、并能满足人们某种需求的任何东西，包括有形的物品，无形的服务、组织、观念或它们的组合。产品一般可分为四个层次，即核心产品、有形产品、延伸产品和心理产品。

核心产品是指整体产品提供给购买者的直接利益和效用，是消费者真正要买的东西，因而在产品整体概念中也是最基本、最主要的部分。消费者购买某种产品，并不是为了占有或获得产品本身，而是为了获得能满足某种需要的效用或利益。

有形产品是核心产品借以实现的形式，即向市场提供的实体和服务的形象。如果有形产品是实体物品，则它在市场上通常表现为产品质量水平、外观特色、式样、品牌名称和包装等。产品的基本效用必须通过某些具体形式才得以实现。市场营销者应首先着眼于顾客购买产品时所追求的利益，以求更完美地满足顾客需要，从这一点出发再去寻求利益得以实现的形式，进行产品设计。

延伸产品是顾客购买有形产品时所获得的全部附加服务和利益，包括提供信贷、免费送货、质量保证、安装、售后服务等。附加产品的概念来源于对市场需要的深入认识。因为购买者的目的是满足某种需要，所以他们希望得到与满足该项需要有关的一切。

心理产品指产品的品牌和形象提供给顾客心理上的满足。产品消费往往是生理消费和心理消费相结合的过程，随着人们生活水平的提高，对产品的品牌和形象看得越来越重，因而它也是产品整体概念的重要组成部分。在工业化时代向信息化时代转型的过程中，产品设计的定义也在悄然发生着微妙的变化，产品从具有面貌和特征过渡到无面目产品，即由物质性转向非物质性。产品设计涉及的学科日益增多，其领域日趋扩大并且相互交融。

#### 2.1.2 产品、商品、用品和废品

一类物品，随着人们利用与介入程度的不同，其自身的定义与价值也发生变化。从产品

的生命周期来讲，一件产品从生产到废弃可分为四个阶段：产品阶段、商品阶段、用品阶段和废品阶段。从不同阶段的设计语义来分析产品，可以让我们换位思考，进而从不同的角度理解与接纳产品的意义与价值。

完成产品的过程包括研究与开发、设计与制造；完成商品的过程包括定价上市、营销与推广；完成用品的过程主要是用户的学习与认识、使用与评价；完成废品的过程是贩卖、贬值或者再利用。每个过程都蕴含着丰富的设计资源，对于使用者或者设计者，每种洞察力都可以带出一种全新的生活体验与可能。

**1. 产品**

如前所述，产品基本上包括了一切人类制造所产出的物品，不论手工生产的，还是机械化生产的。随着科学与技术的发展，产品的概念也逐渐拓展和延伸，越来越多的不具有实体的产品被设计开发出来，产品设计内容也随之发生变化，如信息产品、交互界面等，而设计方法和表现方式也应有所调整。当然，不同的学科和领域所理解的产品概念也有所差别，对于工业设计来说，产品通常是指工业、半手工业、批量化生产并提供市场销售与消费的物品。

**2. 商品**

商品是指用于交换的对他人或社会有用的劳动产品，具体而言，商品是在市场上承担一系列购买与销售服务行为的载体。从设计的角度看，产品进入流通阶段就成为商品，而随着产品的商品化，产品的语义也随之转变为商品的价值和意义。商品所关联的人群包括经销商和消费者，二者处于商品交换的两端，其对商品语义的辨认和解读也不同。经销商将商品看作是获取价值的来源，而消费者却从中希望得到理想的使用价值。正是这种不同的需求，促使企业和设计师进行新产品的设计和研发。

**3. 用品**

用品是在人们生活的空间里和时间内，为我们提供帮助的物品与服务。人们的生活离不开各种各样的用品，吃、穿、住、行无不如是。当然，人们的生活方式在改变，用品也随之变化。用品的使用过程也会让我们感觉愉快或者不愉快，方便或者不方便。每种用品也都对应着相应的功能需求，也有相应的形态表现，不同的消费者对用品的造型、材料、工艺和装饰的认知和理解也不相同，这就需要设计师充分考虑用品的使用情境和所面对用户的实际需求，同时创造性地探索新的生活方式，解决生活中的实际问题，并通过新技术和新材料等手段拓展人们的用品系列，使生活质量得到更好改善。因此，设计一种与众不同的生活用品始终是设计师的一种追求。

**4. 废品**

废品即无用的产品。通常所有的产品都有一定的使用寿命和生命周期，尤其是工业产品，如各种塑料制品、金属制品等，导致产品废弃的原因，一方面是材料本身的老化，另一方面是产品使用过程中的磨损和消耗。废弃的产品如果回收不力，还会对自然环境造成严重破坏和污染，这也是当前全球面临的严峻问题之一。因此，设计界也提出绿色设计和可持续设计的理念，尽量从整个产品生命周期来考虑产品，即由传统的“从摇篮到坟墓”模式转向“从摇篮到摇篮”方式，从产品设计之初，就考虑产品报废后的回收、再利用及废弃处理等，尽量采用可再生、可循环材料，并减少废品对生态环境的污染和破坏。

### 2.1.3 新产品的概念及分类

**1. 新产品的概念**

在当今世界日趋激烈的市场竞争中，新产品开发对于一个企业，甚至对一个地区、一个国家来说都至关重要。国际上一些著名的企业之所以能在短时期内取得惊人的进展，无不与新产品的开发成功有直接的关系。因此，所有著名的企业和企业家都在新产品开发上不断努力。

虽然“新产品”这个词到处可见，但实际上，人们对该词的理解却不尽相同。那么，到底什么样的产品算是新产品呢？对于新产品的定义各国有所不同，同时，这类定义随时间的推移也在不断完善。

国家统计局对新产品作过如下规定：“新产品必须是利用本国或外国的设计进行试制或生产的工业产品。新产品的结构、性能或化学成分比老产品优越。”“就全国范围来说，是指我国第一次试制成功的产品。就一个部门、一个地区或一家企业来说，是指本部门、本地区或本企业第一次试制成功的产品。”此规定较明确地给出了新产品的含义和界限，即新产品必须具有市场所需求的新功能，在产品结构、性能、化学成分、用途及其他方面与老产品有着显著差异。

根据上述定义，除了那些采用新原理、新结构、新配方、新材料、新工艺制成的产品是新产品，对老产品的改良、变形、新用途开拓等也可称为新产品。

美国联邦贸易委员会对新产品的定义是：所谓新产品，必须是完全新的，或者是功能方面有重大或实质性的变化，并认为一个产品只在一个有限的时间里可以称为新产品。被称为新产品的时间，最长为6个月。6个月对企业来说似乎太短了，但从对产品生命周期的分析来看还是合理的。

开发、设计、研究新产品的目的和本质是为人类服务，提高人们的生活质量。对于企业，开发新产品主要在于销售。而销售的目标是消费者，最终决定命运的也是消费者。因此，如果不能满足消费者的需求和利益的商品，就不是优秀的产品。

**2. 新产品的分类**

企业进行新产品开发业务时，为了有计划、有组织地进行工作，有必要将新产品分类以明确职责权限，使工作有效地开展。新产品的分类，随基准不同，有各种各样的分法。主要的分类基准有根据产品开发目标分类、根据开发地域分类、根据开发阶段分类、根据开发方式分类、根据技术开发类型分类等，具体见表2-1。

表2-1 新产品的分类

<table>
<tr><td rowspan="8">新产品</td><td rowspan="2">根据产品开发目标</td><td>利用最新技术开发出来的新产品</td></tr>
<tr><td>在原有产品基础上进行技术改进的新产品</td></tr>
<tr><td rowspan="3">根据开发地域</td><td>国际性新产品</td></tr>
<tr><td>国内性新产品</td></tr>
<tr><td>区域性新产品</td></tr>
<tr><td rowspan="3">根据开发阶段</td><td>实验室新产品</td></tr>
<tr><td>试制新产品</td></tr>
<tr><td>试销性新产品</td></tr>
</table>

（续）

<table>
<tr><td rowspan="7">新产品</td><td rowspan="4">根据开发方式</td><td>独立研制的新产品</td></tr>
<tr><td>联合开发的新产品</td></tr>
<tr><td>技术引进的新产品</td></tr>
<tr><td>仿制的新产品</td></tr>
<tr><td rowspan="3">根据技术开发类型</td><td>发明性新产品</td></tr>
<tr><td>换代性新产品</td></tr>
<tr><td>改进性新产品</td></tr>
</table>

## 2.1.4　产品设计概述

### 1. 产品设计原来如此简单

要想学会设计产品，一定要了解什么是产品设计，了解产品设计能做什么，最后才是学习研究怎么做产品设计。要循序渐进，不要急于求成。

饿了就要吃，渴了就要喝，大家都知道而且天天都在做，只是很少有人会意识到，这其实是一种设计行为。饿了就是根据人的需求所发现的问题，是需要解决的问题，而解决该问题的办法就是吃东西，具体要吃什么，是吃米饭还是面条，这就是你自己的设计。有人做饭好吃，有人做饭难吃。好吃的，就是好的解决问题的办法；难吃的，就需要改进，直到好吃为止。

图 2-1 所示为钟楼日历摆件，其灵感来源于河北工业大学北辰校区的钟楼和湖水。通过日历这一载体呈现钟楼与旁边圈圈涟漪的湖面景象。它不仅可以送给本校学子，作为美好回忆的念想，也可以成为宣传学校的文创产品，兼具美感和实用的双重价值。

产品设计的创意不一定要惊天动地，能巧妙解决需要解决的问题就是好的产品设计。当然，解决问题的办法不是只有一种，就像“渴了”这个问题，喝水、喝饮料、吃水果等都可以解决这个问题。但是如何选择最好的解决问题的办法，这就需要深入地设计思考。例如，“渴了”这个问题，再深入地思考就是“什么时候渴了”，冬天渴了，我们会喝温水；夏天渴了，我们会喝冰水。根据人群、环境等不同的限定，来选择适合的解决问题的办法。

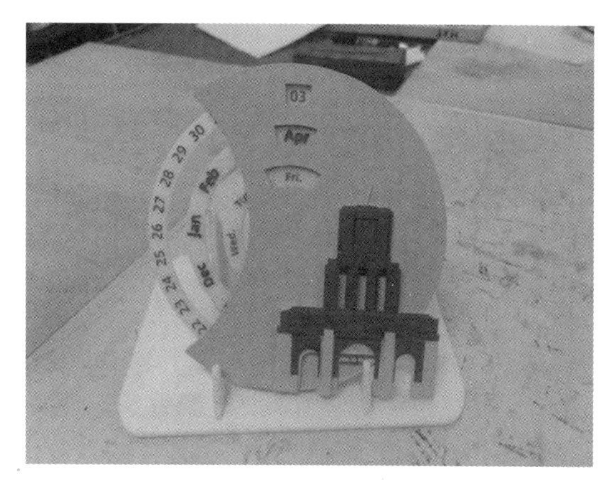


图 2-1　钟楼日历摆件

简单来说，设计产品就是从发现问题到解决问题的过程，设计产品其实就是这么简单。不要给自己设置无形的心理障碍，觉得做设计很难，其实只要掌握了方法，明白了设计原理，设计就会变得很容易。

### 2. 产品设计概念

产品设计是工业产品的功能技术设计与美学设计的结合与统一，是对产品的功能、结构、形态等进行整合优化的集成创新活动。它实现了将原料的形态改变为更有价值的具有功能性的形态产品。产品设计师通过对人的生理、心理、生活习惯等一切关于人的自然属性和社会属性的认知，进行产品的功能、性能、形式、价格、使用环境的定位，结合材料、技术、结构、工艺、形态，再通过多种元素如线条、符号、数字、色彩、表面处理、装饰、成本等，从社会、经济、技术的角度进行创意性设计。

**3. 产品设计意义**

产品设计对企业、消费者和社会都具有十分重要的意义。企业需要产品设计来获得利润，消费者需要产品设计来享受生活，社会更需要产品设计来向前发展。产品设计已经渗透到人类生活的每个方面，大到航空客机，小到锅碗瓢勺都是产品设计的结果。产品设计美化生活，引导生活，也潜移默化地影响着人们的生活。

## 2.2 产品设计的分类

产品设计的分类方式比较多，按照设计本体（即设计行为或设计活动本身）分类，产品设计一般可以分为概念设计、开发设计和改良设计三种，每一类别中根据具体的设计方法又可以细分为具体类别。

### 2.2.1 概念设计

概念设计是指针对某一内容或问题进行创新性的概念构想，形成一种前期的设计方案，其是利用设计概念并以其为主线贯穿全部设计过程的设计方法。尽管概念设计尚未形成具体化设计纲要，但也是一种完整而全面的设计过程，它通过设计概念将设计者繁复的感性和瞬间思维上升到统一的理性思维从而完成整个设计。这是设计院校课程训练中经常采用的课题设计方式，许多企业也通过概念设计作为产品开发的设计储备。图 2-2 所示为伊莱克斯“2020 年家的构想”设计竞赛作品——“阳光的味道”洗衣机，该作品由银奖得主、来自中国浙江大学的学生设计，是一个利用太阳能的洗衣机，不是利用太阳能来洗衣的，而是模拟太阳的光照在洗衣机内部晒干衣物。

### 2.2.2 开发设计

开发设计一般是指对未曾生产过的产品进行研究、创新、设计、试制和检测等工作。开发设计并不等价于发明和发现，通常是指在现有技术水平和生产能力的范围内，对产品进行创新性的再设计。如音乐茶盘（图 2-3），在传统茶盘的基础上，加入音乐播放功能，同时采用古琴的拨奏手势作为乐曲控制方式，使得品茶和聆音的过程浑然一体。

根据开发方式的不同，开发设计可以分为新用途开发设计、新技术开发设计、新工艺开发设计、新材料开发设计等。开发设计通常是在了解消费者需求的基础上，提高并改进现有的技术水平，并有效利用各类资源对产品进行再设计，以创造新的生活方式。

### 2.2.3 改良设计

改良设计是指在原有产品技术、工艺基础上进行的性能、机能或外观上的改进和改造。通常情况下，改良设计是针对产品功能、市场都已经非常成熟的产品，市场和消费者都已经接受了产品的使用功能，有些甚至是投放市场多年的产品，而且技术与工艺也趋向成熟。如手机、数码产品中的型号更替等，基本都是原有产品的改良产品。

图 2-2　“阳光的味道”洗衣机

图 2-3　音乐茶盘

根据改良设计内容的不同，改良设计可细分为产品功能改良设计、产品性能改良设计、产品人机工学改良设计、产品形态和色彩改良设计等。此外，对于原有产品增加花色、品种、规格，或者开发新花色、新品种、新规格、新造型、新包装等也属于产品改良设计范畴。

## 2.3 产品设计原则

要设计一个好的产品，需要遵循一些基本的设计原则，即在长期的设计实践中，人们形成的对设计的共性要求。

**1. 科学性原则**

产品设计过程中，应该遵循客观自然规律，不遵循客观规律的设计终将失败。例如，永动机的设计初衷是设计在不消耗能量的情况下对外做功的机器，其违反了能量守恒定律。

**2. 易用性原则**

过去产品设计以用户“可用性”设计为主，设计出来的产品往往要求用户在掌握一定专业知识的基础上，才能适应和学习产品的各种功能和操作方法。随着科技的不断进步，产品功能的不断升级，“可用性”设计理念不再适应广大用户对于产品的认知和使用；产品设计重心向“易用性”偏移，即最大程度地使用户乐用、易用产品。

**3. 美观性原则**

产品设计应最大程度地满足人们的审美需求，使人们在使用过程中不仅体验到功能的便利，而且能获得精神的愉悦。

**4. 创新性原则**

创意设计的首要理念是强调以人为本，每一种创新的根基都来源于人的需求，如果这些需求不能通过新的解决途径来满足的话，那么创新的过程将会被不断重复。创新过程是人进行的，也是为了人而进行的。

创意设计依靠构建快速且容易理解的原型，使得新想法可以被更容易地进行试验和测试。创意设计者和开发者们可以充分融入产品原型中，通过一定的角色扮演，试验和测试不同用户的反映和操作效果，从而通过不同角度地解析来评价初始设计方案的用户体验、适应性、可操作性等。

**5. 绿色设计原则**

绿色设计又称为生态设计、环境设计等，是指在产品及其寿命周期全过程的设计中，充分考虑对资源和环境的影响，在充分考虑产品的功能、质量、开发周期和成本的同时，更要优化各种相关因素，使产品及其制造过程中对环境的总体负影响减到最小，使产品的各项指标符合绿色环保的要求。

绿色设计的基本思想是：在设计阶段就将环境因素和预防污染的措施纳入产品设计之中，将环境性能作为产品的设计目标和出发点，使产品对环境的影响降到最小。对于工业设计，绿色设计的核心是“3RID”，即 Reduce、Recycle、Reuse、Degradable，其不仅要减少物质和能源的消耗，减少有害物质的排放，而且还要使产品及零部件能够方便地分类回收并再生循环或重新利用。

**6. 通用设计原则**

通用设计又称为无障碍设计、全民设计、通用化设计，是指对于产品的设计和环境的考虑是尽最大可能面向所有使用者的一种创造性设计活动。通用设计的核心思想是把所有人看成不同程度的能力障碍者，即人的能力是有限的，每个人具有的能力是不同的，同一个人在不同环境具有的能力也不同，如果产品能被能力障碍者使用，那么就更能被所有人使用。

**7. 装配设计原则**

在产品开发周期中，有三个非常重要、密不可分的元素，它们是装配方法、制造工艺和材料选择，这三个因素在很大程度上影响产品成本、上市时间、生产率、自动化程度、生产能力、产品可靠性。减少配件或制品的零件数量是提高装配简易性和降低成本的一种手段。

装配设计原则包括简化和减少零件的数量、选用标准化和使用通用零件及材料、产品防错设计和装配、设计零件定位和处理、减少易弯曲的部件和互连、利用简单的运动模式和最小化装配轴的数量来简化装配设计、设计有效的连接和紧固。

模块化设计可以减少零件的数量和装配的变化及制造过程，同时允许最终组装过程中获得更多种类的产品。这种方法尽可能地减少了加工项，因此，降低了库存和提高了产品质量。这些模块可以并行加工和装配，以减少产品的整个生产时间，缩短产品检验时间。

## 2.4 产品设计程序

产品的开发设计过程是解决问题的过程，是创造新产品的过程。所以产品设计程序规划是否合理，关系到新产品能否成功，企业能否生存。从企业角度出发，产品设计一般可以分为六个步骤（图 2-4）。

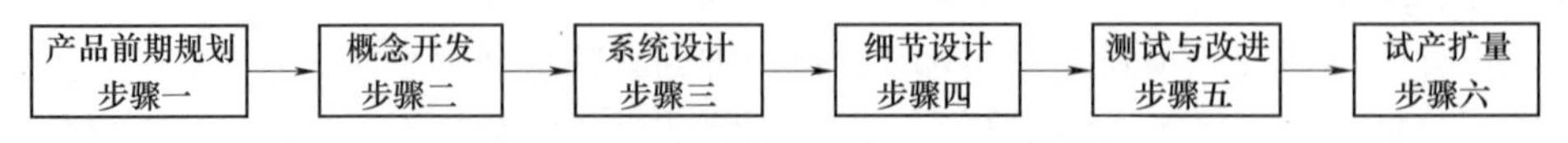


图 2-4　产品设计一般步骤

### 2.4.1　产品前期规划

产品前期规划是指企业在一个产品开发项目正式启动之前根据自身长期发展策略和经济目标，对技术开发和来自用户、销售群体、研发部门、竞争对手的市场信息进行评估，明确企业在一定时期内的产品开发计划，包括一定时间段内所推系列产品的基本定位、系列产品之间的相互联系、每款产品的市场亮点以及它们投放市场的具体时间和规划。

**1. 企业提出设计要求**

不管是改良性产品设计，还是开发性产品设计，企业在进行新产品研发时都有自己的目的和意图。无论是驻厂设计师、设计公司的专业设计师，还是自由设计师，正确理解企业的产品开发战略和意图都非常重要。只有了解企业开发新产品的目的，设计师才有明确的设计目标，才可针对性地进行设计。这就要求企业在开发设计一件产品之前，要为设计师提供明确、细致的设计说明和要求。

具体的设计说明应该包括：

1）产品的名称和用途。

2）产品的使用方式和功能示意图。

3）产品的使用环境以及使用中的注意事项。

4）市场中同类产品的情况。

5）产品未来的生产技术条件、制造工艺。

6）新产品的目标客户群。

7）企业开发产品所要达到的市场目标以及完成设计的时间和质量等要求。

除了要求企业提出设计说明及要求，设计开始前，企业还应为设计师提供必要的技术资料，包括可能的产品内部原理结构和零部件样品等，这样设计师就可以很好地将产品的外观和内部功能结构结合起来。

**2. 设计师接受任务并制订计划**

一般情况下，设计任务的产生有两种形式：①企业提出产品全新的设计；②产品的改良设计。企业为开发新产品，提出新产品设计计划，但因某种原因，企业主管未能明确新产品的具体内容，只能对新产品的概念做出大致描述，给出一定的界限，这时需要设计师和企业主管进行交流，分析产品开发的方向，然后设计师再制订一个相应的设计计划。在计划中明确设计任务和目的，明确设计各个阶段所需的环节，估计每个环节所需要的时间，明确设计的重点和难点，预测设计项目的前景及可能达到的市场占有率，企业实施方案时可能承担的风险。在完成计划后可以编制时间计划表。

**3. 设计调查**

设计调查是产品前期规划中重要的工作之一，是指在开发创新产品之前以及在设计进展中进行的大量调查，包括社会群体文化调查、价值观念调查、生活方式调查、产品的使用情况调查和市场调查等。

一直以来很多设计专业人员都以市场调查作为设计调查的工作内容而进行设计前期的调查，实质上这两者是不同的，市场调查只是设计调查的一部分内容，是在市场营销、消费心理、统计学、经济学和社会学知识领域支撑下为企业的产品推广、客户服务和市场开发制订产品、价格、销售和广告策略。

而设计调查涉及知识领域更广泛，其调查对象不仅是市场调查的对象——消费者，而且还包括各种层面的使用用户，包括用户使用动机、价值观、个人兴趣、使用需求、用户人群的生活方式以及其改变的趋势和原因、用户人群的审美观念以及其变化的趋势和原因、用户人群行为特性、用户人群操作使用特性、用户人群的感知和认知特性等；调查过程中要运用多种方法，比如心理学试验方法、使用情景分析法、用户语境分析法以及运用人机工学测试仪等。其目的是了解用户使用动机，分析用户使用过程，分解用户学习过程，提炼操作出错及纠错信息，最后得出用户使用模型，为设计提供一个科学、合理、正确地依据。

### 2.4.2 概念开发

完成产品前期规划工作之后，就开始进入实质性的单件产品设计流程。一般把从这一步骤开始到形成一个比较完善的具体形态概念叫作概念开发阶段。概念开发流程包括以下活动：

**1. 识别顾客的需求**

该活动的目的是了解顾客的需求，并有效传达给开发团队。这一步的输出是一组精心构建的顾客需求陈述，列为层次化列表，大多数或所有需求的权重也列在其中。

**2. 建立目标规格**

目标规格是确定顾客需求之后，但在生成产品概念并选择一个最有前景的产品概念之前确定的。规格说明是产品必要功能的精确描述，它将顾客的需求转化为技术术语。这个阶段的输出是一系列的目标规格，它包含各参数的边界值和理想值。这种初步设定的理想化“目标规格”是开发团队的目标，代表开发团队认为会在市场上取得成功的产品，随着开发过程的进行，开发团队会根据实际选择的产品概念对其进行更新。

**3. 概念产生**

产品概念是对产品的技术、工作原理和形式的大致描述，能简要地说明该产品如何满足顾客需求，通常采用草图、三维模型表示并附带简要的文字描述。产品概念的质量在很大程度上决定了该产品是否满足顾客需求并实现商业化的程度。好的产品概念生成环节可以使开发团队有信心认为新产品的可开发空间已经被完全拓展。如果团队在研发初期就全面深入地探讨了新产品的概念，就不会在后期又发现更好的产品概念，也不会让竞争对手开发出性能更加优越的产品。

**4. 概念选择**

概念选择是指对不同的产品概念进行分析和逐步筛选，以确定最有前景的概念。这一流程通常需要多次叠代，可能会产生新的概念并不断完善。

**5. 概念测试**

对一个或多个概念进行测试，以验证顾客的需求是否得到满足并评估产品的市场潜力，找出下一步开发中需弥补的缺陷。如果顾客反映不佳，开发项目可能会终止，必要时可重复一些早期的活动。

**6. 确定最终规格**

当一个概念被选择和测试后，先前设置的目标规格将再次确认。在这个时间点，该团队必须确定参数的具体值，以反映产品概念的固有约束。

**7. 项目规划**

项目规划是概念开发的最后活动，在该活动中，团队将编制详细的开发进度计划，制订项目进度压缩的战略，并识别完成项目所需的资源。可把前端活动的主要成果编写成合同书，该合同书包含：使命描述、顾客需求、所选概念的细节、产品规格、产品的经济分析、开发进度计划、项目人员配置和预算。合同书将团队与企业高级管理者之间达成的一致意见文档化。

**8. 经济分析**

开发团队通常在财务分析师的支持下建立新产品的经济模型。该模型用于判断整个开发项目继续开展的管理性，并解决具体的权衡问题（如开发成本与制造成本之间的权衡）。经济分析是贯穿整个概念开发阶段的活动。在项目开始之前就要开展早期的经济分析，随着更多信息的获得，分析工作也会不断更新。

**9. 竞争性产品的标杆比较**

对竞争产品的理解是对新产品正确定位的关键，也为产品和生产流程（生产工艺）的设计提供了丰富的创意来源。

**10. 建立、测试模型和样机**

概念开发流程的每一个阶段都涉及各种形式的模型和样机。这些模型可能包括（但不限于）：早期帮助开发团队验证可行性的概念验证（proof of concept）模型；可以向顾客展示以评估人体工程学和风格的形式化（form only）模型；用于技术权衡的表格模型；用于设置稳健（鲁棒）性能设计参数的实验测试模型。

### 2.4.3　系统设计

系统设计包括定义产品体系，比单件产品设计工作更具有深层次的内容，它是企业解决增加产品多样性的同时又降低制造成本的设计方法之一。产品体系最主要的特征是模块化。

### 2.4.4　细节设计

细节设计是产品概念确定之后，对新产品方案进行更详细的设计环节。一方面从产品的外观造型、色彩搭配和材质选择等入手进行更加精致和深入地设计；另一方面也开始考虑非标准件的尺寸、材料以及标准件的配备问题。细节设计阶段往往可以控制生产成本以及保证最终产品的质量。

不同产品的细节各不相同，细节往往形成设计的亮点，比如通信产品的按钮是一个细节、交互设计中的页面转化方式是一个细节，色彩是一个细节，材质是一个细节，汽车设计中的车灯是一个细节。总之，细节无处不在，存在于产品之中，是产品增辉添彩之笔，通过这种细节设计可以为用户带来一种愉悦和难忘的体验。

### 2.4.5　测试与改进

经过前期的工作，一般会推出几个预生产方案并接受各类仪器或使用者的测试评估，对新产品的技术指标、商业指标、用户接受程度以及产品本身的外观体量等方面进行一系列感性和理性、质化和量化的评估，对最终方案进行再次的调整和完善工作。

### 2.4.6 试产扩量

在试产扩量（或称为生产爬坡）阶段，产品将通过目标生产系统制造出来。该阶段的目的是培训员工、解决生产流程中的遗留问题。该阶段生产出来的产品，有时会提供给目标顾客，并仔细评估以识别存在的缺陷。从试产扩量到正式生产的转变通常是渐进的。最后该产品发布并广泛分销。项目后评估可能在发布后的很短时间内进行，包括从商业和技术的视角评价项目，意在识别项目改进的途径。

# 第3章　机械产品设计与制造

## 3.1　机械产品设计概述

### 3.1.1　机械设计的基本要求

机械的概念是广义的，它除了人们通常所说的机械以外，还包括各种各样的设备、设施、仪器、仪表、工具、器具、家具、交通车辆以及劳动保护用具等，可以说机械是各类机器的通称。它是人类改造自然、发展自己的主要劳动工具。它能把热能、电能、化学能转换成机械能，再将机械能转换成其他类型的能量。它能改变或传递力并产生运动，完成人们期待的许多工作。

机械设计既是一门科学，又是一种艺术。它是从市场需求出发，通过构思、计划和决策，确定机械产品的功能、原理方案、技术参数和结构等，并把设想变为现实的技术实践过程。

（1）实现预定的功能，满足使用要求　功能是指用户提出的需要满足使用上的特性和能力，是机械设计的最基本出发点。在机械设计过程中，设计者所设计的机械首先应实现功能的要求。为此，必须正确选择机械的工作原理、机构的类型、拟订机械传动系统方案，并且所选的机构类型和拟定的机械传动系统方案，能满足运动和动力性能的要求。

（2）市场需要和经济性的要求　在产品设计中，自始至终都应把产品设计、销售及制造三方面作为一个整体考虑。只有设计与市场信息密切配合，在市场、设计、生产中寻求最佳关系，才能以最快的速度回收投资，获得满意的经济效益。

（3）可靠性和安全性的要求　机械可靠性是指机械在规定的使用条件下、在规定的时间内完成规定功能的能力。安全可靠是机械的必备条件，为了满足这一要求，必须从机械系统的整体设计、零部件的结构设计、材料及热处理的选择、加工工艺的制订等方面加以保证。

（4）机械零部件结构设计的要求　机械设计的最终结果都是以一定的结构形式表现出来的且各种计算都要以一定的结构为基础。所以，机械设计时，往往要事先选定某种结构形式，再通过各种计算得出结构尺寸，将这些结构尺寸和确定的几何形状绘制成零件工作图，最后按设计的工作图制造、装配成部件乃至整台机器，以满足机械的使用要求。

（5）操作使用方便的要求　机器和人的操作密切相关。在设计机器时必须注意操作要轻便省力，操作机构要适应人的生理条件，机器的噪声要小，有害介质的泄漏要少等。

（6）工艺性及标准化、系列化、通用化的要求　机械及零部件应具有良好的工艺性，即要考虑零件的制造方便，加工精度及表面粗糙度值适当，易于装拆。设计时，零部件和机器参数应尽可能标准化、通用化、系列化，以提高设计质量，降低制造成本，并且使设计者将主要精力用在关键零件的设计上。

### 3.1.2 机械零件设计

**1. 基本要求**

（1）强度要求　机械零件应满足强度要求，即防止它在工作中发生整体断裂、产生过大的塑性变形或出现疲劳点蚀。机械零件的强度要求是最基本的要求。

提高机械零件的强度是机械零件设计的核心之一，为此可以采用以下几项措施。

1）采用强度高的材料。

2）使零件的危险截面具有足够的尺寸。

3）用热处理方法提高材料的力学性能。

4）提高运动零件的制造精度，以降低工作时的动载荷。

5）合理布置各零件在机器中的相互位置，减小作用在零件上的载荷等。

（2）刚度要求　机械零件应满足刚度要求，即防止它在工作中产生的弹性变形超过允许的限度。通常，只有当零件的弹性变形过大会影响机器的工作性能时，才需满足刚度要求。一般对机床主轴、导轨等零件需要进行强度和刚度计算。

提高机械零件的刚度可以采用以下几项措施。

1）增大零件的截面尺寸。

2）缩短零件的支承跨距。

3）采用多点支承结构等。

（3）结构工艺性要求　机械零件应有良好的工艺性，即在一定的生产条件下，以最小的劳动量、花最少的加工费用制成能满足使用要求的零件，并能以最简单的方法在机器中进行装拆与维修。因此，零件的结构工艺性应从毛坯制造、机械加工过程及装配等生产环节加以综合考虑。

（4）经济性要求　经济性是机械产品的重要指标之一。从产品设计到产品制造应始终贯彻经济原则。设计中，在满足零件使用要求的前提下，可以从以下几个方面考虑零件的经济性。

1）先进的设计理论和方法，采用现代化设计手段，提高设计质量和效率，缩短设计周期，降低设计费用。

2）尽可能选用一般材料，以减少材料费用，同时应降低材料消耗，如多用无切削或少切削加工，减少加工余量等。

3）零件结构应简单，尽量采用标准零件，选用允许的最大公差和最低精度。

4）提高机器效率，节约能源，如尽可能减少运动件、创造优良润滑条件等，包装与运输费用也应注意考虑。

（5）减轻重量的要求　机械零件设计应力求减轻重量，这样可以节约材料，对运动零件来说可以减小惯性，改善机器的动力性能，减小作用于构件上的惯性载荷。减轻机械零件重量的措施有如下几个方面。

1）从零件上应力较小处挖去部分材料，以改善零件受力的均匀性，提高材料的利用率。

2）采用轻型、薄壁的冲压件或焊接件来代替铸、锻零件。

3）采用与工作载荷相反方向的预载荷。

4）减小零件上的工作载荷等。

机械零件的强度、刚度是从设计上保证它能够可靠工作的基础，而零件可靠地工作是保证机器正常工作的基础。零件具有良好的结构工艺性和较轻的重量是机器具有良好经济性的基础。实际设计中，经常会遇到基本要求不能同时得到满足的情况，这时应根据具体情况，合理做出选择，保证主要的要求能够得到满足。

**2. 设计方法**

（1）理论设计　根据理论和实验数据进行的设计，称为理论设计。

（2）经验设计　根据设计者的工作经验或经验关系式采用类比的方法进行设计，称为经验设计。这种方法适用于设计结构形状变化不大且已定型的零件，如机器的机架、箱体等结构件的各结构要素。

（3）模型试验设计　根据零部件或机器的初步设计结果，按比例做成模型或样机进行试验，通过试验对初步设计结果进行检验与评价，从而进行逐步地修改、调整和完善，这种设计方法称为模型试验设计。此方法适合于尺寸极大、结构复杂、难以理论分析的重要零部件或机器的设计。

（4）现代设计方法　随着科学的发展以及新材料、新工艺、新技术的不断出现，产品的更新换代周期日益缩短，促使机械设计方法和技术现代化，以适应新产品的加速开发。在这种形势下，传统的机械设计方法已不能完全适应需要，从而产生和发展了以动态、优化、计算机化为核心的现代设计方法，如有限元分析、优化设计、可靠性设计、计算机辅助设计、摩擦学设计。除此之外，还有一些新的设计方法，如虚拟设计、概念设计、模块化设计、反求工程设计、面向产品生命周期设计、绿色设计等。这些设计方法使机械设计学科发生了很大的变化。现仅对可靠性设计、优化设计、计算机辅助设计进行简单的介绍。

1）可靠性设计。机械零件的可靠性设计又称概率设计，它是将概率论和数理统计理论运用到机械设计中，并将可靠度指标引进机械设计的一种方法。其任务是针对设计对象的失效和防止失效问题，建立设计计算理论和方法，通过设计解决产品的不可靠性问题，使之具有固有的可靠性。在可靠性设计中，传统的“强度”概念就从零件发生“破坏”或“不破坏”这两个极端，转变为“出现破坏的概率”。对零件安全工作能力的评价则表示为“达到预期寿命要求的概率”。

2）优化设计。优化设计是根据最优化原理和方法并综合各方面的因素，以人机配合的方式或用“自动探索”的方式，借助计算机进行半自动或自动设计，寻求在现有工程条件下最优化设计方案的一种现代设计方法。

优化设计方法建立在最优化数学理论和现代计算技术的基础之上，首先建立优化设计的数学模型，即设计方案的设计变量、目标函数、约束条件，然后选用合适的优化方法，编制相应的优化设计程序，运用计算机自动确定最优设计参数。

优化设计方案中的设计变量是指优化过程中经过调整或逼近，最后达到最优值的独立参数。目标函数是反映各个设计变量相互关系的数学表达式。约束条件是设计变量间或设计变量本身所受限制条件的数学表达式。

3）计算机辅助设计。随着计算机技术的发展，设计过程中出现了由计算机辅助设计计算和绘图的技术——计算机辅助设计（Computer Aided Design，CAD）。计算机辅助设计就是在设计中应用计算机进行设计和信息处理。它包括分析计算和自动绘图两部分功能。CAD

系统应支持设计过程的各个阶段，即从方案设计入手，使设计对象模型化；依据提供的设计技术参数进行总体设计和总图设计；通过对结构的静态和动态性能分析，最后确定设计参数。在此基础上，完成详细设计和技术设计。因此，CAD 设计应包括二维工程绘图、三维几何造型和有限元分析等方面的技术。

**3. 机械零件的设计步骤**

1）根据机器的原理方案设计结果，确定零件的类型。

2）根据机器的运动学与动力学设计结果，计算作用在零件上的名义载荷，分析零件的工作情况，确定零件的计算载荷。

3）分析零件工作时可能出现的失效形式，选择适当的零件材料，确定零件的设计准则，通过设计计算确定零件的基本尺寸。

4）按照等强度原则，进行零件的结构设计。设计零件结构时，一定要考虑工艺性及标准化等原则的要求。

5）必要时进行详细的校核计算，确保重要零件的设计可靠性。

6）绘制零件的工作图，除标注详细的零件尺寸，还需要对零件的配合尺寸等标注尺寸公差及必要的几何公差、表面粗糙度值及技术条件等。

7）编写零件的设计计算说明书。

### 3.1.3　机械设计的一般程序

我国设计人员早在 20 世纪 60 年代就总结出全面考虑实验、研究、设计、制造、安装、使用、维护的“七事一贯制”设计方法。机械设计不可能有固定不变的程序，因为设计本身就是一个富有创造性的工作，同时也是一个尽可能多地利用已有成功经验的工作，机械设计的过程是复杂的，它涉及多方面的工作，所以机械设计并没有通用的固定程序，需要根据具体情况进行相应的处理。本书就设计机器的技术过程进行讨论，以比较典型的机器设计为例介绍机械设计的一般程序。

**1. 制订设计工作计划**

根据社会、市场的需求确定所设计机器的功能范围和性能指标；根据现有的技术、资料及研究成果研究其实现的可能性，明确设计中要解决的关键问题；拟订设计工作计划和设计任务书。

**2. 方案设计**

按设计任务书的要求，了解并分析同类机器的设计、生产和使用情况以及制造厂的生产技术水平，研究实现机器功能的可能性，提出可能实现机器功能的多种方案。每个方案应包括原动机、传动机构和工作机构，对较为复杂的机器还应包括控制系统。然后，在考虑机器的使用要求、现有技术水平和经济性的基础上，综合各方面的知识与经验对各个方案进行分析。通过分析确定原动机、选定传动机构、确定工作机构的工作原理及工作参数，绘制工作原理图，完成机器的方案设计。

方案设计时，应注意相关学科与技术中新成果的应用，如先进制造技术、现代控制技术、新材料等，这些新技术的发展使得以往不能实现的方案变为可能，这些都为方案设计的创新奠定了基础。

**3. 技术设计**

对已选定的设计方案进行运动学和动力学的分析，确定机构和零件的功能参数，必要时进行模拟试验、现场测试、修改参数；计算零件的工作能力，确定机器的主要结构尺寸；绘制总装配图、部件装配图和零件工作图。技术设计主要包括以下几项内容。

（1）运动学设计　根据设计方案和工作机构的工作参数，确定原动机的动力参数，如功率和转速，进行机构设计，确定各构件的尺寸和运动参数。

（2）动力学计算　根据运动学设计的结果，分析、计算出作用在零件上的载荷。

（3）零件设计　根据零件的失效形式，建立相应的设计准则，通过计算、类比或模型试验的方法确定零部件的基本尺寸。

（4）总装配草图的设计　根据零部件的基本尺寸和机构的结构关系，设计总装配草图。在综合考虑零件的装配、调整、润滑、加工工艺等的基础上，完成所有零件的结构与尺寸设计。在确定零件的结构、尺寸和零件间的相互位置关系后，可以较精确地计算出作用在零件上的载荷，分析影响零件工作能力的因素。在此基础上应对主要零件进行校核计算，如对轴进行精确的强度计算，对轴承进行寿命计算等。根据计算结果反复地修改零件的结构尺寸，直到满足设计要求为止。

（5）总装配图与零件工作图的设计　根据总装配草图确定零件结构尺寸，完成总装配图与零件工作图的设计。

**4. 施工设计**

根据技术设计的结果，考虑零件的工作能力和结构工艺性，确定配合件之间的公差。视情况与要求，编写设计计算说明书、使用说明书、标准件明细表、外购件明细表、验收条件等。

**5. 试制、试验、鉴定**

所设计的机器能否实现预期的功能、满足所提出的要求，其可靠性、经济性如何等，都必须通过试制样机的试验加以验证，再经过鉴定，以科学的评价确定是否可以投产或进行必要的改进设计。

**6. 定型产品设计**

经过试验和鉴定，对设计进行必要的修改后，可进行小批量的试生产。经过实际条件下的使用，根据取得的数据和使用的反馈意见，再进一步修改设计，即定型产品的设计，然后正式投产。

实际上整个机械设计的各个阶段是互相联系的，在某个阶段发现问题后，必须返回到前面的有关阶段进行设计的修改，直至问题得到解决。有时，可能整个方案都要推倒重来。因此，整个机械设计过程是一个不断修改、不断完善直至逐步接近最佳结果的过程。

## 3.2 机械加工与特种加工

### 3.2.1　机械加工基础知识

机械加工是指通过一种机械设备对工件的外形尺寸或性能进行改变的过程，按加工方式不同可分为切削加工和压力加工。

切削加工是指通过操纵机床，利用刀具、磨具或磨料将毛坯上多余的材料切除，以获得形状精度、尺寸精度和表面质量等都符合图样要求的加工过程。

压力加工是利用金属在外力作用下所产生的塑性变形，来获得具有一定形状、尺寸和力学性能的原材料、毛坯或零件的生产方法，又称为“金属压力加工”或“金属塑性加工”。

**1. 金属切削加工及机床简介**

金属切削加工主要方法有车削、刨削、铣削、钻削、磨削等（图 3-1），对应的加工设备分别为车床、刨床、铣床、钻床、磨床等。切削是目前机械制造的主要手段，占有重要的地位，机器上 40%~60%的零件是通过切削加工获得的。另外针对直径较小零件的攻螺纹、套螺纹，以及研磨与刮研等，通常是通过钳工，以手工操作为主的方法来完成。

金属切削机床是机械制造业的主要加工设备之一。通过切削直接改变金属毛坯的形状和尺寸，使其成为符合图样技术要求的机械零件。为便于使用、管理，需对金属切削机床加以分类并编制型号。机床基本上是按加工方法及用途进行分类的，我国将机床分为 11 大类：车床、钻床、镗床、磨床、齿轮加工机床、螺纹加工机床、铣床、刨插床、拉床、锯床及其他机床。在每一类机床中，按其工艺特点、布局形式、结构特点细分为若干组，每组再细分为若干系列。

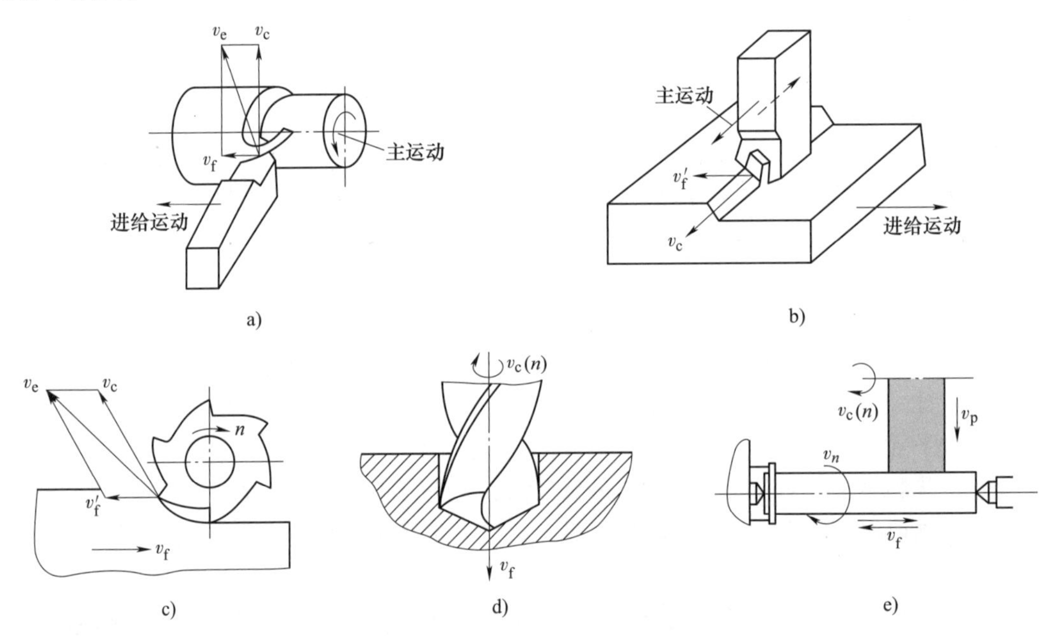


图 3-1 常见的金属切削加工方法

a）车削 b）刨削 c）铣削 d）钻削 e）磨削

**2. 金属切削刀具、辅具、夹具简介**

（1）金属切削刀具 金属切削刀具一般由切削部分和夹持部分组成。夹持部分是将刀具夹持在机床上的部分，有带孔和带柄两类。切削部分是刀具上直接参与切削工作的部分，其结构主要有整体式、焊接式、机夹式、机夹可转位式和镶片式。

金属切削刀具按工件加工表面的形式不同可分为外表面加工刀具、孔加工刀具、螺纹加工刀具、齿轮加工刀具、切槽刀具等；按切削运动方式和相应的切削刃形状不同可分为通用刀具、成形刀具、展成法齿轮刀具。常见的金属切削刀具如图 3-2 所示。

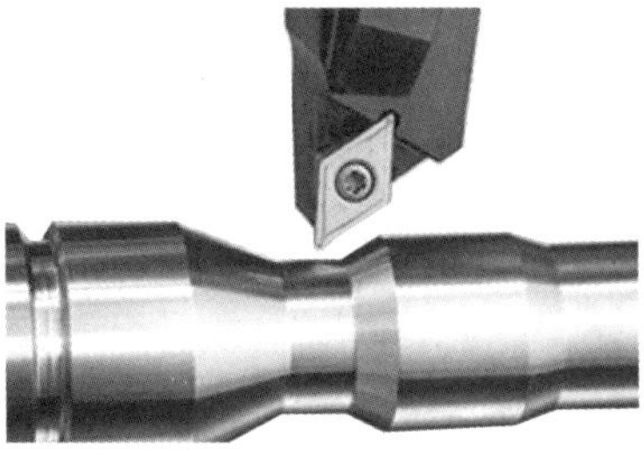

a)

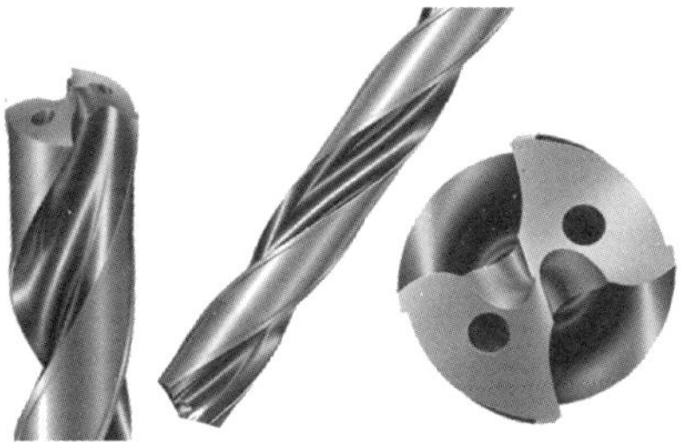

b)

c)

d)

图 3-2　常见的金属切削刀具

a）外表面加工刀具——仿形车刀　b）孔加工刀具——钻头　c）螺纹加工刀具——丝锥　d）切槽刀具

（2）辅具　按功能和类别不同，辅具可分为设备类辅具、专用加工类辅具、吊装转运类辅具、通用工具等。设备类辅具包括车床的中心架、跟刀架等附件，铣床的回转盘、分度盘等；专用加工类辅具包括通用组合夹具，专门设计的用以满足工序精度的专用定位工装等；吊装转运类辅具包括磁力吸盘、吊装夹具、转运小车、垫块等；通用工具包括锤子、扳手、台虎钳等。

（3）夹具　夹具是在机床上用以装夹工件的一种装置，其作用是使工件相对机床或刀具有正确的位置，并在加工过程中保持这个位置不变。机床夹具的结构主要包括定位元件、夹紧装置、夹具体、连接元件、对刀和导向元件、其他装置及元件。机床夹具按夹具通用特性的不同可分为通用夹具、专用夹具、可调夹具、组合夹具、随行夹具等；按夹具使用机床的不同可分为车床夹具、钻床夹具、镗床夹具、磨床夹具、数控机床夹具等；按夹具动力源的不同可分为手动夹具、气动夹具、液压夹具、气-液夹具、电磁夹具、真空夹具等。利用夹具可以提高劳动生产率，保证加工精度，扩大机床的工艺范围，改善操作者的劳动条件。

**3. 切削加工质量**

切削加工质量包括零件的加工精度和表面质量。零件的加工精度是指零件的实际几何参数与其理想几何参数间相符合的程度。加工精度又可分为尺寸精度、形状精度、方向精度、位置精度和跳动精度。

（1）尺寸精度　尺寸精度是指零件的实际尺寸和理想尺寸相符合的程度，即尺寸准确的程度。尺寸精度由尺寸公差控制，同一公称尺寸的零件，公差值小的，精度高；公差值大的，精度低。国家标准中将标准公差等级分为 20 级，分别用 IT01、IT0、IT1、IT2、…、IT18 表示。IT01 公差值最小，精度最高。常用尺寸公差等级为 IT6~IT11。

（2）形状精度　形状精度是指零件同一表面的实际形状与理想形状符合的程度。一个零件的表面形状不可能绝对准确，因而为满足产品的使用要求，对零件表面形状要加以控制。国家标准规定，零件表面形状精度用形状公差控制。形状公差有六项，即直线度、平面度、圆度、圆柱度、线轮廓度和面轮廓度，其符号见表 3-1。

表 3-1　零件表面形状公差

| 项目 | 直线度 | 平面度 | 圆度 | 圆柱度 | 线轮廓度 | 面轮廓度 |
|---|---|---|---|---|---|---|
| 符号 | — | ▱ | ○ | ⌭ | ⌒ | ⌓ |

通常形状精度与加工方法、机床精度、工件安装和工艺系统刚性等因素有关。

（3）方向精度、位置精度和跳动精度　方向精度、位置精度和跳动精度是指零件点、线、面的实际方向位置、跳动与理想方向、位置、跳动相符合的程度。方向精度、位置精度和跳动精度分别用方向公差（平行度、垂直度、倾斜度、线轮廓度、面轮廓度）、位置（同轴度、对称度、同心度、位置度、线轮廓度、面轮廓度）以及跳动公差（圆跳动、全跳动）控制。正如零件的表面形状不能做得绝对准确一样，表面方向误差、位置误差和跳动误差也是不可避免的。国家标准规定，方向公差、位置公差和跳动公差项目及符号见表 3-2。

表 3-2　零件表面方向公差、位置公差和跳动公差

| 项目 | 方向公差 | | | 位置公差 | | | | | | 跳动公差 | |
|---|---|---|---|---|---|---|---|---|---|---|---|
| | 平行度 | 垂直度 | 倾斜度 | 位置度 | 同心度 | 同轴度 | 对称度 | 线轮廓度 | 面轮廓度 | 圆跳动 | 全跳动 |
| 符号 | // | ⊥ | ∠ | ⌖ | ◎ | ◎ | ⌯ | ⌒ | ⌓ | ↗ | ⌰ |

（4）表面粗糙度　表面粗糙度是表面质量的主要指标，另外加工硬化、表面残余应力等也是表面质量的考察指标。机械加工中，无论采取何种方法加工，由于刀痕、振动及摩擦等，都会在工件已加工表面上留下凹凸不平的峰谷，用这些微小峰谷的高低程度和间距大小来描述零件表面的微观特征称为表面粗糙度。表面粗糙度的评定参数很多，最常用的是轮廓算术平均偏差 *Ra*，其单位为 μm。常用加工方法所能达到的表面粗糙度值 *Ra* 见表 3-3。

表 3-3　常用加工方法所能达到的表面粗糙度值 *Ra*

| 加工方法 | 表面特征 | *Ra*/μm |
|---|---|---|
| 粗车、粗铣、粗刨、钻孔等 | 可见明显刀痕 | 50 |
| | 可见刀痕 | 25 |
| | 微见明显刀痕 | 12.5 |
| 半精车、精车、精铣、精刨、粗磨、铰孔等 | 可见加工痕迹 | 6.3 |
| | 微见加工痕迹 | 3.2 |
| | 不见加工痕迹 | 1.6 |

（续）

| 加工方法 | 表面特征 | $Ra/\mu m$ |
|---|---|---|
| 精铰、精磨等 | 可辨加工痕迹方向 | 0.8 |
| | 微辨加工痕迹方向 | 0.4 |
| | 不辨加工痕迹方向 | 0.2 |

### 3.2.2 铸造

铸造是将熔融的液态金属浇注到与零件形状相适应的铸型空腔中，待其冷却凝固，获得具有一定形状、尺寸和性能的金属零件毛坯的成形方法。

铸造是零件毛坯最常用的生产工艺之一，与其他成形工艺相比，它具有很多优点。铸造不受零件毛坯的重量、尺寸和形状的限制，重量从几克到几百吨，壁厚从 0.3mm 到 1m，以及形状十分复杂，机械加工十分困难，甚至难以制得的零件，都可以用铸造方法获得。铸造生产的原材料来源丰富，铸造生产中的金属废料大都可以回炉再利用；铸造设备投资较少、成本较低。

铸造的主要缺点：生产工序较多；铸件的力学性能比锻件低；质量不稳定，废品率高。此外，传统的砂型铸造劳动条件差，会对环境造成一定的污染。

### 3.2.3 锻压成形

**1. 锻造**

锻压是利用外力使金属坯料塑性变形，从而获得预定形状、尺寸和性能制件（毛坯或零件）的加工方法。它不仅能使金属材料成形，还能提高其力学性能。锻压是锻造和冲压的总称，以金属锭料或棒料为原材料时（在热态下）为锻造，以板料为原材料时（在冷态下）为冲压。

金属锭料经锻压后，不仅形状、尺寸发生改变，而且其内部组织也更加致密，铸锭内部的疏松组织以及气孔、微裂纹等也被压实和焊合，同时晶粒细化，因而力学性能得到提高。因此，承受重载荷和冲击载荷的重要机器零件和工模具，如主轴、连杆、齿轮、刀杆和锻模等，大都采用锻造的毛坯。

冲压件具有重量轻、刚度和强度高等优点，并且生产率高，易于实现机械化和自动化，广泛应用于汽车、电力、电子、仪表、航空及家用制品的生产中。但是，冲压生产必须使用专用模具，只有在大批量生产的条件下，才能发挥其优越性。

中国制造的世界“重装之王”锻压机如图 3-3 所示。

**2. 板料冲压**

板料冲压是利用装在压力机上的模具使板料分离或变形，以获得毛坯或零件的加工方法，它主要用于常温下对板料进行加工的场合。

板料冲压的生产率高，冲压件的刚性强、精度高，一般不进行切削加工即可装配使用，广泛用于汽车、航空、电器、仪表、电子器件、电工器材及日用品等工业部门的批量生产。

板料、模具和冲压设备是冲压生产的三要素。

### 3.2.4 焊接

在机械制造中焊接是应用较为广泛的金属连接成形技术。焊接连接技术不同于其他机械连接，它是利用原子间的结合作用来实现连接的，连接后不可拆卸。焊接是通过加热或加压，或者两者并用，使两个或两个以上分离的物体产生原子结合而连接成一体的加工方法。焊接时可以用填充材料，也可以不用。

焊接具有省工、省料、重量轻、接头致密和容易实现机械化、自动化等特点。焊接在铸件、锻件的缺陷（具有缺陷的铸件、锻件）以及磨损零件等修复方面发挥着其他加工方法不可代替的作用。目前，焊接已广泛应用于机械、桥梁、船舶、车辆、航空、石油、化工和电子等行业中。

图 3-3 中国制造的世界“重装之王”锻压机

### 3.2.5 车削

车削是指在车床上利用主轴的旋转运动（工件旋转）与刀具的直线进给运动来改变工件的尺寸和形状以达到图样要求，使之成为零件的加工过程。在车床上所使用的刀具主要有车刀、钻头、铰刀、丝锥和滚花刀等。车削时，主轴的旋转运动为主运动，刀具的直线运动为进给运动，即为辅助运动。车削加工范围广，是最常用的一种加工方法。车床主要用来加工各种回转表面，如内、外圆柱面，内、外圆锥面，端面，内、外沟槽，内、外螺纹，内、外成形表面，钻孔，扩孔，铰孔，镗孔，攻螺纹、套螺纹、滚花等。车削加工范围如图 3-4 所示。

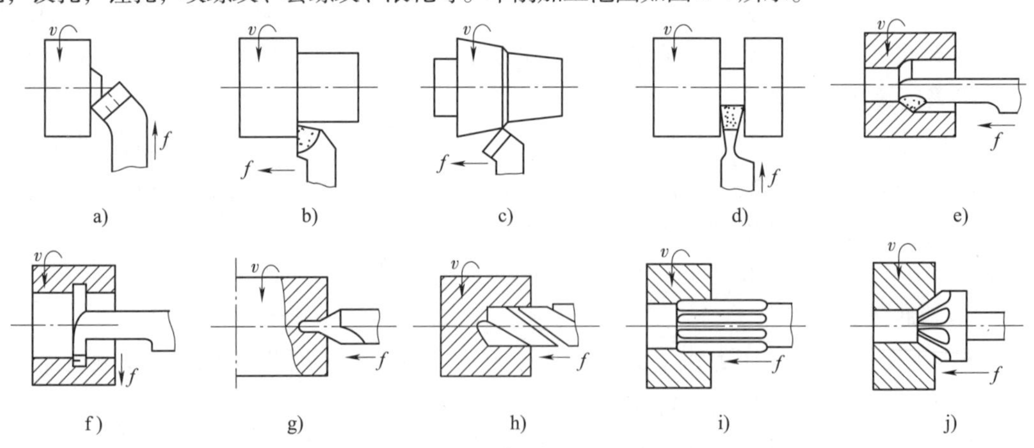


图 3-4 车削加工范围

a）车端面 b）车外圆 c）车圆锥面 d）切槽、切断 e）镗孔

f）切内槽 g）钻中心孔 h）钻孔 i）铰孔 j）锪锥孔

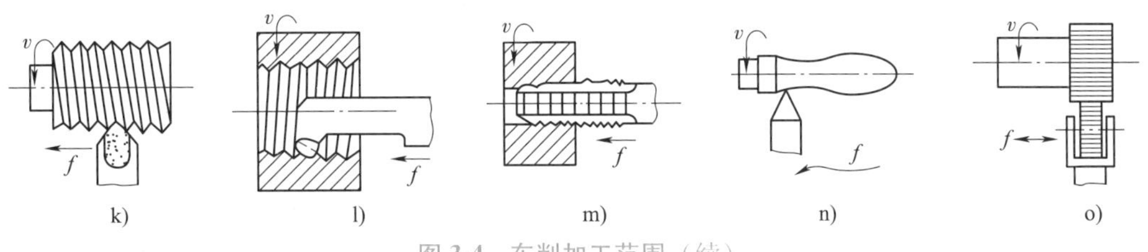


图 3-4　车削加工范围（续）

k）车外螺纹　l）车内螺纹　m）攻螺纹　n）车成形面　o）滚花

## 3.2.6　铣削

铣削是指在铣床上利用旋转的多齿刀对移动的工件进行切削加工的方法。铣削是以铣刀的旋转运动为主运动，以工件的移动为进给运动的一种切削加工方法。

铣削使用旋转的多刃刀具，不但可以提高生产率，而且还可以使工件表面获得较小的表面粗糙度值。在正常生产条件下，铣削加工的尺寸公差等级为 IT9～IT7，表面粗糙度值 $Ra$ 为 6.3～1.6μm。

铣削加工范围很广，它不仅可以加工平面、台阶、各类沟槽、凸轮、离合器等，还可以加工成形表面及齿轮等。铣削加工范围如图 3-5 所示。

## 3.2.7　磨削

在磨床上以砂轮为切削刀具，并以较高的线速度对工件表面进行微量切削的加工方法称为磨削。磨削是零件精加工的主要方法之一。

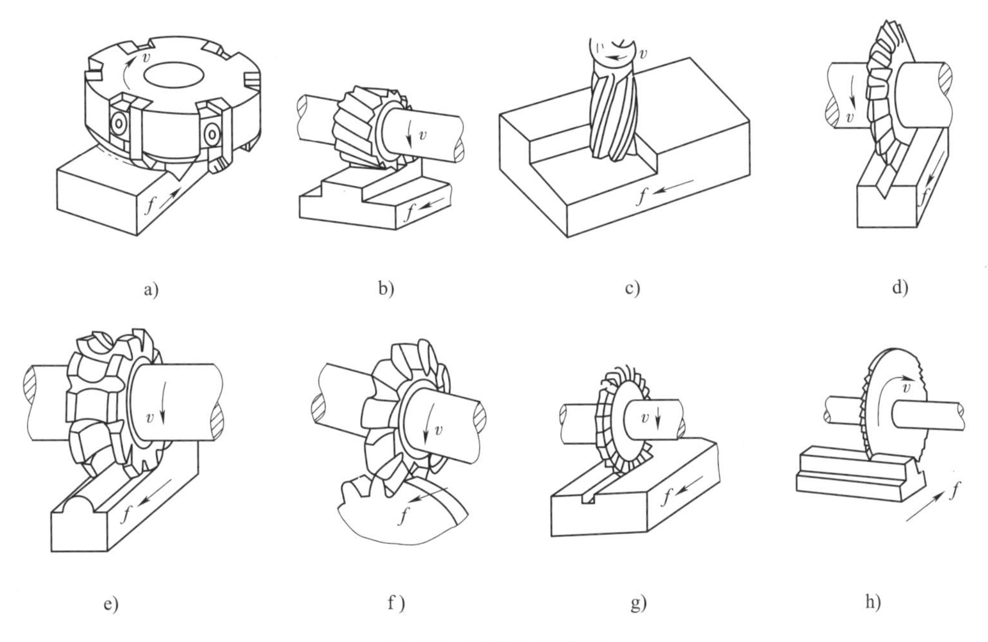


图 3-5　铣削加工范围

a）面铣刀铣大平面　b）圆柱铣刀铣平面　c）立铣刀铣台阶面　d）角度铣刀铣槽
e）成形铣刀铣凸圆弧　f）齿轮铣刀铣齿轮　g）三面刃铣刀铣直槽　h）锯片铣刀切断

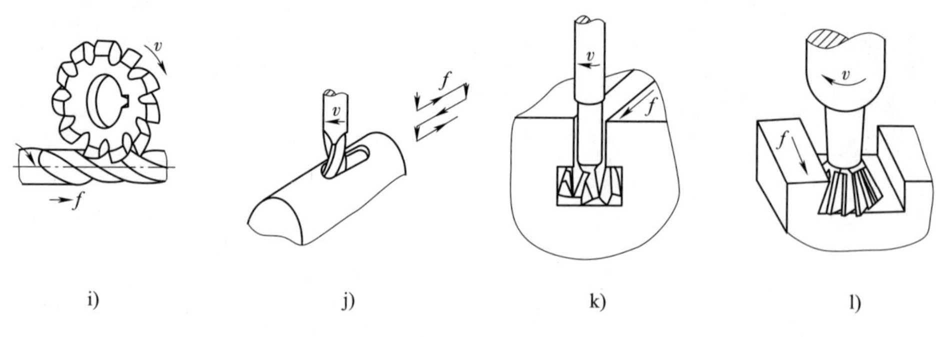


图 3-5 铣削加工范围（续）
i）成形铣刀铣螺旋槽 j）键槽铣刀铣键槽 k）T 形槽铣刀铣 T 形槽 l）燕尾槽铣刀铣燕尾槽

砂轮的高速转动是主运动，进给运动由工件和砂轮的直线运动完成，磨削时需用大量的切削液。磨削是一种精度高、表面粗糙度值小的精加工方法，主要用于回转面、平面及成形面（花键、螺纹、齿轮等）的精加工，其尺寸公差等级为 IT6～IT5，表面粗糙度值 $Ra$ 为 0.8～0.1μm。若采用高精度磨削，其尺寸公差等级可超过 IT5，表面粗糙度值 $Ra<0.01$μm。常见的磨削加工形式如图 3-6 所示。

砂轮磨粒的硬度极高，因此磨削不仅能加工一般的金属材料，如碳钢、铸铁及一些有色金属材料，而且还可以加工硬度很高的材料，如淬火钢、高硬度特殊金属材料及非金属材料。这些材料用金属刀具很难加工，有的材料甚至根本不能加工，这是磨削的另一个显著特点。

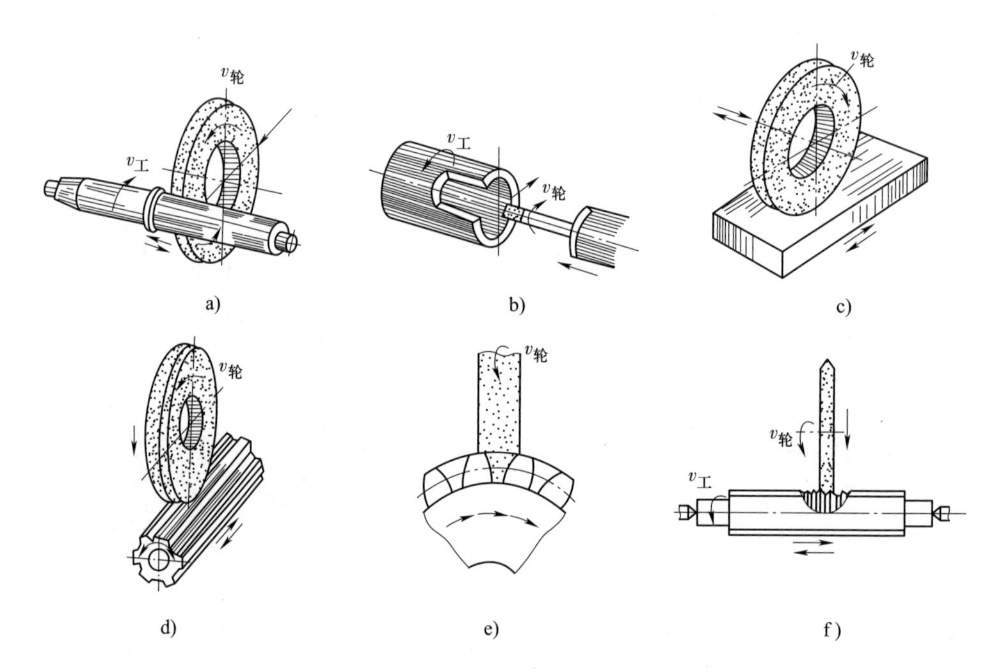


图 3-6 常见的磨削加工形式
a）外圆磨床磨外圆 b）内圆磨床磨内圆 c）平面磨床磨平面
d）花键磨床磨花键 e）齿轮磨床磨齿面 f）螺纹磨床磨螺纹

### 3.2.8　数控加工

数控机床（图3-7）是用数字化代码作为指令，受数控系统控制的自动加工机床。数控加工首先是根据零件图样及工艺要求，编制零件数控加工程序并输入数控系统，然后数控系统对数控加工程序进行译码、刀补处理、插补计算，并由可编程控制器协调控制机床刀具与工件的相对运动，实现零件的自动加工。

适宜采用数控加工的零件类型为：

（1）多品种中小批量零件　随着数控机床制造成本逐步下降，现在无论国内还是国外，加工大批量零件的情况也已经出现。很小批量加工和单件生产时，如果能缩短程序的调试时间和工装的准备时间，那么也是可以选用数控机床的。

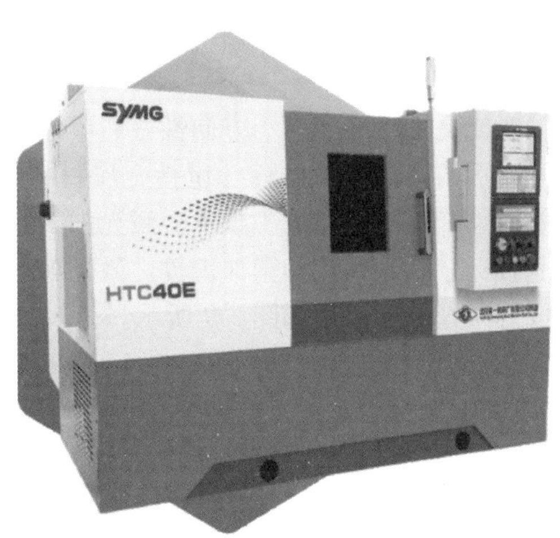

图3-7　沈阳机床生产的斜床身数控机床

（2）精度要求高的零件　由于数控机床的刚性好，制造精度高，对刀精确，能方便地进行尺寸补偿，所以能加工尺寸精度要求高的零件。

（3）表面粗糙度值小的零件　数控车床在加工表面粗糙度值不同的表面时，表面粗糙度值小的表面选用小的进给速度，表面粗糙度值大的表面选用大的进给速度，可变性很好，这点在普通机床中很难做到。

（4）轮廓形状复杂的零件　任意平面曲线都可以用直线或圆弧来逼近，数控机床具有圆弧插补功能，可以加工各种复杂轮廓的零件。

（5）价值昂贵的零件　这种零件虽然产量不大，但是如果加工中因出现差错而报废，那么将产生巨大的经济损失。

### 3.2.9　特种加工

特种加工常用于传统加工技术和方法难以获得预期的结果，甚至无法加工的零件的加工，如高强度、高硬度等难加工金属材料零件的加工，复杂型面、薄壁、小孔、窄缝等特殊结构形状的加工等。常见的特种加工方法有电火花线切割加工、电火花成形加工、激光加工、电解加工和超声加工等。

**1. 线切割加工**

线切割加工是电火花线切割加工的简称，是用线状电极（钼丝或钨丝）依据电火花放电熔蚀工件完成加工。线切割机床（图3-8）分为快走丝线切割机床和慢走丝线切割机床两大类。

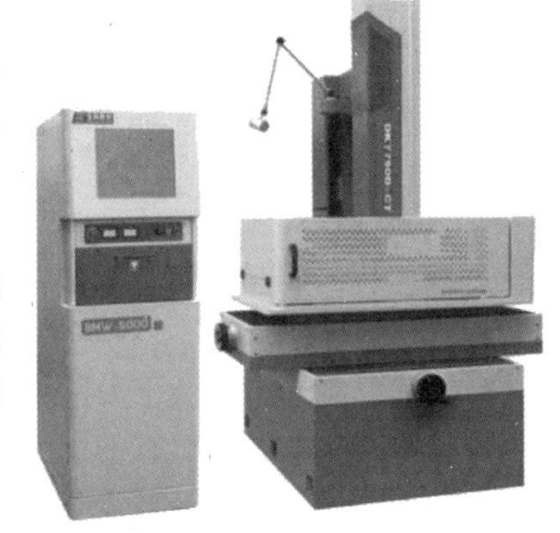
图3-8　线切割机床

线切割加工工艺特点如下：

1）无论被加工的材料硬度如何，只要是导体或半导体材料都能实现加工。

2）无须金属切削刀具，工件材料的预留量少，可有效节约贵重材料。

3）虽然加工对象主要是平面形状，但能够方便加工各种复杂形状的型孔、微孔、窄缝等。

4）直接采用精加工和半精加工一次加工成形，一般不需要中途转换。

5）只对工件材料进行图形轮廓加工，图形内外的余料还可以利用。

6）自动化程度高，操作方便，加工周期短，成本低。

**2. 激光加工**

激光是一种亮度高、方向性好、单色性好的相干光。激光加工技术是利用激光束与物质相互作用的特性，对材料（包括金属材料与非金属材料）进行切割、焊接、表面处理、打孔及微加工等的一门加工技术。激光加工技术目前主要有激光焊接、激光切割、表面改性、激光打标、激光钻孔和微加工等。激光加工的基本设备由激光器、导光聚焦系统和加工系统组成。激光加工原理如图 3-9 所示。

激光加工工艺特点如下：

1）加工材料范围广，金属材料和非金属材料都可加工，特别适于高熔点材料、耐热合金及陶瓷、宝石、金刚石等硬脆材料的加工。

2）激光加工属于非接触加工，无受力变形，受热区域小，工件热变形小，加工精度高。

3）工件可离开工作机进行加工，并可通过空气、惰性气体或光学透明介质进行加工。

4）可进行微细加工，激光聚集后可实现直径为 0. 01mm 的小孔加工和窄缝切割。

5）加工速度快，加工效率高，如在宝石上打孔，加工时间仅为传统机械加工方法的1%左右。

6）由于激光加工无接触，且激光光源的能量和速度都可以进行调节，所以，激光加工不仅可以进行打孔和切割，也可进行焊接、热处理等工作。另外，激光加工可控性好，易于实现自动化。

**3. 超声加工**

超声加工是利用超声振动的工具在有磨料的液体介质或干磨料中，产生磨料的冲击、抛磨、液压冲击和由此产生的气蚀作用来去除材料，以及利用超声振动使工件相互结合的加工方法。超声加工原理如图 3-10 所示。

超声加工工艺特点如下：

1）超声加工主要适于加工各种硬脆材料，特别是不导电材料和半导体材料，如玻璃、陶瓷、宝石、金刚石等。

2）工具与工件相对运动简单，因而机床结构简单。

3）对工件的宏观作用力小、热影响小，可加工某些不能承受较大切削力的薄壁、薄片等零件。

4）工具材料硬度可低于工件硬度。

5）超声加工能获得较好的加工质量。一般尺寸精度为 0. 01～0. 05mm，表面粗糙度值 *Ra* 为 0. 4～0. 1μm。

目前，超声加工主要用于硬脆材料的孔加工、套料、切割、雕刻以及研磨金刚石拉丝模等。

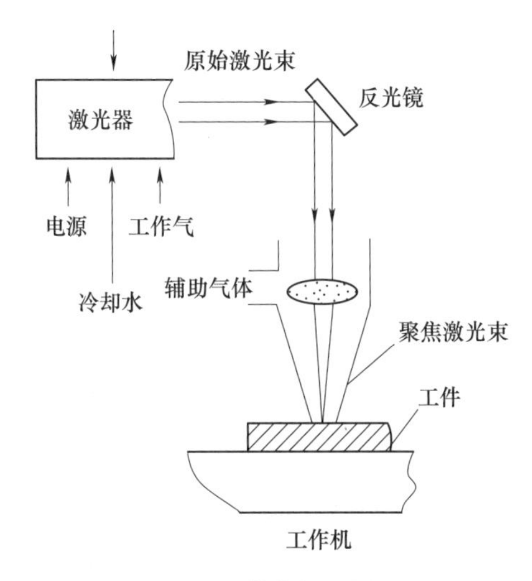

图 3-9　激光加工原理

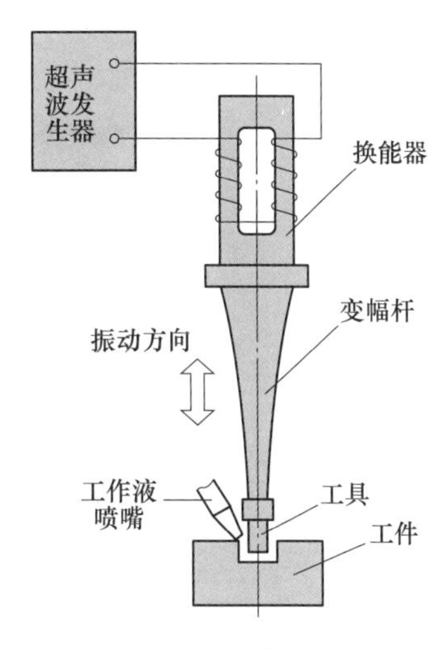

图 3-10　超声加工原理

**4. 电子束加工**

电子束加工是利用能量密度高的高速电子流，在一定真空度的加工舱中，将电子约加速到光速的 1/2，并将高速电子束聚焦后轰击工件，使工件材料熔化、蒸发和汽化而被去除的高能束加工。

电子束加工工艺特点如下：

1）电子束加工是一种精密微细的加工方法。

2）非接触式加工不会产生应力和变形。

3）加工速度很快，能量使用率可高达 90%，生产率极高。

4）加工过程可自动化。

5）在真空腔中进行，污染少，材料加工表面不氧化。

6）电子束加工需要一整套专用设备和真空系统，价格较贵。

电子束加工可用于打孔、焊接、切割、热处理、蚀刻等热加工及辐射、曝光等非热加工，生产中应用较多的是焊接、打孔和蚀刻。

**5. 3D 打印技术**

3D 打印技术又称为增材制造技术，它是以计算机三维设计模型为蓝本，通过软件分层离散和数控成型系统，利用热熔喷嘴、激光束、电子束等方式将塑料、金属粉末、陶瓷粉末、细胞组织等特殊材料进行逐层堆积黏结，最终叠加成型，制造出实体产品的技术。

随着 3D 打印技术不断发展和成本的不断降低，其普及程度在不断提升，越来越多的行业和领域中出现了 3D 打印的身影。3D 打印主要应用于汽车制造、航空航天、医学、建筑、文物保护、配件与饰品、食品、玩具以及机器人等领域，此外在鞋类、工业设计、教育、地理信息系统、土木工程和军事等领域也有广泛的应用。

（1）汽车制造　在汽车制造行业，由于 3D 打印技术具有打印周期短、快速成型等特性，很适合应用于汽车的开发环节。在外形设计阶段，3D 打印与传统的手工油泥模型相比，不仅精确度高，而且耗时少，大大提高了外形设计阶段的效率。在汽车零部件研发测试阶段，3D 打印不仅比传统制造模具耗时少，还大大降低了成本；针对测试过程中出现的问题，只需对3D打印文件进行修改，而无须重新制作模具，在提高效率的同时，也降低了风险与成本。3D打印汽车如图3-11所示。

图3-11　3D打印汽车

（2）航空航天　航空航天工业对于零件要求非常严格，3D打印技术在该领域的主要应用是高温合金材料的激光快速成型。3D打印技术的出现，大大提高了航空航天设备的研发设计效率，不需要花费高成本去专门定做零件，降低了研发设计阶段所需的费用。图3-12所示为歼-15战斗机，广泛采用了3D打印技术制造钛合金主承力部分，包括整个前起落架。

图3-12　歼-15战斗机

（3）医学　在医学领域，目前已经有3D打印的假肢、植入体、器官等被患者使用的案例。多年来，研究人员一直研究再造器官和身体组织，但受制于组织细胞培养十分困难，而使用生物材料的3D打印技术提供了另一种解决方案。3D打印头盖骨如图3-13所示。

（4）建筑　与传统建筑相比，3D打印建筑建造速度提高了10倍以上。它不需要大量的建筑工人和模板，大大降低成本的同时提高了生产率，还能控制建筑的强度以及质量。在制作建筑模型方面，3D打印技术大展身手，能显著提升速度和降低成本。例如，以往制作一个酒店模型，需要约两个月的时间以及70万元的资金，现在使用3D打印技术，只需约一个夜晚的时间和1.5万元，大幅缩短了时间，降低了成本。3D打印建筑如图3-14所示。

（5）文物保护　保护文物常常会使用替代品，而传统替代品的制作方法是翻模，这种

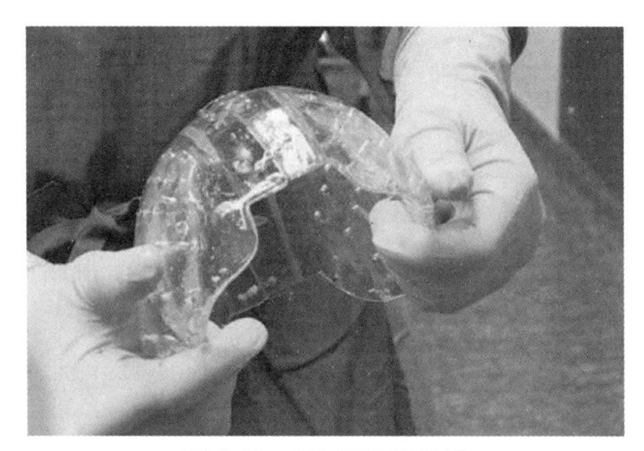

图 3-13 3D 打印头盖骨

图 3-14 3D 打印建筑

方式或多或少会对文物有所损坏，制作的替代品也不能跟原型完全一样。3D 打印技术是将文物的 3D 模型文件直接打印成实体，不会和文物实物发生触碰，因此不损坏文物，而且精确度更高。国内外都有使用 3D 打印技术制作替代品摆出展示的例子。3D 打印技术除了用于制作文物替代品外，还可以通过计算机软件辅助对文物进行修复。

3D 打印在文物保护中的应用如图 3-15 所示。

图 3-15 3D 打印在文物保护中的应用

## 3.3 现代机械加工新技术

### 3.3.1 高速切削技术

随着技术的发展，高速切削技术逐渐被人们熟知及大量运用，它可以大大提高产品的生产率和加工品质，以它为代表的高端数控切削装备的应用更是大大地促进了机械制造业的整体发展，取得了良好的经济效益和社会效益，助力我国制造装备业的转型发展。

高速切削技术的优势不仅体现在高速上，更体现在高效、优质、低耗等技术的全面进步上，是现代制造工业中重要的先进制造技术之一。高速切削技术主要分高速车削、高速铣削、高速钻削等，它具有大幅提高生产率、减小切削力、提高加工质量、简化工艺流程、降低能耗等优点，在高端制造装备的零部件加工中得到了广泛应用。

（1）航空工业轻合金的加工　飞机制造业是最早采用高速铣削的行业。飞机上的零件通常采用“整体制造法”，即在整体上“掏空”加工以形成多筋薄壁构件，其金属切除量相当大，这正是高速切削的用武之地。

（2）模具制造业　模具制造业也是高速加工应用的重要领域。模具型腔加工一度只采用电加工方法，但其加工效率低。而高速加工切削力小，可铣淬硬 60HRC 的模具钢，加工表面粗糙度值又很小，浅腔大曲率半径的模具完全可用高速铣削来代替电加工；对深腔小曲率的模具，可用高速铣削加工作为粗加工和半精加工，电加工只作为精加工。这样可使生产率大大提高，周期缩短。

（3）汽车工业　汽车工业是高速切削技术的又一应用领域。汽车发动机的箱体、气缸盖多用组合机加工。国外汽车工业及上海大众、上海通用公司，凡技术变化较快的汽车零件，如气缸盖的气门数目及参数经常变化，现一律用高速加工中心来加工。

### 3.3.2 硬态切削技术

硬态切削通常指硬态车削。硬态车削是指把淬硬钢的车削作为最终精加工工序的工艺方法，这样省去了目前普遍采用的磨削工序。

淬硬钢通常是指淬火后具有马氏体组织、强度和硬度均很高、几乎无塑性的淬火钢。一般情况下，这类淬硬钢工件的粗加工在淬火前进行，淬火后进行精加工，精磨往往是最常用的传统精加工的工艺方法，但精磨投资大、效率低。人们一直期望一种理想的“以车代磨”的工艺方法。随着高硬刀具材料和相关技术的发展，人们目前已经可以采用 PCBN（立方氮化硼）刀具、陶瓷刀具或新型硬质合金刀具在车床或车削加工中心上对淬硬钢进行车削，其精度和表面粗糙度值几乎完全达到了精磨的水平。

### 3.3.3 干式（绿色）切削技术

传统切削与磨削加工过程中，切削液几乎不可缺少，它对保证加工精度、提高表面质量和生产率具有重要作用。但随着人们环境保护意识的增强以及环保法律法规的要求日趋严格，切削液的负面影响愈加被人们重视。切削过程的研究表明：切削液具备的冷却、润滑和排屑等作用没能得到充分有效地发挥。因此，人们正试图少使用或不使用切削液，以适应

21 世纪清洁生产和降低成本的要求。干式切削技术就是这样的实用绿色切削技术，可以较好地解决当前的生态环境、技术与经济间的协调与持续发展。

干式切削技术是在切削或磨削过程中不使用任何切削液的新工艺方法。由于不使用切削液，当然可完全消除切削液带来的负面影响。

干式切削技术虽具有诸多优点，但由于没有了切削液的作用，使得加工过程中的冷却、润滑和排屑问题显得更加突出，刀-屑间摩擦增大，致使切削力增大、切削温度升高、生产率降低、表面质量变差、刀具磨损严重、刀具寿命变短。这样一来，对所使用的刀具、机床和工艺就提出了相应的新技术要求。

### 3.3.4　工程陶瓷材料的加工

**1. 工程陶瓷材料的特点**

陶瓷是古老的手工制品之一，它是以黏土、长石和石英等天然原料，经粉碎—成形—烧结而成的烧结体。其主要成分是硅酸盐。陶瓷器、玻璃、水泥和耐火材料统称为传统陶瓷。而工程陶瓷是以人工合成的高纯度化合物为原料，经精致成形和烧结而成，具有传统陶瓷无法比拟的优异性能，故此称为精细陶瓷或特种陶瓷。

由于精细陶瓷具有高强度（抗压）、高硬度、高耐磨性、耐高温、耐腐蚀、低密度、低热胀系数及低热导率等优越性能，所以已逐渐应用于化工、冶金、机械、电子、能源及尖端科学技术领域。同金属材料、复合材料一样，精细陶瓷正成为现代工程结构材料的三大支柱之一。

据有关资料介绍，精细陶瓷已能制造轴承、密封环、活塞、凸轮、缸套、缸盖、燃气轮机燃烧器、涡轮叶片、减速齿轮、耐蚀泵等。陶瓷材料的应用领域正在不断扩大，它是一种很有发展前途的优质工程材料。

**2. 工程陶瓷材料的切削**

经烧结得到的陶瓷材料制品与金属粉末冶金制品不同，它的尺寸收缩率在 10%以上，而后者在 0.2%以下，所以陶瓷材料制品尺寸精度低，不能直接作为机械零件使用，必须机加工才行。传统的加工方法是用金刚石砂轮磨削，还有研磨和抛光。但磨削效率低，加工成本高。随着聚晶金刚石刀具的出现，易切陶瓷和高刚度机床的开发，陶瓷材料切削加工的研究和应用越来越引起人们的极大关注。

**3. 工程陶瓷材料的磨削**

尽管用聚晶金刚石刀具切削陶瓷材料是可行的，而且生产率比磨削要高出近 10 倍，加工成本也比磨削低，但至今还没有完全实用化。陶瓷材料的机械加工仍普遍采用金刚石砂轮磨削及研磨、抛光。一般的金属材料零件磨削后强度降低很少，甚至不降低，而陶瓷材料零件磨后的强度则随着磨削条件的不同而变化。

## 3.4　产品工程表达

### 3.4.1　标准及机械制图国家标准

标准是随着人类生产活动和产品交换规模及范围的日益扩大而产生的。我国目前共有国家标准4.4万多项，涉及工业生产、环境保护、工程建设、农业、能源、信息、资源及交通运输等方面。我国现有标准可分为国家标准、行业标准、地方标准、企业标准四个层次。对需要在全国范围内统一的技术要求，制定国家标准；对没有国家标准而又需要在全国某个行业范围统一的技术要求，制定行业标准；由于类似的原因产生的地方标准；对没有国家标准和行业标准的企业产品制定企业标准。

国家标准和行业标准又分为强制性标准和推荐性标准。强制性国家标准的代号形式为GB ××××—××××，推荐性国家标准的代号形式为GB/T ××××—××××。强制性标准是必须执行的，推荐性标准是国家鼓励企业自愿采用的。

随着科技发展和经济建设需要的不断变化，标准也在不断变化。我国标准主管部门每五年对标准复审一次，决定是否继续执行、修改或者废止，工作中应采用正式发布的最新标准。

**1. 图纸幅面和格式**（GB/T 14689—2008）

绘制图样时，应优先采用表3-4规定的基本幅面，必要时，也允许选用国家标准规定的加长幅面。这些幅面尺寸由基本幅面的短边成整数倍增加后得出。

表3-4　图纸幅面代号和尺寸　（单位：mm）

| 幅面代号 | A0 | A1 | A2 | A3 | A4 |
|---|---|---|---|---|---|
| $B \times L$ | 841×1189 | 594×841 | 420×594 | 297×420 | 210×297 |
| $a$ | 25 | | | | |
| $c$ | 10 | | | 5 | |
| $e$ | 20 | | 10 | | |

**2. 图框格式**

每张图纸都需要有用粗实线绘制的图框；需要装订的图样，应留装订边。同一产品的图样只能采用同一种格式，图样必须画在图框之内。图框格式如图3-16所示。

**3. 标题栏**（GB/T 10609.1—2008）

每张技术图样中都应该画出标题栏，其格式和尺寸如图3-17所示。标题栏的位置一般位于图纸的右下角。

**4. 比例**（GB/T 14690—1993）

比例是图中图形与实物相应要素的线性尺寸之比。绘制图样时，应尽量采用原值比例。若机件太大或太小需按比例绘制图样时，应从表3-5规定的系列中选取适当比例，必要时，也允许采用表3-6中的比例。

表3-5　图样比例

| 种类 | 比　例 |
|---|---|
| 原值比例 | 1∶1 |
| 放大比例 | 2∶1　5∶1　$1\times10^n$∶1　$2\times10^n$∶1　$5\times10^n$∶1 |
| 缩小比例 | 1∶2　1∶5　1∶10　1∶$1\times10^n$　1∶$2\times10^n$　1∶$5\times10^n$ |

注：$n$为正整数。

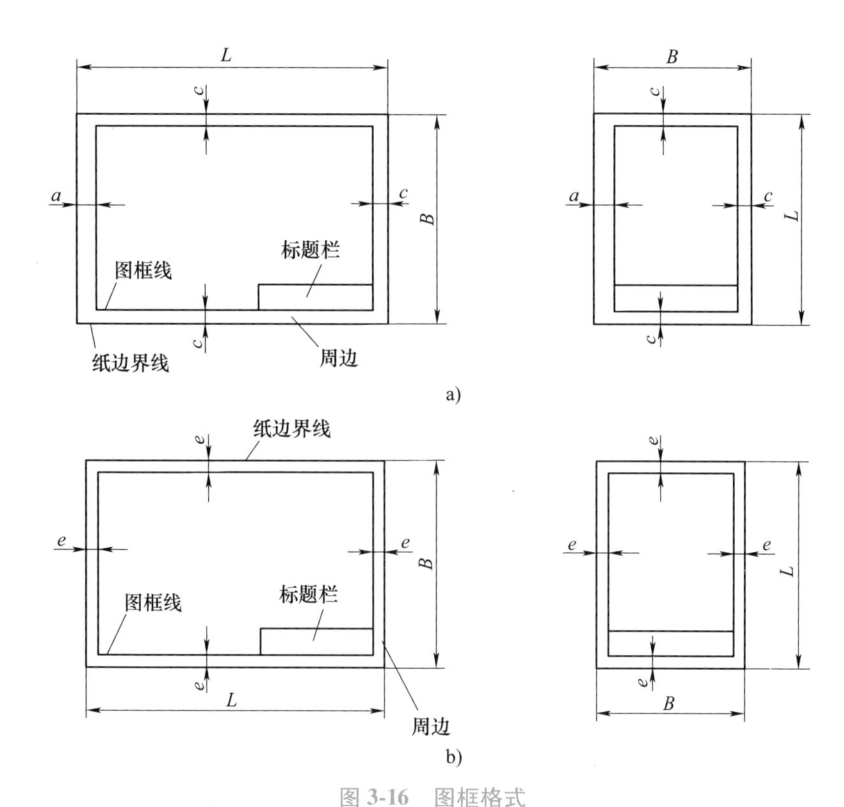


图 3-16　图框格式

a）需要装订图样的图框格式　b）不需要装订图样的图框格式

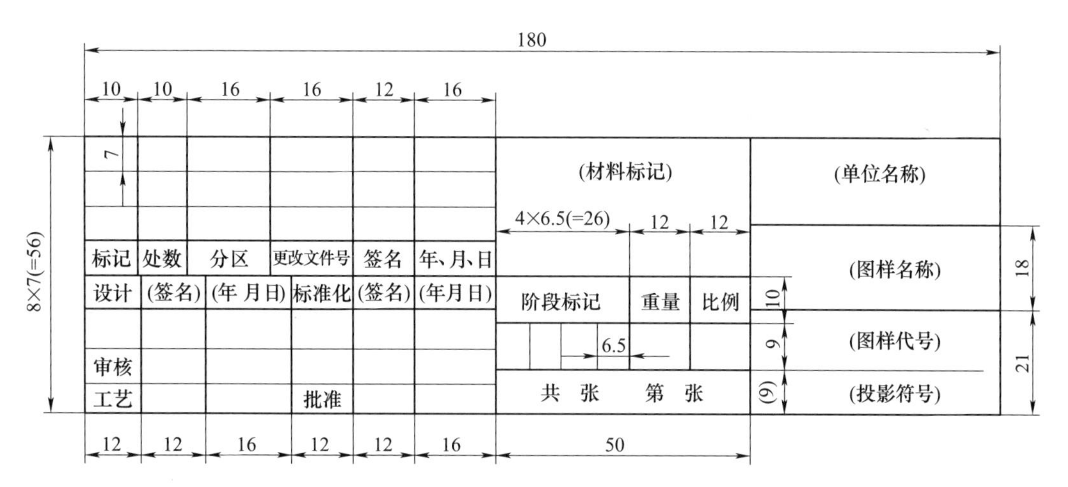


图 3-17　标题栏格式和尺寸

表 3-6　必要时允许采用的比例

| 种类 | 比　例 |
|---|---|
| 放大比例 | 2.5∶1　4∶1　$2.5\times10^n$∶1　$4\times10^n$∶1 |
| 缩小比例 | 1∶1.5　1∶2.5　1∶3　1∶4∶1∶6　1∶$1.5\times10^n$　1∶$2.5\times10^n$　1∶$3\times10^n$　1∶$4\times10^n$　1∶$6\times10^n$ |

注：$n$ 为正整数。

**5. 字体**（GB/T 14691—1993）

国家标准 GB/T 14691—1993《技术制图　字体》中，规定了汉字、字母和数字的结构形式。书写字体的基本要求是：

1）字体端正、笔画清楚、排列整齐、间隔均匀。字体的大小用号数表示，字体的号数就是字体高度（单位为 mm），字体高度（用 $h$ 表示）的公称尺寸系列为：1. 8mm、2. 5mm、3. 5mm、5mm、7mm、10mm、14mm、20mm。如果需要书写更大的字，其字体高度应按$\sqrt{2}$的比率递增。当用作指数、分数、注脚和尺寸偏差数值时，一般采用小一号字。

2）汉字应写成长仿宋体字，并采用中华人民共和国国务院正式公布推行的《汉字简化方案》中规定的简化字。长仿宋体字的书写要领是横平竖直、注意起落、结构均匀、填满方格。汉字的高度 $h$ 不应小于 3. 5mm，其字宽一般为 $h/\sqrt{2}$。

3）字母和数字分为 A 型和 B 型。字体的笔画宽度用 $d$ 表示。A 型字体的笔画宽度 $d=h/14$，B 型字体的笔画宽度 $d=h/10$。字母和数字可写成斜体和直体。斜体字字头向右倾斜，与水平基准线成 75°。绘图时，一般用 B 型斜体字。同一图样上，只允许选用一种字体。字体高度与图幅的关系见表 3-7。

表 3-7　字体高度与图幅的关系

| 图幅 | | A0 | A1 | A2 | A3 | A4 |
|---|---|---|---|---|---|---|
| 字体高度 $h$/mm | 汉字 | 7 | 7 | 5 | 5 | 5 |
| | 字母与数字 | 5 | 5 | 3. 5 | 3. 5 | 3. 5 |

## 3. 4. 2　绘图方法简介

**1. 计算机绘图**

计算机绘图是应用计算机软件绘制图样，即应用计算机绘图系统生成、处理、存储、输出图形。常用的计算机绘图方式有两种：一种为编程绘图，另一种为交互式绘图。目前，计算机绘图系统工作方式以交互式绘图为主。

编程绘图方式是通过编制一个绘图程序，让计算机控制绘图机或打印机绘制图形，这种绘图系统生成图形过程中，无法进行操纵和控制，如果需要修改图形，那么要修改绘图程序并重新运行。

交互式绘图首先需要给计算机安装交互式绘图软件，然后设计人员利用键盘、数字化仪、图形显示器等交互设备的有关功能，控制和操纵模型的建立和图形的生成过程。模型和图像可以同时进行图形生成、图像显示及图像修改，进行人机对话，直到产生符合使用要求的模型和图形为止，最后，可通过绘图机或打印机输出图形。

**2. 徒手绘图**

以目测估计图形于实物比例，不用工具或只用简单的绘图工具，以较快的速度，徒手画出图形，徒手绘图是一项重要的基本功，实际工作中经常会遇到需要徒手绘图的情况。

## 3. 4. 3　产品图样表达

**1. 零件图**

表达零件的图样称为零件工作图，简称零件图。它是制造和检验零件的重要技术文件。

一张完整的零件图应包括下列基本内容：

（1）一组图形　用视图、剖视图、断面图及其他规定画法来正确、完整、清晰地表达零件各部分的结构和形状。

（2）技术要求　用文字或符号来说明零件在制造、检验等过程中应达到的一些技术要求，如表面粗糙度、尺寸公差、热处理要求等。技术要求的文字一般注写在标题栏上方的图形空白处。

（3）尺寸　正确、合理、清晰、完整地标注零件的全部尺寸。

（4）标题栏　标题栏位于图纸的右下角，应填写零件名称、材料、数量、图的比例、设计、绘图、审核人的签字、日期等各项内容。

**2. 装配图**

装配图是生产中的重要技术文件，用来表示装配体的基本结构、装配关系、各零件的基本结构和工作原理。产品设计过程中，首先要先画出装配图，然后按照装配图设计拆画出零件图，一张完整的零件图一般包括下列基本内容：

（1）一组视图　表示装配体的结构特点、各零件的装配关系和主要零件的重要结构形状。

（2）技术要求　在装配图的空白处（一般在标题栏、明细栏的上方或左边），用文字、符号等说明对装配体的工作性能、装配、检验或使用等方面的有关条件或要求。

（3）必要的尺寸　表示装配体的规格、性能、装配、总体尺寸等。

（4）标题栏、零件序号和明细栏　标题栏位于图纸的右下角，应填写零件名称、材料、数量、图的比例、设计、绘图、审核人的签字、日期等各项内容。

## 3.5 机械加工工艺规程

### 3.5.1 生产过程和机械加工工艺过程

生产过程是将原材料或半成品转变为成品的全部过程。它是产品决策、设计、毛坯制造（在锻压车间或铸造车间进行）、零件的机械加工、零件的热处理、机械装配、产品调试、检验和试车、包装等一系列相互关联的劳动过程的总和。

工艺过程就是改变生产对象的形状、尺寸、相互位置和性质，使其成为成品或半成品的过程，在生产过程中占重要地位。工艺过程主要分为毛坯制造工艺过程、机械加工工艺过程和机械装配工艺过程，后两个过程称为机械制造（工艺）过程。

机械加工工艺过程就是用切削的方法改变毛坯的形状、尺寸和材料的力学性能，使之成为合格零件的全过程，是直接生产过程。

### 3.5.2 机械制造生产纲领和生产类型

机械产品的生产过程是一个复杂的过程，需要经过一系列加工过程和装配过程才能完成。尽管各种机械产品的结构、精度要求等相差很大，但它们的制造工艺却存在着许多共同的特征，这些共同的特征取决于产品的生产纲领和生产类型。

**1. 生产纲领**

生产纲领是指企业在计划期内应生产的产品产量和进度计划。企业应根据市场需求和自身的生产能力决定其生产计划，零件的生产纲领还包括一定的备品和废品数量。计划期为一年的生产纲领为年生产纲领。

年生产纲领是设计或修改工艺规程的重要依据，是车间（或工段）设计的基本文件。年生产纲领确定之后，还应根据车间（或工段）的具体情况，确定在计划期内一次投入或产出同一产品（或零件）的数量，即生产批量。

**2. 生产类型**

生产类型是企业（或车间、工段、班组、工作地）生产专业化程度的分类，一般分为单件生产、成批生产和大量生产三种类型。

（1）单件生产　在这种生产中，产品品种很多，同产品产量很少，工作地点经常变换，加工很少重复。例如，重型机械、专用设备的制造及新产品的试制就是单件生产。

（2）成批生产　在这种生产中，各工作地点分批轮流制造几种不同的产品，加工对象周期性重复，一批零件加工完以后，调整加工设备和工艺装备，再加工另一批零件。例如，机床、电机和轮机的生产就是成批生产。

根据生产批量和产品特征，成批生产可分为小批生产、中批生产和大批生产三种。

（3）大量生产　在这种生产中，产品产量很大，大多数工作地点按照一定的生产节拍重复进行某种零件的某一个加工内容，设备专业化程度很高。例如，汽车、拖拉机、轴承和洗衣机等生产就是大量生产。

小批生产接近单件生产，习惯上合称为单件小批生产；大批生产接近大量生产，习惯上合称为大批大量生产；中批生产介于单件生产和大量生产之间，习惯上成批生产就是指中批生产。各生产类型的划分见表 3-8。

表 3-8　各生产类型的划分

| 生产类型 | | 生产纲领/（台/年或件/年） | | |
|---|---|---|---|---|
| | | 重型零件（30kg 以上） | 中型零件（4~30kg） | 轻型零件（4kg 以下） |
| 单件生产 | | ≤5 | ≤10 | ≤100 |
| 成批生产 | 小批生产 | >5~100 | >10~150 | >100~500 |
| | 中批生产 | >100~300 | >150~500 | >500~5000 |
| | 大批生产 | >300~1000 | >500~5000 | >5000~50000 |
| 大量生产 | | >1000 | >5000 | >50000 |

产品的生产类型不同，其生产组织、生产管理、机床布置、毛坯的制造、采用的工艺装备、加工方法以及对工人技术水平要求的高低是不一样的，所以确定的工艺规程要与产品的生产类型相适应，这样才能获得好的经济效益。各种生产类型的工艺特征见表 3-9。

表 3-9　各种生产类型的工艺特征

| 项目 | 生 产 类 型 | | |
|---|---|---|---|
| | 单件小批生产 | 成批生产 | 大批大量生产 |
| 毛坯 | 自由锻，木模手工造型；毛坯精度低，余量大 | 模锻、金属模；毛坯精度和余量中等 | 模锻，机器造型；毛坯精度高，余量小 |

（续）

| 项目 | 生产类型 | | |
|---|---|---|---|
| | 单件小批生产 | 成批生产 | 大批大量生产 |
| 机床 | 通用机床，机群式布置 | 通用机床和部分专用机床，按零件类别分工段排列 | 自动机床，专用机床流水线排列 |
| 工艺文件 | 简单的工艺过程卡 | 详细的工艺过程卡 | 详细的工艺过程卡、工序卡、调整卡 |
| 工装 | 通用刀、夹、量、辅具 | 专用夹具，组合夹具，通用以及专用刀、量、辅具 | 通用以及专用刀、夹、量、辅具 |
| 生产人员要求 | 技术熟练工人 | 一定熟练程度工人 | 对加工人员技术要求较低，对加工设备调整人员技术要求较高 |

### 3.5.3　机械加工工艺规程制订

机械加工工艺规程的制订是一项时间性很强的工作，制订时要综合考虑零件的材料、结构、生产类型、现有的加工条件等因素，制订出一个最为合理的工艺过程，并以技术文件的形式规定下来，用于指导生产。总的要求就是，在保证产品质量的前提下尽量提高生产率和降低成本。下面按照机械加工工艺规程的设计步骤进行介绍。

**1. 零件的工艺分析**

零件图是制订工艺规程最主要的原始资料。在制订工艺规程时，首先必须对零件图进行认真分析。为了更深刻地理解零件结构上的特征和技术要求，通常还需研究产品的总装配图、部件装配图以及验收标准，从中了解零件的功用和相关零件的配合，以及主要技术要求制订的依据等。对零件进行工艺分析，发现问题后应及时提出修改意见，这是制订工艺规程时的一项重要的基础工作。对零件进行工艺分析，主要包括以下两个方面：

（1）零件的结构工艺性分析　零件的结构工艺性是指所设计的零件在能满足使用要求的前提下制造的可行性和经济性。它包括零件整个工艺过程的工艺性，涉及面很广，具有综合性。而且在不同的生产类型和生产条件下，同样的结构，制造的可能性和经济性可能不同，因此必须根据具体的生产类型和生产条件，全面、具体、综合地分析其结构工艺性。

（2）零件的技术要求分析　零件的技术要求包括：①加工表面的尺寸精度；②几何精度；③表面粗糙度值以及表面质量；④热处理要求及其他要求（如动平衡等）。

**2. 毛坯的选择**

毛坯制造是零件生产过程的一部分。根据零件（或产品）所要求的形状、尺寸等而制成的供进一步加工用的生产对象称为毛坯。毛坯选择是否合理不仅影响毛坯本身的制造工艺和费用，而且对零件机械加工工艺、生产率和经济性也有很大的影响。选择毛坯时应考虑的因素如下：

（1）零件材料及力学性能要求　某些材料由于其工艺特性决定了其毛坯的制造方法，如铸铁和有些金属只能铸造；对于重要的钢质零件，为获得良好的力学性能，应选用锻件毛坯。

(2)零件的结构形状和尺寸　毛坯的形状和尺寸应尽量与零件的形状和尺寸接近。不同的毛坯制造方法对结构和尺寸有不同的适应性。例如，形状复杂和大型零件的毛坯多用铸造；薄壁零件不宜用砂型铸造；板状钢质零件多用锻造；轴类零件毛坯各台阶直径相差不大时可选用棒料，各台阶直径相差较大时宜用锻件；对于锻件，尺寸大时可选用自由锻，尺寸小且批量较大时可选用模锻。

(3)生产纲领的大小　大批大量生产时，应选用精度和生产率较高的毛坯制造方法，如模锻、金属型机器造型铸造等。单件小批生产时，应选用木模手工造型铸造或自由锻。

(4)现有生产条件　选择毛坯时，要充分考虑现有的生产条件，如毛坯制造的实际水平和能力、外协的可能性等。有条件时应积极组织地区专业化生产，统一供应毛坯。

(5)充分考虑利用新技术、新工艺、新材料的可能性　为节约材料和能源，随着毛坯专业化生产的发展，精铸、精锻、冷轧、冷挤压等毛坯制造方法的应用将日益广泛，为实现少切屑、无切屑加工打下良好的基础，这样也可以大大减少切削加工量甚至不需要切削加工，大大提高了经济效益。

**3. 定位基准的选择**

定位基准选择得合理与否，对工件的加工精度、加工生产率和加工成本有重要的影响。定位基准分为粗基准和精基准。用毛坯上未经机械加工过的表面作为定位基准或基准的面称为粗基准；用经过机械加工过的表面作为定位基准或基准的面称为精基准。

(1)粗基准的选择　零件加工时粗基准是必须选用的。选用时要考虑如何保证各个加工表面有足够的余量，如何保证各个表面间的位置精度和自身的尺寸精度。选择粗基准时，应遵循以下几个原则：

1)以不加工表面为粗基准。对于不需要加工全部表面的零件，应采用始终不加工的表面作为粗基准，以保证不加工表面与加工表面之间的相互位置精度。

2)选择毛坯余量最小的表面作为粗基准。在没有要求保证重要表面加工余量均匀的情况下，若零件每个表面都要加工，则应以加工余量最小的表面作为粗基准。

3)选择零件上加工面积大、形状复杂的表面作为粗基准。加工面积大、形状复杂的表面作为粗基准可以使定位准确、夹紧可靠、夹具结构简单、操作方便。选用的粗基准表面要平整光洁，有足够大的尺寸，不允许有铸造飞边、铸造冒口等缺陷，更不能选分型面。

4)选择零件上重要表面作为粗基准。若工件必须首先保证某重要表面的加工余量均匀，则应选择该表面为粗基准。

5)粗基准在同一尺寸方向上通常只能使用一次。粗基准是毛面，通常其表面质量差，形状误差大，如果重复使用将产生较大的定位误差。

(2)精基准的选择　精基准的选择应使工件的定位误差较小，能保证工件的加工精度，同时还应使加工过程操作方便，夹具结构简单。选择精基准时，应遵循以下几个原则：

1)基准重合原则。选择被加工表面的设计基准或工序基准作为定位基准，避免基准不重合而产生的定位误差。

2)一次安装的原则。一次安装又称为基准统一原则。基准统一或一次安装可使有关工序所使用的夹具结构大体统一，降低了工装设计和制造成本。同时，多数表面采用同一基准进行加工，避免因基准转换而带来的误差，利于保证各个加工表面之间的位置精度，并提高生产率。

3）互为基准的原则。当某些表面相互位置精度要求较高时，这些表面可以互为基准反复加工，以不断提高定位基准的精度，保证这些表面之间的相互位置精度。

4）自为基准原则。对于精度要求很高的表面，如果加工时要求其余量很小而均匀，可以以加工表面本身作为定位基准，以保证加工质量和提高生产率。如精拉孔时，就是以孔本身为定位基准。

以上原则，在实际应用中往往会相互矛盾，选择时应根据具体情况综合考虑，抓住主要矛盾，灵活掌握，具体处理。

**4. 拟订工艺路线**

拟订工艺路线是工艺规程设计的关键步骤。工艺路线的合理与否，直接影响工艺规程的合理性、科学性和经济性。通常，要拟订几种可能的工艺路线方案，分析比较后，选择其中最优的一个方案。

（1）选择加工方法　机器零件的结构形状虽然多种多样，但它们都是由一些最基本的几何表面（外圆、孔、平面等）组成，机器零件的加工过程实际上就是获得这些几何表面的过程。同一种表面可以选用各种不用的加工方法进行加工，但每种加工方法的加工质量、加工时间和所花费的费用确是各不相同的。工程技术人员的任务就是要根据具体加工条件（生产类型、设备状况、工人的技术水平等）选用最适当的加工方法，加工出合乎图样要求的机器零件。

选择加工方法时，通常先根据零件主要表面的技术要求和工厂的具体条件，先选定该表面最终加工工序加工方法，然后再逐一选定该表面各有关前导工序的加工方法。主要表面的加工方案和加工方法选定之后，再选定次要表面的加工方案和加工方法。

（2）划分加工阶段　为保证加工质量和合理使用资源，对零件上精度要求较高的表面，应划分加工阶段来加工，即先安排所有表面的粗加工，再安排半精加工和精加工，必要时安排光整加工。

划分加工阶段后，能在粗加工中及时发现毛坯的缺陷，如裂纹、夹砂、气孔和余量不足等，根据具体情况决定报废或修补，避免对废品再加工造成浪费。各表面的精加工安排在最后进行，还可以防止损伤加工精确的表面。

划分加工阶段也不是绝对的，要根据零件的质量要求、结构特点和生产纲领灵活掌握。例如，对于精度要求不高、余量不大、刚性较好的零件，如果生产纲领不大，可不必严格划分加工阶段；有些刚性较好的重型零件，由于运输和装夹都很困难，应尽可能在一次装夹中完成粗、精加工，粗加工完成以后，将夹紧机构松开一下，停留一段时间，让工件充分变形，然后用较小的夹紧力夹紧，再进行精加工。

（3）安排加工顺序　机械加工顺序就是指工序的排列次序。它对保证加工质量、降低生产成本有着重要的作用。一般考虑以下几个原则：

1）先基准后其他。零件的前几道工序应安排加工精基准，然后用精基准定位来加工其他表面。例如箱体零件，先以主要孔为粗基准来加工平面，再以平面为精基准来加工其他表面。

2）先粗加工后精加工。整个零件的加工工序应是粗加工在前，然后进行半精加工、精加工及光整加工。这样可以避免由于工件受力变形而影响加工质量，也避免了精加工表面受到损伤等。

3）先加工平面，后加工内孔。

4）先加工主要表面，后加工次要表面。首先加工作为精基准的表面；然后对精度要求高的主要表面进行粗加工、半精加工，并穿插一些次要表面的加工，再进行各表面的精加工。要求高的主要表面的精加工安排在最后进行，这样可避免已加工表面在运输过程中碰伤。

常用的热处理方法有退火、正火、时效和调质处理等。热处理的目的主要是提高材料的力学性能、改善材料的可加工性和消除内应力。

1）退火和正火。其目的是消除毛坯的内应力，改善可加工性和消除组织的不均匀，可在粗加工阶段前后。在粗加工前，可使粗加工时的可加工性改善，减少工件在车间间的转换，但不能消除机加工所产生的内应力。

2）时效处理。对于大而复杂的铸件，为了尽量减少内应力引起的变形，粗加工后进行人工时效处理，机加工前采用自然时效处理。

3）调质处理。调质处理可以改善材料的力学性能，一般安排在粗加工后进行。

4）淬火或渗碳淬火处理。它可以提高零件表面的硬度和耐磨性，一般在精加工之前。

5）表面处理。它可以提高零件的耐腐蚀能力，增加耐磨性，使表面美观，一般安排在工艺过程的最后进行。

辅助工序有检验（中间检验、终检、特种检验等）、清洗防锈、去毛刺、退磁等，它们一般安排在下列情况：①关键工序前后；②加工阶段前后；③转换车间前后，特别是热处理工序前后；④零件全部加工结束之后。

（4）工序集中与工序分散　拟订工艺路线时，应根据零件的生产类型、产品本身的结构特点、零件的技术要求等来确定采用工序集中还是采用工序分散。一般批量较小或采用数控机床，多刀、多轴机床，各种高效组合机床和自动机床加工时，常用工序集中原则；而大批量生产时，常采用工序分散原则。

由于机械产品层出不穷，市场寿命也越来越短，产品多呈现中小批量的生产模式。随着数控技术的发展，数控加工不但高效，而且还能灵活适应加工对象的经常变化，所以工序集中是现代化生产的必然趋势。

**5. 确定加工余量**

毛坯尺寸与零件尺寸越接近，毛坯精度越高，加工余量就越小；虽然加工成本低，但毛坯的制造成本高。零件的加工精度越高，加工的次数越多，加工余量就越大。因此，加工余量的大小不仅与零件的精度有关，而且还与毛坯的制造方法有关。

实际生产中，确定加工余量的方法有以下三种。

（1）查表修正法　根据工艺手册或工厂中的统计经验资料查表，并结合工厂的实际情况进行适当修正来确定加工余量。目前这种方法应用最广。查表时应注意表中的数据为公称值，对称表面（轴孔等）的加工余量是双边余量，非对称表面的加工余量是单边余量。

（2）经验估计法　根据实践经验确定加工余量。为防止加工余量不足而产生废品，往往估计的数值偏大，因而这种方法只适用于单件小批生产。

（3）分析计算法　根据加工余量计算公式和一定的试验资料，通过计算确定加工余量的一种方法。根据影响加工余量的因素，可得出加工余量的计算公式。

**6. 机床及工艺装备的选择**

机床设备的选择应做到“四个适应”：所选机床设备的尺寸规格应与工件形体尺寸相适应；机床精度等级应与本工序加工要求相适应；电动机功率应与本工序加工所需功率相适应；机床设备的自动化程度和生产率应与工件生产类型相适应。

当没有现成的机床设备可供选择时，可以改装机床或设计专用机床。

工艺装备（夹具、刀具、辅具、量具和工位器具等简称工装）是产品制造过程中所用各种工具的总称，工艺装备的选择应根据零件的精度要求、结构尺寸、生产类型、加工条件、生产率等合理选用。

**7. 确定切削用量和时间定额**

切削用量是在机床调整前必须确定的重要参数，而且其数值的合理与否对加工质量、加工效率、生产成本等有着非常重要的影响。

综上所述，选择切削用量的基本原则是：首先选择一个尽量大的背吃刀量 $a_p$，其次根据机床进给动力允许条件或被加工表面粗糙度值的要求，选择一个较大的进给量 $f$，最后根据已确定的 $a_p$ 和 $f$，并在刀具寿命和机床功率允许的条件下选择一个合理的切削速度 $v_c$。

粗加工时，一般以提高生产率为主，但也应考虑经济性和加工成本；半精加工和精加工时，则以保证加工质量为前提，并兼顾切削效率、经济性和加工成本。

时间定额是指在一定的生产条件下，生产一件产品或完成一道工序所规定的时间。时间定额是衡量劳动生产率的指标，也是安排生产计划、计算生产成本的重要依据，还是新建或扩建工厂（或车间）时计算设备和工人数量的依据。

**8. 工艺方案的技术经济分析**

制订机械加工工艺规程时，在保证质量的前提下，往往可以制订出几种方案，这些方案的生产率和成本则会有所不同，为了选择最佳方案，需进行技术经济分析。

工艺过程的技术经济分析方法有两种。一种是对不同的工艺过程进行工艺成本的分析和评比，另一种是按某种相对技术经济指标进行宏观比较。

**9. 工艺规程文件**

工艺规程文件是将工艺规程的内容按规定的格式固定下来，即为生产准备和施工所依据的工艺文件。机械加工工艺规程的文件形式较多，以下是其中常用的两种文件形式。

（1）机械加工工艺过程卡　主要列出了整个零件加工所经过的工艺路线（包括毛坯、机械加工和热处理等），它是制订其他工艺文件的基础，也是生产技术准备、编制作业计划和组织生产的依据。在这种工艺过程卡中，各工序的说明不具体，多作为生产管理方面使用。在单件小批生产中，通常不编制其他更详细的工艺文件，而是以这种工艺过程卡指导生产。机械加工工艺过程卡格式如图 3-18 所示。

（2）机械加工工序卡片　这种卡片是在加工工艺过程卡片的基础上，进一步按每道工序所编制的一种工艺文件。在这种卡片上，要画出工序简图，说明该工序的加工表面及应达到的尺寸和公差、工件的装夹方式、刃具的类型和位置、进刀方向和切削用量等。在零件批量较大时都要采用这种卡片，其格式如图 3-19 所示。

| (工厂名称) 25 | 机械加工工艺过程卡 | | | | 产品型号 | | 零件图号 | | | |
|---|---|---|---|---|---|---|---|---|---|---|
| | | | | | 产品名称 | | 零件名称 | | 共 页 | 第 页 |
| 材料牌号 | 30 | 毛坯种类 15 | 30 | 毛坯外形尺寸 | 30 | 每毛坯可制件数 | 10 | 每合件数 | 10 | 备注 20 |
| 工序号 | 工序名称 | 工序内容 25 | 车间 | 工段 | 设备 | 工艺装备 25 10 | | | 工时 | |
| | | | | | | | | | 准终 | 单件 |
| 8 | 10 | 16 8 18×8 | 8 | | 20 | 75 | | | 10 | 10 |

| 描图 | |
|---|---|
| 描校 | |
| 底图号 | |
| 装订号 | |

| 标记 | 处数 | 更改文件号 | 签字 | 日期 | 标记 | 处数 | 更改文件号 | 签字 | 日期 | 设计(日期) | 审核(日期) | 标准化(日期) | 会签(日期) |
|---|---|---|---|---|---|---|---|---|---|---|---|---|---|

图 3-18 机械加工工艺过程卡片格式

| (工厂名称) | 机械加工工序卡 | 产品型号 | | 零件图号 | | | |
|---|---|---|---|---|---|---|---|
| | | 产品名称 | | 零件名称 | | 共 页 | 第 页 |

| (工序简图)<br>表述：加工表面<br>定位表面<br>夹紧位置<br>工序要求<br>10×8 | 车间 | 工序号 | 工序名 | 材料牌号 |
|---|---|---|---|---|
| | 25 | 15 | 25 | 30 |
| | 毛坯种类 | 毛坯外形尺寸 | 每毛坯可制件数 | 每台件数 |
| | | 30 | 20 | 20 |
| | 设备名称 | 设备型号 | 设备编号 | 同时加工件数 |
| | | | | |
| | 夹具编号 | 夹具名称 | | 切削数 |
| | | | | |
| | 工位器具编号 | 工位器具名称 | | 工序工时 总工时 / 单件 |
| | 45 | 30 | | |

| 工步号 | 工步内容 | 工艺装备 刀具 | 工艺装备 量具 | 工艺装备 辅具 | 主轴转速 /(r/min) | 切削速度 /(m/s) | 进给量 /mm | 背吃刀量 /mm | 进给次数 | 工时定额 机动 | 工时定额 辅助 |
|---|---|---|---|---|---|---|---|---|---|---|---|
| 8 | 16 / 8 | | 90 | | 10 | | 7×10 | | | | |
| | 9×8 | | | | | | | | | | |

| 描图 | 描校 | 底图号 | 装订号 |
|---|---|---|---|

| 标记 | 处数 | 更改文件号 | 签字 | 日期 | 标记 | 处数 | 更改文件号 | 签字 | 日期 | 设计(日期) | 审核(日期) | 标准化(日期) | 会签(日期) | |
|---|---|---|---|---|---|---|---|---|---|---|---|---|---|---|

图 3-19　机械加工工序卡片格式

# 3.6 装配

装配是产品研制过程的关键环节，很大程度上决定了产品的最终质量和使用寿命。随着装配技术的不断进步和发展，产品装配已跨越了手工阶段、半自动化阶段、自动化阶段，正在向数字化阶段、智能化阶段迈进。在数字化技术的推动下，形成了各种装配工艺及相关工艺装备。

## 3.6.1 装配概述

**1. 装配定义**

装配是一个具有丰富内涵的有机整体，它不仅仅是将零件简单组装到一起的过程，更重要的是组装后的产品能实现相应的功能，体现产品的质量。因此，有必要对其概念、重要性进行深入了解与掌握。

装配的定义：将零件按规定的技术要求组装起来，使各种零件、组件、部件具有规定的质量精度与相互位置关系，并经过调试、检验使之成为合格产品的过程。

在产品研制过程的最后阶段，需要将这些零件、组件和部件合理地进行组装，使之成为合格产品。《中国大百科全书》中，机械装配指的是“按设计技术要求将零件和部件配合并连接成机械产品的过程”。《机械制造工艺学》对装配的解释为“按规定的技术要求，将零件、组件和部件进行配合和连接，使之成为半成品或成品的工艺过程。装配不仅是零件、组件、部件的配合和连接过程，还应包括调整、检验、试验、涂漆和包装等工作”。纵观飞机、汽车、电子设备等各大制造业，装配就是将具有一定形状、精度、质量的各种零件、组件、部件按照规定的技术条件和质量要求进行配合与连接，并进行检验与实验的整个工艺过程。按照装配件的复杂程度，装配阶段被划分为组件装配、部件装配与总装配。

**2. 装配方法**

（1）手工装配法　手工装配法是以人工为主要手段进行装配的方法。人们通过手工调整，拧、扭、压、敲等操作，使零件或部件按照设计要求，组装在一起，以形成最终的成品。该方法适用于小批生产，对生产工人的技能水平要求较高。该方法的优点是适应性强，操作自由灵活，但是由于工人的技能水平对其影响较大，装配的成品质量不够稳定。

（2）机械装配法　机器装配法是通过机器设备进行装配的方法。操作工人将零件或部件放置在机器的工作台上，机器会按照程序进行一系列的操作，从而实现零件或部件的装配。该方法在大规模生产中优越性显著，可以提高生产率，保证装配质量的稳定性。但是，该方法的成本相对较高，非常依赖于设备的稳定性，需要对机器设备进行常规维护和保养。

（3）模板装配法　模板装配法是利用模板设备协助完成装配的方法。根据设计要求，操作工人将零件或部件放置在适当的模板上，按照模板设备上的标记进行装配，保障装配的准确性和一致性。该方法适用于大规模生产中，具有较高的装配精度和重复性，还可以大幅减少操作工人的劳动强度，提高装配效率。

（4）自动化装配法　自动化装配是一种使用机器设备和计算机控制系统进行装配的方法。该方法主要应用于大规模连续生产或高精度、高要求的装配。自动化的设备主要按照程序完成一系列装配作业，大大提高了装配效率和质量的稳定性。自动化装配法可以减少人工操作的介入，进一步缩短生产周期，节约生产成本，提高产品质量。

**3. 装配注意事项**

1）机械装配应严格按照设计部门提供的装配图和工艺要求进行，严禁以非正常方式修改操作内容或更换零件。

2）组装零件必须是质量检验部门认可的零件。如果在装配过程中发现任何遗漏的不合格零件，应及时报告。

3）装配环境应清洁，无灰尘或其他污染。零件应存放在干燥、无尘的地方并有保护垫保护。

4）装配过程中，零件不得磕碰、切割或损伤零件表面，或使零件明显弯曲、扭曲或变形，零件配合面不得损伤。

5）对于有相对运动的零件，装配时应在接触面之间加润滑油（脂）。

6）配合零件的配合尺寸要准确。

7）装配过程中，零件和工具应有专门的展示设施。原则上，零件和工具不允许放在机器上或直接放在地上。如果有必要，应在展示场所铺设保护垫或地毯。

8）原则上，装配时不允许踩踏机械。如果需要踩踏，必须在机械上铺设防护垫或地毯，严禁踩踏重要零件和强度低的非金属零件。

**4. 典型装配实例**

装配的主要目的是将大量零件按照设计要求进行组合、连接，使之成为合格产品。由于不同行业产品的零件数目、结构类型、产品可装配性及技术要求等各不相同，所以装配的含义不尽相同。下面以飞机装配典型实例进行说明。

飞机装配实例中，飞机的结构不同于一般的机械产品，其外形复杂、尺寸大、零件及连接件数量多、协调关系复杂，装配过程中极易产生变形。飞机的装配过程就是将大量的飞机零件按设计及技术要求进行组合连接。如图 3-20 所示，一般是将零件先装配成比较简单的组合件和板件，然后逐步装配成比较复杂的段件和部件，最后将各部件对接成整架飞机。

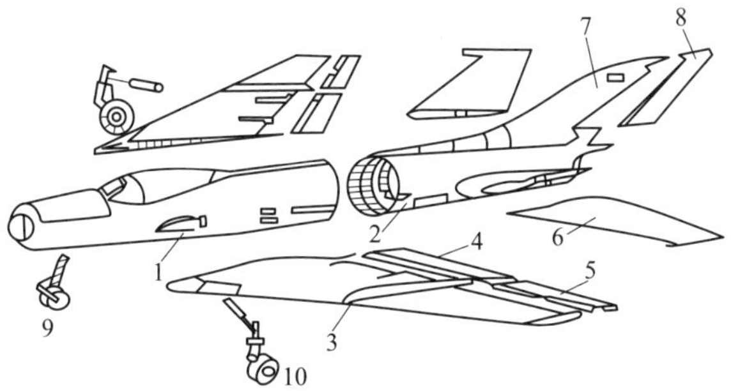

图 3-20　飞机结构部件

1—前机身　2—后机身　3—机翼　4—襟翼　5—副翼　6—水平尾翼　7—垂直安定面　8—方向舵　9—前起落架　10—主起落架

## 3.6.2　常用装配工具

**1. 扳手**

（1）活扳手　活扳手是用来拧紧和起松四方头或六方头螺母常用的一种工具，如图 3-21 所示。活扳手一般由碳钢、铬钒钢等材质制成，常用规格为 100mm、150mm、200mm、250mm、300mm 等，最大开口宽度为 14mm、19mm、24mm、30mm、36mm 等。活扳手开口宽度可在一定尺寸范围内调节，可对尺寸不同的螺栓或螺母旋紧和拆卸。活扳手使用注意事项：①应按螺栓或管件大小选用适当的活扳手；②活扳手开口要适当，防止打滑，以免损坏管件或螺栓，并造成人员受伤；③活扳手使用时要顺扳（即朝活动钳口方向旋转)，不准反扳，以免损坏活扳手，如图 3-22 所示；④不能将管子套在活扳手上使用，不准把活扳手当锤子用。活扳手使用后应擦洗干净。

图 3-21　活扳手

图 3-22　活扳手用力方向

(2) 呆扳手　呆扳手的一端或两端制有固定尺寸的开口，用以拧转一定尺寸的螺母或螺栓。它在机械设备检修、汽车修理等场合应用广泛。常用的呆扳手有双头呆扳手和单头呆扳手，如图 3-23 所示。呆扳手使用注意事项：①呆扳手应与螺栓或螺母的平面保持平行，以免用力时呆扳手滑出伤人；②不能将管子套在呆扳手尾端来增加力矩，以防损坏呆扳手；③不能用锤子敲击呆扳手，因为它在冲击载荷下极易变形或损坏；④米制呆扳手与寸制呆扳手不能混用，以免造成打滑而伤及使用者。

(3) 梅花扳手　梅花扳手两端呈花环状，工作端内孔有十二角，是由两个同心的正六边形相互错开 30°而成的，如图 3-24 所示。梅花扳手大多有弯头，角度为 10°~45°，从侧面看，工作端和手柄部分是错开的，因此方便装拆在凹陷空间的螺栓、螺母。梅花扳手可将螺栓、螺母的头部全部围住，因此不会损坏螺栓角，可以施加大力矩，适用于工作空间狭小、不能使用普通扳手的场合。梅花扳手使用注意事项：①梅花扳手有各种规格，使用时要选择与螺栓或螺母大小对应的扳手；②使用梅花扳手时，左手压在梅花扳手与螺栓连接处，使梅花扳手与螺栓完全配合，防止滑脱，右手握住梅花扳手的另一端并加力；③使用时，严禁将管子套在梅花扳手上以增加力矩，严禁锤击扳手以增加力矩，这样会造成工具的损坏；④严禁使用带有裂纹和内孔已严重磨损的梅花扳手。

图 3-23　呆扳手

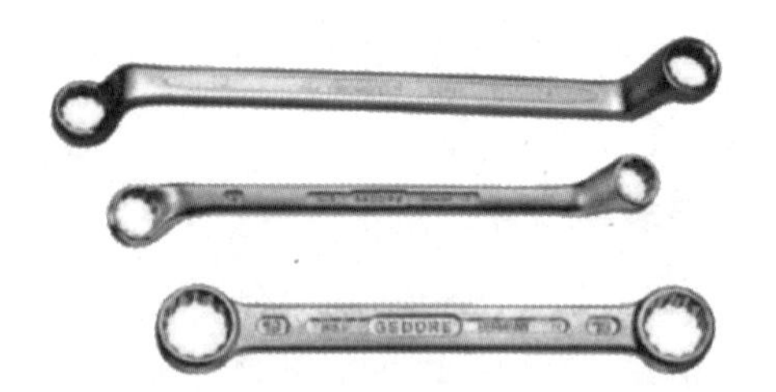


图 3-24　梅花扳手

(4) 两用扳手　两用扳手一端与单头呆扳手相同，另一端与梅花扳手相同，如图 3-25 所示。使用同呆扳手和梅花扳手，其两端可拧转相同规格的螺栓或螺母。

(5) 钩形扳手　钩形扳手又称月牙形扳手，如图 3-26 所示。它用于拆装车辆以及机械设备上的圆螺母、扁螺母等。

图 3-25　两用扳手

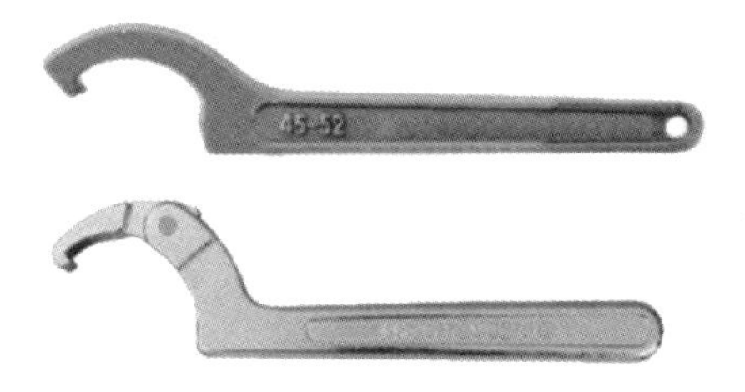

图 3-26　钩形扳手

（6）套筒扳手　套筒扳手由多个带六角孔或十二角孔的套筒并配有手柄、接杆等附件组成的，如图 3-27 所示。它特别适用于拧转空间十分狭小或螺母、螺栓完全低于被连接面，且凹孔的直径不能用呆扳手、活扳手及梅花扳手的场合。套筒扳手一般有 20 件一盒、32 件一盒等，内有一套各种规格的套筒头以及手柄、接杆、万向接头、旋具接头、弯头手柄等。套筒扳手使用注意事项：①根据螺母、螺栓选套筒扳手规格，将扳手头套在螺母、螺栓上并选择合适的手柄；②手柄、套筒、接头、接杆等安装必须稳定，防止打滑脱落伤人；③扳动手柄时用力要平稳，用力方向与被扭件的中心轴线垂直。

（7）扭力扳手　扭力扳手在拧转螺栓或螺母时，能显示出所施加的转矩，或者当施加的转矩到达规定值后，会发出光或声响信号，适用于对转矩大小有明确规定的装配工作。扭力扳手可分为机械音响报警式扭力扳手、数显式扭力扳手、指针式（表盘式）扭力扳手、打滑式（自滑转式）扭力扳手等，如图 3-28 所示。扭力扳手使用注意事项：①根据螺栓或螺母所需转矩值要求，确定预设转矩值；②所选用扭力扳手的开口尺寸必须与螺栓或螺母的尺寸相符；③施加外力时必须按标明的箭头方向；④当拧紧到预设转矩值时，应停止加力；⑤如果长期不用，那么应调节标尺刻线退至转矩最小数值处。

图 3-27　套筒扳手

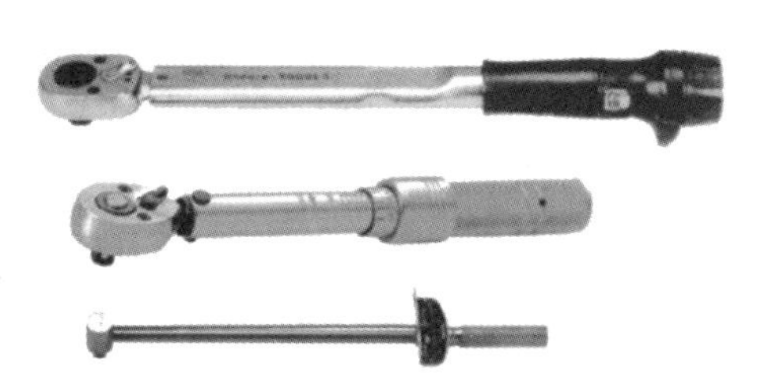

图 3-28　扭力扳手

（8）内六角扳手　内六角扳手是呈 L 形的六角棒状扳手，如图 3-29 所示。内六角扳手专用于拧紧内六角螺钉。内六角扳手使用注意事项：①根据内六角螺钉的大小，选用大小合适的内六角扳手；②把内六角扳手的一端，放入内六角螺钉的内六角柱孔里，另一端施力。根据不同规格大小和不同等级的内六角螺钉，使用不同的力度将内六角螺钉紧固。

**2. 螺钉旋具**

螺钉旋具用于紧固和拆卸螺钉，常用的有一字槽螺钉旋具和十字槽螺钉旋具，如图 3-30 所示。螺钉旋具的规格是以手柄以外的刀体长度（杆部长度）来表示，常用的有 50mm、

75mm、100mm、150mm、200mm、250mm、300mm 等，螺钉旋具使用注意事项：①根据螺钉的大小选择合适的规格。一字槽螺钉旋具的刀口应与螺钉槽大小、宽窄、长短相适应，十字槽螺钉旋具的刀口应与螺钉十字槽吻合，刀口不能残缺，以免损坏槽；②使用时，右手握住螺钉旋具，手心抵住柄端，螺钉旋具和螺钉同心，让螺钉旋具刀口与螺钉槽完全吻合，压紧后用手腕扭转，即可将螺钉拧紧或旋松，可用左手使用长杆起子协助压紧和拧动手柄；③不可用锤子敲击螺钉旋具刀柄或把螺钉旋具当作錾子使用，不可在螺钉旋具刀口端用扳手增加扭力，以免损坏螺钉旋具。

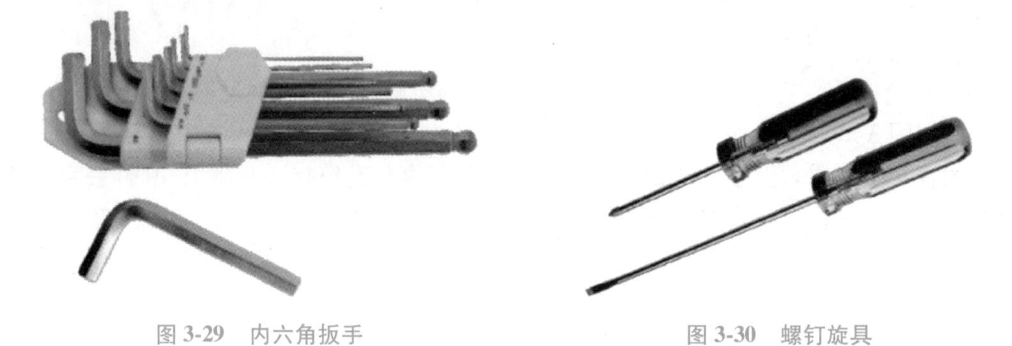

图 3-29　内六角扳手　　　　图 3-30　螺钉旋具

**3. 钳子**

钳子用于夹持、固定加工工件或者扭转、弯曲、剪断金属丝线，常用的有钢丝钳、尖嘴钳、内挡圈钳、外挡圈钳等，如图 3-31 所示。钢丝钳可夹持小零件，剪切细钢丝、细铅丝，用铅丝捆扎零件等。尖嘴钳的头部尖细，可夹持细小零件。内挡圈钳用于拆装孔内定位用的弹性挡圈。外挡圈钳用于拆装轴上定位用的弹性挡圈。

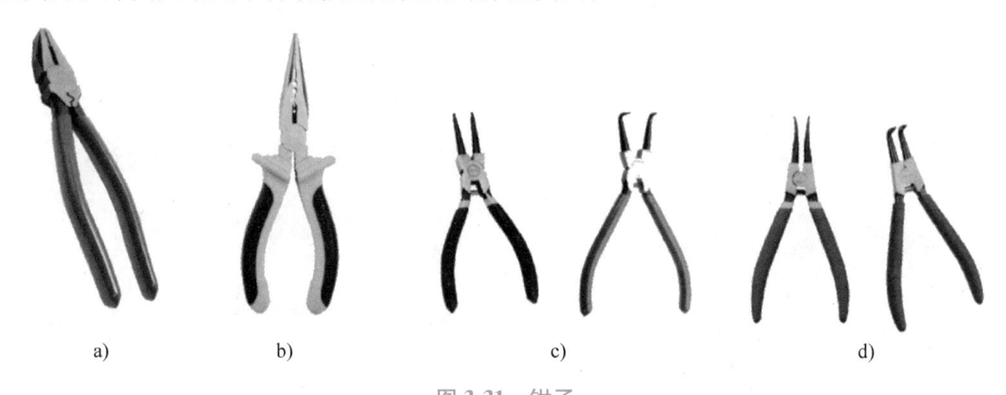

a)　b)　c)　d)

图 3-31　钳子

a）钢丝钳　b）尖嘴钳　c）内挡圈钳　d）外挡圈钳

**4. 其他工具**

（1）铜棒　铜棒如图 3-32 所示，主要用于敲击不允许直接接触的工件表面。使用时，一般和锤子共用，一手握住铜棒，一手用锤子锤击铜棒另一端。

（2）撬棒　撬棒如图 3-33 所示，用于撬动旋转件或撬开结合面，也可用于工件的整形。使用时以撬棒上的某点为支点，在撬棒一端加力使另一端的物体绕支点旋转并撬起。根据需要，撬棒可做成各种大小长短形状尺寸。

（3）冲销器　冲销器如图3-34所示，通常垫在圆柱销上，用锤子敲打冲销器来装拆圆柱销。根据需要，冲销器可做成各种大小长短的规格。

（4）拔销器　拔销器如图3-35所示，通常拆卸销端面上有螺纹孔的圆锥销、圆柱销。

（5）拉马　拉马如图3-36所示，有两爪和三爪两种，是机械维修中经常使用的工具，通常用来拆卸轴承、齿轮、带轮等。

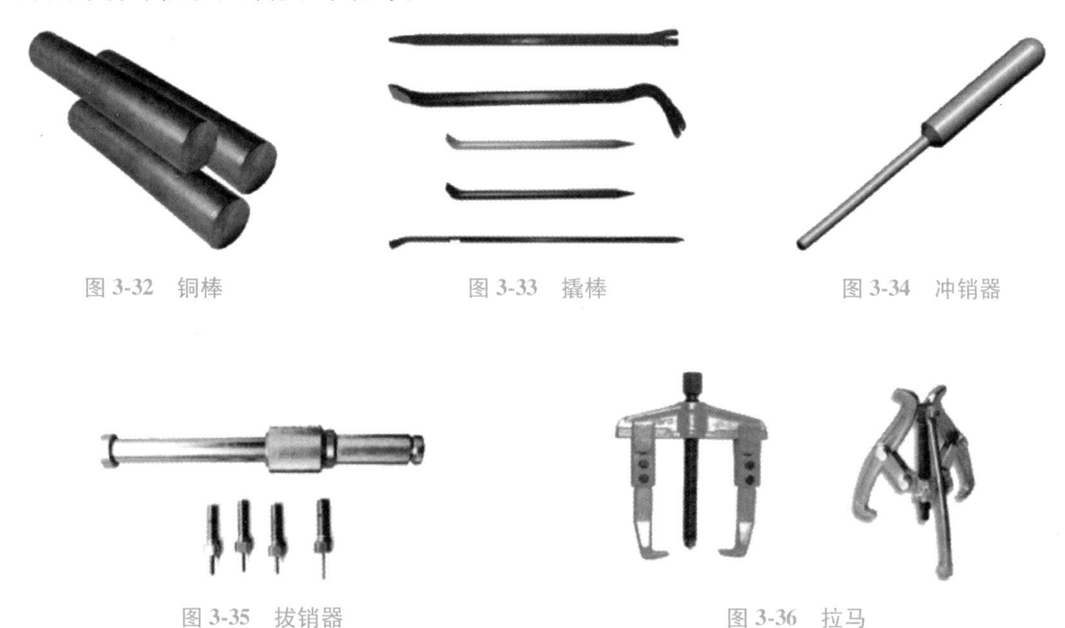

图3-32　铜棒

图3-33　撬棒

图3-34　冲销器

图3-35　拔销器

图3-36　拉马

## 3.6.3　装配工艺

装配工艺是工艺部门根据产品结构、技术条件和生产规模制订的各个装配阶段所应用的基准、方法及技术的总称。将零件、组件的装配过程和操作方法以文件或数据（三维模型）的形式做出明确规定而形成的装配工艺规程是组织生产和指导现场操作的重要依据。装配工艺保证了产品的装配精度、物理指标及服役运营指标，是决定产品质量的关键环节，其主要内容包括装配工艺设计、装配工艺基准及装配工艺方法等。

**1. 装配工艺设计**

装配工艺设计：产品装配的工艺技术准备。装配工艺设计是确定产品的最优装配方案，其贯穿于产品设计、试制和批量生产的整个过程。部件装配工艺设计在产品生产研制各个阶段的工作重点虽然不同，但其主要内容包括以下八个方面。

（1）装配单元划分　根据产品的结构工艺特征合理进行工艺分解，可将部件划分为装配单元。装配单元是指可以独立组装达到工程设计尺寸与技术要求，并进一步装配的独立组件、部件或最终产品的一组构件。

（2）确定装配基准和装配定位方法　装配工艺设计的任务是采用合理的工艺方法和工艺装备来保证装配基准的实现。

（3）选择保证准确度、互换性和装配协调的工艺方法　为了保证部件的准确度和互换协调要求，必须制订合理的工艺方法和协调方法。其内容包括：制订装配协调方案，确定协调路线，选择标准工艺装备，确定工艺装备与工艺装备之间的协调关系，利用设计补偿和工艺补偿措施等。

（4）确定各装配元素的供应技术状态　供应技术状态是对装配单元中各组成元素在符合图样规定之外而提出的其他要求，即对零件、组件、部件提出的工艺状态要求。

（5）确定装配过程中工序、工步组成和各构造元素的装配顺序　装配过程中的工序、工步组成包括：装配前的准备工作，零件和组件的定位、夹紧、连接，系统和成品的安装，互换部位的精加工，各种调试、试验、检查、清洗、称重和移交工作，工序检验和总检等。装配顺序是指装配单元中各构造元素的先后安装次序。

（6）选定所需的工具、设备和工艺装备　工作内容包括：编制通用工具清单；选择通用设备及专用设备的型号、规格、数量；申请工艺装备的项目、数量并对工艺装备的功用、结构、性能提出设计技术要求。

与此同时，工艺装备包括以下几类：

1）标准工艺装备，包括标准样件、标准模型、标准平板、标准量规及制造标准的过渡工艺装备等。

2）装配工艺装备，包括装配夹具（型架）、对合型架、精加工型架、安装定位模型（量规、样板）、补铆夹具、专用钻孔装置、钻孔样板（钻模）等。

3）检验试验工艺装备，包括测量台、试验台、振动台、清洗台、检验型架、平衡夹具、试验夹具等。

4）地面设备，包括吊挂、托架、推车、千斤顶、工作梯。

5）专用刀具量具，包括钻头、扩孔钻、铰刀、拉刀、钻头、塞规（尺）及其他专用测量工具等。

6）专用工具，包括用于拧紧、夹紧、密封、铰接、钻孔等的工具。

7）二类工具，包括顶把、冲头等。

（7）零件、标准件、材料的配套　主要内容包括：按工序对零件（含成品）、标准件进行配套；计算材料（基本材料、辅助材料）定额；按部件汇总标准件和材料。

（8）进行工作场地的工艺布置　工艺布置的内容包括：概算装配车间总面积，准备原始资料，绘制车间平面工艺布置图。

**2. 装配工艺基准**

基准是确定结构件之间相对位置的点、线、面。

基准分为设计基准和工艺基准。设计基准是设计时确定零件外形或决定结构相对位置的基准，一般不存在于结构表面的点、线、面，生产中往往无法直接利用设计基准，因此在装配过程中要建立装配工艺基准。装配工艺基准是存在于零件、装配件上的具体的点、线、面。

在工艺过程中使用，装配工艺基准可以确定结构件的装配位置。根据功用不同，装配工艺基准可分为定位基准、装配基准、测量基准与混合基准——K 孔。

（1）定位基准　确定结构件在设备或工艺装备上的相对位置。一般确定装配元件的定位方法，如划线、装配孔、基准零件、工装定位件等。

（2）装配基准　确定结构件之间的相对位置。

（3）测量基准　用于测量结构件装配位置尺寸的起始尺寸位置。其一般用于测量产品关键协调特征是否满足设计要求的场合。

（4）混合基准——K孔　在数字量协调技术中，为减少误差累积，尽量保证定位基准、装配基准和测量基准的统一，大量应用K孔作为零件制造过程和装配过程中共用的基准。

**3. 装配工艺方法**

（1）装配定位方法　装配定位方法是确定装配单元中各组成元素相互位置的方法。装配定位方法是在保证零件之间的相互位置准确，装配以后满足产品图样和技术条件要求的前提下，综合考虑操作简便、定位可靠、质量稳定、开敞性好、工装费用低和生产准备周期短等因素之后选定的。常用的装配定位方法有四种，即划线定位法、基准件定位法、定位孔定位法和装配夹具定位法，具体见表3-10。

表3-10　常用装配定位方法

| 类别 | 方法 | 特点 | 选用 |
|---|---|---|---|
| 划线定位法 | ①用通用量具或划线工具划线<br>②用专用样板划线<br>③用明胶模线晒相方法 | ①简便易行<br>②装配准确度较低<br>③工作效率低<br>④节省工艺装备费用 | ①成批生产时，用于简单、易于测量、准确度要求不高的零件定位<br>②作为其他定位方法的辅助定位 |
| 基准件定位法 | 以产品结构件上的某些点、线来确定待装件的位置 | ①简便易行，节省工艺装备，装配开敞，协调性好<br>②基准件必须具有较好的刚性和位置准确度 | ①有配合关系且尺寸或形状一致的零件之间的装配<br>②与其他定位方法混合使用<br>③刚性好的整体结构件装配 |
| 定位孔定位法 | 在相互连接的零件（组合件）上，按一定的协调路线分别制出孔，装配时零件以对应的孔定位来确定零件（组合件）的相互位置 | ①定位迅速、方便<br>②不用或仅用简易的工艺备<br>③定位准确度比工艺装备低，比划线定位高 | ①内部加强件的定位<br>②平面组合件非外形零件的定位<br>③组合件之间的定位 |
| 装配夹具定位法 | 利用型架（如精加工台）定位确定结构件的装配位置或加工位置 | ①定位准确度高<br>②限制装配变形或强迫低刚性结构件符合工艺装备<br>③能保证互换部件的协调<br>④生产准备周期长 | 应用广泛的定位方法，能保证各类结构件的装配准确度要求 |

（2）装配连接方法　各个零件完成定位后，需要针对零件的材料、结构及装配件的使用性能等选择恰当的装配连接方法，从而实现产品的可靠连接。产品装配中常用的连接方法包括机械连接、胶接和焊接等。

1）机械连接。机械连接是一种采用紧固件将零件连接成装配件的方法，常用的紧固件有螺栓、螺钉、铆钉等。机械连接作为一种传统的连接方法，在装配过程中应用最为广泛，具有不可替代的作用，其主要特点有：①连接质量稳定可靠；②工具简单，易于安装，成本低；③检查直观，容易排除故障；④削弱强度，产生应力集中，造成疲劳破坏的可能性大。

2）胶接。胶接是通过胶黏剂将零件连接成装配件的方法。通常情况下，胶接可作为铆接、焊接和螺栓连接的补充；在特定条件下，可根据设计要求提供所需的功能。与传统的连接方法相比，胶接的特点：①充分利用被黏材料的强度，不会破坏材料的几何连续性；②无局部应力集中，提高接头的疲劳寿命；③胶接构件有效地减轻了重量；④可根据使用要求选取相应的胶黏剂，实现密封、抗特定介质腐蚀等功能；⑤胶接工艺简单，但质量不易检查；⑥胶接质量易受诸多因素影响，存在老化现象。

3）焊接。焊接是通过加热、加压或两者并用，使得分离的焊件形成永久性连接的工艺方法。焊接结构的应用领域越来越广泛，包括航空、航天、汽车、船舶、冶金和建筑等。焊接的主要特点：①节省材料，减轻重量；②生产率高，成本低，显著改善劳动条件；③可焊范围广，连接性能好；④焊接性好坏受材料、零件厚度等因素的影响；⑤质量检测方法复杂。

**4. 装配测量与检验**

在组件、部件及总装配过程中，重要装配操作前后往往需进行中间检查，测量与检验是确保装配质量的直接保障手段，有的测量设备已经作为工艺装备的一部分，直接参与产品装配。按照测量对象的不同，装配测量与检验技术主要分为以下三类。

（1）几何量的测量　几何量的测量包括产品的几何形状、位置精度等的测量。根据测量方法的不同，主要分为接触式测量与非接触式测量。接触式测量是通过测量头与被测物发生接触，从而获得被测物几何信息的测量方法，主要测量设备有三坐标测量机和关节臂式测量仪，主要测量对象是机械产品的几何量。非接触式测量主要有光学测量、视觉测量和激光测量等，其中，光学测量是利用两台或多台电子经纬仪的光学视线在空间的前方进行交汇形成测量角，主要检验对象是利用图像识别与数据处理等手段对被测物进行测量。激光测量技术通过对被测物表面进行扫描，获得表面点云数据，再通过逆向工程得到产品表面信息，其主要检验对象是产品形状精度。

（2）物理量的检测　物理量的检测，即装配力、变形量、残余应力、振动、质量特性等的检测。在物理量检测方面，主要包括面向装配力、变形测量的电阻应变片测量，光测方法，磁敏电阻传感器测量，声弹原理测量方法等。电阻应变片测量是基于金属导体的应变效应，将应变转换为电阻变化的测量方法，目前已广泛应用于各种检测系统。光测方法是以光的干涉原理或直接以数字图像分析技术为基础的一类实验方法，其以 20 世纪 60 年代激光的出现和数字图像处理技术的成熟为标志，主要分为经典光测方法（包括光弹、云纹等）和现代光测方法（包括全息干涉、云纹干涉、散斑计量及数字散斑相关和数字图像分析等）。磁敏电阻传感器测量是基于磁阻效应的一种测量方法，可以利用它制成位移和角度检测器等。声弹原理测量方法是利用超声剪切波的双折射效应测量应力的方法，主要应用于应力分析。

（3）状态量的检验　状态量的检验包括产品装配状态、干涉情况和密封性能等检验。在产品内部结构检测技术方面，主要成果包括数字 X 线摄影（Digital Radiography，DR）成像技术、计算机断层扫描技术（Computer Tomography，CT）等。在泄漏检测方面，目前主要采用的是超声检测泄漏相机技术，超声检漏在设备上的使用使在线检漏成为现实，不但能够检测装备在运行时有无泄漏，而且能够检测泄漏率的大小。

# 第 4 章　电子产品设计与制造

## 4.1　电子产品设计与制造概论

### 4.1.1　现代电子产品的特点

电子产品是指利用电子技术制造出来的以电能为工作基础的相关产品，包括电力/电气设备和微电子仪器、设备和系统等。电子产品广泛应用于国防、国民经济各部门及人民生活的各个领域。

早期的电子产品主要以电子管为基础元件进行制造，功能比较简单，电路和结构也不复杂，制造难度不大。伴随着生产和科学技术的发展、新工艺和新材料的应用，以及超小型化元器件和中大规模、超大规模集成电路的研制和推广，电子产品在电路和结构上也发生了巨大的变化，小型化、超小型化、微型化结构的出现，使得一些传统的设计方法逐渐被机电结合、光电结合等新技术所取代。

与早期的电子产品相比，现代电子产品具有以下特点：

**1. 产品组成更复杂，组装密度更大**

早期的电子产品通常由少量电子管及分立元件通过简单连接搭建而成，功能单一。现代电子产品通常具有多种功能，产品组成更复杂，元器件、零部件数量更多，同时产品的体积和质量更小，因此，组装密度更大。尤其是超大规模集成电路及衍生的各种功能模块的出现，使电子产品的组装密度较过去大幅提高。

**2. 设备使用范围广，所处工作环境复杂**

随着应用场合的不断拓展，电子产品需要适应的工作环境的范围不断扩大。现代电子产品往往要在恶劣而苛刻的环境下工作，如地质钻探、海上作业、南极科考和深空探测等。此时产品需承受高温、低温和巨大温差变化，高湿度和低气压，强烈的冲击和振动，外界的电磁干扰与宇宙射线辐射等。这些都会对电子产品的正常工作产生影响。

**3. 设备可靠性要求高、寿命长**

早期的电子产品由于结构简单、功能单一、所用元器件数量少，往往不容易出现使用问题，即使出现问题，维修起来也相对容易。而现代电子产品复杂程度、精密度更高，元器件数量更多，如果出现故障，维修的难度和价格也相对较高，因此对更高的可靠性和更长的寿命提出了要求，而可靠性低的电子产品将失去使用价值。

**4. 产品要求高精度、多功能和自动化**

现代电子产品往往要求高精度、多功能和自动化，有的还引入了智能控制单元，因而其控制系统更为复杂。精密机械广泛应用于电子产品是现代电子设备的另一大特点。自控技术、遥控遥测技术、计算机数据处理技术和精密机械的紧密结合，智能化的人机交互，使电子产品的精度和自动化程度达到了相当高的水平。

上述电子产品的特点，只对整体而言，具体到某种产品又各具特点。当代电子产品除具有上述特点，对电路设计和结构设计的要求更高，设计、生产人员只有充分了解这些特点，才能研制出满足使用要求的现代电子产品。

### 4.1.2 电子产品设计与文化、环境、市场的关系

工业设计的目的是通过物的创造满足人类自身对物的各种需要，这与文化的目的不谋而合。电子产品设计中必须有这样的思想：任何物的设计都是人的构成的一部分，都是人这一生命体的生命外化的设计。电子产品设计是电子类商业产品的外观、功能、构造等部分的设计，然而对某一种产品的设计自然涉及多方面和问题，要让一个电子产品变得优秀实用，自然需要结合许多方面优势，例如文化、环境、市场的关系等众多内容。

**1. 电子产品设计与中国文化**

（1）电子产品设计与社会文化的关系　在现代各个设计领域，如包装设计、产品设计、舞台设计和园林设计等，已经有很多设计案例成功地运用中国传统文化，从而使得设计具有一种浓郁的文化底蕴。设计是文化的一个重要组成部分，它得益于文化的滋养，同时也传承着文化的理念。因此，对于现代工业产品的设计和研究，如何清楚地认识中国传统文化元素并加以合理应用是一个重要的课题。

对于电子产品的设计，能否在设计中体现文化的内涵，能否将中国元素巧妙地融合到设计中，都体现对知识背景和对中国本土文化的理解。目前，在中国无论是文化界、营销界还是设计界，已经意识到了中国元素的重要性，甚至开始肩负中国元素的复兴使命。

人们个体和共同的审美观念，因时代、社会、阶层乃至地理环境的不同而不同，呈阶段性的发展。从中外的设计史中可以发现，每一件具有鲜明时代特色的设计作品，从设计理念到制作工艺、从形态到质感、从色彩到布局构图，无不受到当时社会文化的影响，体现着特定时期的时代特色，蕴含着丰富文化内涵，体现着不同民族、不同时代、不同地域的审美需求、文化特色和风格特征。

（2）中国元素在电子产品设计中的运用　设计是时代精神的反映，同时代的风气和美学尽在设计中映射出来。艺术设计将人类的精神意志体现在造物中，造物则实现人们的物质文化生活方式的具体创造，生活方式就是文化的载体。最近几年，在电子产品设计领域，中国元素越来越多地得以应用。祥云、龙、青花瓷、中国红等都成为设计界的热门符号。

图 4-1　联想推出的拥有奥运火炬“祥云”图案的笔记本电脑

2007 年 4 月 27 日，随着 2008 年北京奥运会“祥云”火炬的亮相，本届奥运火炬的设计者——联想正式推出了全球首款奥运会火炬典藏版笔记本电脑（图 4-1）。这款典藏版笔记本电脑由奥运会火炬设计的原班人马精心打造，整体机身小巧、轻薄、精致，象征千年中国印象的“漆红色”色彩与“祥云”图案交相辉映，蕴含着吉祥的中国文化内涵，也体现了 2008 年北京奥运会的精神内涵。笔记本电脑通身的吉祥红色源自汉代漆器的经典色彩，表面仿漆盒工艺更体现了华贵高雅的品质。

方正心逸 T360 一体式计算机（图 4-2）采用百搭的黑色作为主色调，边角设计圆润，“卷轴”音箱（图 4-3）为整机外观增色不少，体现了一种古典的风格，也让整机看上去不显死板。

图 4-2　方正心逸 T360 一体式计算机外形

图 4-3　“卷轴”音箱

**2. 电子产品设计与环境**

（1）电子产品设计中的生态意识与环境意识　1985 年，科学家向全球发布了一条惊人的消息：南极上空出现了大面积的臭氧层空洞。造成这一现象的主要原因是工业生产中氟利昂的大量排放，严重破坏了大气中的臭氧层，而且这种现象一直有增无减。由此引发了全球性气候变暖、海平面上升等问题，已直接威胁到人类自身的生存环境与生存质量，环境问题迅速被提到许多国家及政府的议事日程。从那时起，无氟冰箱的设计和出现，说明人们在工业设计和生产中已经把环境保护作为前提，大大体现了当代工业设计的价值。如今，能否在工业设计中体现生态意识与环境保护意识，成为衡量信息时代设计好坏的重要标准。传统的设计理念也已过时，关注生态与环境，设计简洁实用、绿色环保的产品，已为许多设计师所接受并达成共识。

一名出色的电子产品设计师，无论是出于企业自身的角度，还是社会的需要，设计的过程中都不可忽视生态意识与环境意识。尤其在我国，设计师在采用高科技手段进行产品设计的同时，还要注意以下几点：

1）新产品设计中，需考虑工艺生产过程与家庭消费使用中的节能问题。

2）设计的产品是否可以重复使用。

3）新产品设计中，要尽可能节省材料。

4）新产品设计中，选用可以再生或易于再生的原材料。

5）新产品设计中，尽可能地避免使用危害环境的材料或不易回收再生产的材料。

6）新产品设计必须是健康的、安全的、与环境融洽的、生命周期长的设计。

（2）电子废物的污染　废旧电子产品数量正以惊人的速度增长，它们已成为固体废弃物的主要来源之一。废旧电子产品的处理方法主要有三种：①继续使用，②作为垃圾丢弃，③回收利用。目前这三种方法都存在许多严重问题。

废旧电子产品往往被转卖至偏远地区继续使用，而这些产品大多都已远超过设计寿命期。继续使用将会导致机件磨损、严重腐蚀，电气绝缘强度降低，造成电力的浪费和噪声干扰等，对人体健康、生命安全构成潜在威胁；还有不少地方将废旧电子产品作为垃圾任意丢弃并直接焚烧，其中有毒化学品、有害塑料和其他化学物质燃烧释放的物质会对环境造成严重的污染；在废旧电子产品回收处理中也存在许多问题，一些老型号的计算机多含有金、钯、铂等贵重金属，一些私人和小企业采用酸泡、火烧等落后工艺技术提炼其中的贵重金属，将电子废物中包含的铅、镉、砷、镍、汞等多种有害物质带入我们的生活环境中，在大气、土壤、水源中传播，经过动、植物的食物链循环，最终在人体中富集并存留，给人体造成极大的危害。

**3. 电子产品设计与市场**

电子产品设计的核心是满足人们的需求，设计人们的生活方式，引导人们消费的新潮流，而人类消费需求的更新和变化是无止境的，新产品的开发设计也是无止境的。企业只有抓好电子产品设计，才能增强产品开发的能力，向市场推出受消费者欢迎、物美价廉和功能与外形统一的产品。良好的产品设计运行机制将不断促进企业产品结构的优化和调整，带来市场的繁荣和经济的发展。

### 4.1.3 电子产品设计与制造流程

电子产品的设计与制造流程可分成四个阶段：构思与初步设想、设计与研制、制造与生产、运行与维修。前三个阶段可以体现出产品的制造费用和用户的购置费用，最后一个阶段则体现了产品的使用价值，即产品的使用效果和使用期。用户的要求是以最低的购置费用，在尽可能长的时间内获得可靠的使用效果，产品设计制造者的目标应是最大限度地满足用户的要求，达到产品的性能指标，并符合其使用条件。电子产品设计与制造流程包括四个步骤。

**1. 预研究阶段**

预研究阶段的任务是在产品设计前突破复杂的关键技术课题，为确定设计任务书、选择最佳设计方案创造条件；或根据电子技术发展的新趋向，寻求把近代科学技术成果应用于产品设计的途径，有计划地研究新结构、新工艺和新理论，以及采用新材料、新器件等课题，为在产品设计中不断采用新技术创造出更高水平的新产品奠定基础。该阶段的工作，一般按拟订研究方案、试验研究两道程序进行。

1）拟订研究方案，明确目的、确定研究工作方向和途径。

2）试验研究，解决关键技术课题，得出准确数据和结论。试验研究的主要工作内容有：①对已确定各专项研究课题，进行理论分析、计算、探讨解决的途径，减少盲目性；②设计、制造试验研究需要的零件、部件、整件，以及必要的专用设备和仪器；③展开试验研究工作，详细观察，记录和分析试验的过程与结果，掌握第一手资料；④整理试验研究的各种原始记录，进行全面分析，编写预研究工作报告。

预研究工作结束时，应达到的目标是：出具整理成册的各种试验数据记录、各项专题的试验研究报告等原始资料，出具预研究工作报告。

**2. 设计性试制阶段**

凡自行设计或测绘试制的产品，一般都要经过设计性试制阶段。其任务是根据批准的设计任务书，进行产品设计，编制产品设计文件和必要的生产工艺文件，制造样机，通过对样机全面试验，检查、鉴定产品的性能，从而肯定产品设计与关键工艺。

**3. 生产性试制阶段**

1）修改产品设计文件，修改与补充生产工艺文件。

2）培训人员，调整工艺装置，组织生产线，补充设计制造工艺装置和专用设备。

3）按照设计文件和工艺文件，使用工艺装置和专用设备制造零件进行装配、调试，考查各种文件及装置的适用性及合理性。

4）做好原始记录，统计分析各种技术定额。

5）拟订正式生产时的工时及材料消耗定额，计算产品劳动量及成本。

**4. 产品的鉴定、定型**

鉴定的目的在于对一个阶段工作做出全面的评价和结论。在审查时，一般应邀请使用部门、研究设计单位和有关单位的代表参加。重要产品的鉴定结论应报上级机关批准。

（1）申请设计定型的标准

1）产品主要性能稳定，经现场试验（或试用）符合设计指标和使用要求。

2）主要配套产品和主要原料可在国内解决。

3）具备了规定的产品设计文件和技术条件。

（2）申请生产定型的标准

1）具备生产条件，生产工艺经过中、小批量考验，产品性能稳定。

2）产品经试验后符合技术要求。

3）具备生产与验收的各种技术文件。

### 4.1.4　电子产品的工作环境

电子产品的应用领域十分广泛，其储存、运输、工作过程中所处的环境条件复杂而多变，除了自然环境，影响产品的因素还包括气候、机械、辐射、生物和人员条件。制订产品的环境要求，必须以它实际可能遇到的各种环境及工作条件作为依据。例如，温度、湿度的要求由产品使用地区的气候、季节情况决定；振动、冲击等方面的要求与产品可能承受的机械强度及运输条件有关；还要考虑有无化学气体、盐雾、灰尘等特殊要求。

**1. 温度、湿度、霉菌对电子产品的影响**

实践表明，电子产品的故障率随电子元器件温度的升高而增加，产品的结构设计时，必须对产品和元器件的热特性进行仔细的分析和研究，以便进行合理的热设计。

在不良气候环境中，潮湿对产品的威胁最大，尤其在低温高湿条件下，因空气湿度达到饱和而使机内元器件、印制电路板上产生凝露，使电性能下降，故障率上升。在高温高湿的条件下，水分附着在材料表面或渗入内部，使材料表面电导率增大，造成短路，由短路造成的大电流会引起火灾。另外，潮湿会加速金属材料的锈蚀，在盐雾和酸碱等腐蚀性物质的空气作用下，金属腐蚀更加严重。在一定温度下，潮湿能促进霉菌的生长，并引起非金属材料的霉烂。因此，防湿、防盐雾、防霉菌三者很难截然分开。

在霉菌的生长和繁殖过程中，其会从有机材料中摄取营养成分，从而使材料结构发生破坏，强度降低，物理性能变坏，电性能恶化。同时，霉菌本身作为导体可以造成短路，给电子产品带来更严重的后果。霉菌在新陈代谢过程中分泌出的二氧化碳及其酸性物质会引起金属腐蚀和绝缘材料的性能恶化。同时，霉菌还会破坏元器件和产品的外观，给人的身体健康造成危害。

**2. 机械因素的影响**

电子产品在使用、运输和存放过程中，不可避免地会受到机械振动、冲击和其他形式机械力的作用，如果结构设计不当，就会导致产品损坏或无法工作。为了防止或减少振动与冲击对产品的影响，必须全面了解产品工作时周围的环境，正确分析产品受振动和冲击的情况，正确设计减振缓冲系统，以保证产品的性能指标。

当振动、冲击、碰撞、惯性力和离心力作用于电子产品时，将产生不良的影响，甚至严重的后果，主要表现在以下几个方面。

（1）机械性损坏　在冲击的作用下，可能导致元器件或结构件破坏。如电阻器和电容器引线断裂，多层印制电路板分离，阻容元件、螺钉、螺母等因振动造成的短路、断裂、松落等，使产品的电性能变化，工作失效。

（2）电性能和工作点变化　如可变电容片因谐振使电容量变化，电感回路因磁心移动而造成回路失谐，高频电路的导线因位移使电容量发生变化，以及因振动或谐振而产生机械噪声干扰电子产品正常工作等。

（3）电连接和电接触失效　由机械振动引起弹性零件变形，使电位器、波段开关和接插件等接触不良或完全开路；如使电接触元件接触不良或失效，接插件从插座中跳出，接触器、继电器接触簧片抖动或误动作等。

**3. 电磁噪声因素的影响**

当电子产品所产生的电磁噪声不干扰任何其他产品正常工作时，称这些产品是电磁兼容的。电磁兼容性是一种令人满意的情况，在这种情况下，无论是在系统内部，还是对其所处的环境，系统均能如预期的那样工作。

当不希望的电压和电流影响产品性能时，称之为存在电磁干扰，这些电压和电流可以通过传导或电磁场辐射传到受害的产品。改变设计、调整信号电平或噪声电平的过程，称为电磁干扰控制，通常也用这个词表示实现这种控制的管理措施。

每当设计一台新的电子装置时，为保证其能够正常工作，应设法排除电磁干扰，这是一个极为重要的问题。如何解决电磁噪声干扰，这既是一个老问题又是一个新问题。比如机器的设计、安装配线方法，以及保管和应用等问题，甚至包括建筑物的设施环境问题等，所涉及的领域非常广泛。因此，如何使多数电子产品在被干扰信号入侵时能够维持一个满意的工作状态，或者说能够保持一个共存的电磁环境，这是今后迫切需要解决的问题。也正是在这种背景下，出现了兼容性电磁学，它是一个新的电子学领域。

## 4.2 结构材料及电子元器件的选用

### 4.2.1 结构材料的选用

**1. 通用原则**

1）材料（包括防护材料）的选择，应由设备体系→整机→分机→部件→零件等由大至小的方式系统地进行，层层考虑材料之间的相容性。在整机设计制造过程中，应处理好元器件材料、装联材料、结构材料和防护安全材料之间的相容性及彼此间的组合匹配关系，并结合维修性、寿命周期、综合成本等因素进行系统优化选择。

2）全面考虑材料的综合性能和性价比。除考虑材料的力学性能（强度、硬度、弹性），物理性能（导电性、导热性、磁性、光学性能、密度等），冷、热加工性能和性价比等因素外，还要考虑材料的耐蚀性能和表面处理特性。在允许范围内，有时宁可降低一些材料的其他性能要求，也要满足材料的耐蚀性能和表面处理性能要求。

3）不应选用在产品使用环境下及产品有效期内易发生虫蛀、腐蚀、脱皮、龟裂的材料，必须使用时，应采取防护措施。

4）尽量避免选用在工作时或在不利条件下可燃或会产生可燃物的材料，必须采用时，应与热源、火源隔离。

**2. 金属材料的选用**

1）选择耐蚀的金属材料，如不锈钢、铝合金等，也可以考虑选用非金属材料代替金属材料。

2）容易产生腐蚀而不容易维修的部位，应选择具有良好耐蚀性的材料。

3）选择腐蚀倾向小的材料和热处理状态。

4）选择杂质含量低的材料。

5）尽量避免选用易产生应力腐蚀开裂的材料。

6）选择可镀、可涂且防护性能好、工艺稳定的材料。

**3. 非金属材料的选用**

1）非金属材料与金属材料一样，除了要具有所需的功能特性，还应具有相应的环境适应性（如耐霉性，耐高、低温，耐光老化，耐水，耐油性，润滑剂、润滑脂的耐氧化性等），以及良好的抗降解、抗老化、抗疲劳等性能。

2）选用的非金属材料应不会造成邻近或接触材料的腐蚀，如对金属材料的接触腐蚀和其他非金属材料溶胀、变质等。

3）选用非金属材料时，不但要注意抗霉性能，而且要考虑材料所散发的气体对周围金属及镀层的影响。

4）在密封装置或狭小空间内应尽量避免使用聚氯乙烯、氯丁、酚醛、多烷化物等类聚合物。

5）高频电路中不得使用吸水性绝缘材料，亲水性材料应进行憎水处理。

6）电绝缘材料的选用一般应满足下列要求：耐高温、低温，吸湿性低、透湿性小，较高的介质强度，较小的介电常数，一定的机械强度，防臭氧性能好，防燃烧等。

7）应根据使用条件选用下列电绝缘材料：陶瓷、陶瓷浸渍纤维制品、绝缘层压制品、云母制品、绝缘薄膜、绝缘漆。

8）不应选用电工胶带、纺织品胶带、塑料压敏胶带或木材作为电绝缘材料。

### 4.2.2　应用电子元器件

**1. 电子元器件的选型**

在电路原理图中，电子元器件是一个抽象概括的图形文字符号，而在实际电路中则是一个具体的实物，一个电容器符号可以代表几十、几百甚至成千上万种规格的实际电容器。对于一件电子产品，如何正确选择电子元器件，使其既实现电路功能，又保证设计性能，还要均衡地考虑产品的性能与价格问题，不是一件容易的事。

设计电子系统时，选择合适的电子元器件尤为重要。什么是合适的电子元器件呢？

笔者认为在满足电子元器件性能参数的前提下，综合考虑设计难度、焊接难度、广泛性、性价比的电子元器件，就是合适的。选择电子元器件不是一件简单的事情，考虑的侧重点不同，选择的电子元器件也不同。

（1）从电子系统对电子元器件性能参数要求方面考虑　对于电容需要考虑容量、耐压、介质特性、封装形式、使用场合等；对于电阻需要考虑阻值、功率、精度、封装形式、使用场合等；对于电感需要考虑电感量、阻抗、电流、封装形式、使用场合等；对于二极管需要考虑电流、速度、耐压、封装形式、使用场合等；对于三极管和场效应管需要考虑速度、放大倍数、功率、耐压、类型、频率、封装形式、使用场合等。对于集成元件，需要根据它的用途具体选择。

（2）从设计的电子系统的产量方面考虑　如果只是为了学生学习设计电子系统使用，一般只需要考虑电子元器件的性能参数，只要电子元器件的性能满足要求，再选择容易手工焊接的电子元器件即可；如果为小批量生产，除了需要考虑电子元器件的性能参数以外，还需要考虑电子元器件的可靠性，以及根据焊接方式（手工焊接还是机器焊接）选择电子元器件的封装；如果为大批量生产，则还需要考虑电子元器件的价格，在参数满足要求的前提下，尽量选择低价的电子元器件，同时还需要考虑电子元器件的供货可靠性，不能出现断货情况，以免在生产时出现采购问题。

（3）从设计的电子系统的使用场合方面考虑　若为军用，则以可靠性和性能为第一考虑原则，对于价格、产品体积、器件的采购难度则考虑较少；若为工业用，则在考虑可靠性的前提下还需要考虑安全性、价格、器件的采购难度等；若为日常生活用，则在考虑价格、器件通用型的前提下，还需考虑安全性和可靠性；若为人体植入设备，则第一考虑的是安全性和可靠性。

当然，还有其他方面的考虑，如便携性，需考虑产品的体积、重量、可靠性等；易用性，需考虑产品的智能程度、操作难易度等；通用性，需要考虑产品的可替换性、与其他设备的兼容性等。

市场上的电子元器件众多，根据市场流通的特点可以分为全新件（厂家生产、原包装未拆开的元件，批号一致）、散新件（包装已拆开的元件，批号可能不一致）、旧件（包装已拆开，批号不一致，存放时间较长的零散元件）、拆机件（从废旧电路板上拆下的元件）、翻新件（从废旧电路板上拆下的、经测试未损坏的、重新安装管脚和打磨外观的元件）等，怎样选择合适的电子元件是电子设计人员必须考虑的问题。批量生产时必须选择知名企业生产的全新件，散新件和旧件可在设计时调试电路用，拆机件和翻新件最好不要使用。

**2. 电子元器件的降额使用**

电子元器件的工作条件对其使用寿命和失效率影响很大，减轻负荷可以有效提高电子元器件可靠性。实验证明，将电容器的使用电压降低 1/5，其可靠性可以提高 5 倍以上。因此在实际应用中，电子元器件都不同程度地降额使用。

不同的电子元器件，不同的参数，用于不同的电子产品，降额范围各不相同。对于某些电子元器件，并非降额越多越好，必须保持在一个合理的范围内。

**3. 电子元器件的检测**

电子元器件检测技术不仅应用于电路故障检修中，还应用于电子元器件的筛选中。电子元器件在焊接前需要检测是否完好，特别是价格较高的电子元器件更需如此，因为在生产出厂时或运输过程中每个电子元器件都可能损坏，在焊接前检测，如果发现问题，可要求退货，而焊接后再查出问题，不但无法退货，还会损坏电路板，浪费人力物力，造成经济损失。

### 4.2.3 常用电子元器件的选型

**1. 电阻器的选型**

电阻器是电子整机中使用最多的基本元件之一，简称电阻。电阻器是一种消耗电能的元件，在电路中用于稳定、调节、控制电压或电流的大小，起限流、降压、偏置、取样、调节时间常数、抑制寄生振荡等作用。

（1）类型的选择　选择电阻器时，应尽量选择通用型电阻器，这类电阻器种类较多，规格齐全，生产批量较大，阻值范围、体积大小、外观形状挑选范围较大。使用较多的通用型电阻器有金属膜电阻器、金属氧化膜电阻器、绕线电阻器等。

（2）标称阻值的选择　电路中所需电阻器阻值的选取采用就近原则。当电路中的电阻器不能与国家规定的系列标称阻值相符时，便要靠近一个标称值，其差值越小越好；如果差值较大，便要通过电阻器的串联、并联来解决。

（3）额定功率的选择　电阻器在电路中工作时所承受的功率不得超过电阻器的额定功率（标称功率），为了保证电阻器在电路中能正常工作而不被损害，通常情况下，所选用电阻器的额定功率应大于实际承受功率的两倍以上，这样才能保证电阻器长期工作时的可靠性。

（4）误差等级的选择　一般误差越大的电阻，成本越低，在无特殊要求的场合下，选择误差为±10%～±20%的电阻器，如退耦电路、反馈电路、负载电路等；在有特殊要求的场合下，选择误差为±1%～±5%的电阻器，如运算放大电路、有源滤波电路等；在特定场合下需要选择误差小于±1%的精密电阻器，如电流采样电路、校准电路等。

（5）耐压的选择　每个电阻器都有最大耐压程度，当实际电压超过此值时，即便满足了功率要求，电阻器也会被击穿损坏。厂家通常会给出电阻器的最大工作电压、最高脉冲电压、耐压值等电压参数，在选择时，应降额使用，即使用场合的电压要小于各项指标允许电压的50%。

**2. 电位器的选型**

电位器是一种可调电阻，对外有三个引出端，两个为固定端，一个为滑动端（也称中心抽头）。滑动端在两个固定端之间的电阻体上做机械运动，使其与固定端之间的电阻发生变化。

1）根据使用场合选择外形、体积大小、功率大小及是否需要带开关、耐磨、耐高温、耐高湿。对于不经常调整阻值的电路，应选用轴柄短并有刻槽的电位器，一般用螺钉旋具调整好后不再轻易转动；对于振动幅度大或在移动状态下工作的电路，应选用带锁紧螺母的电位器；对于装在仪器或电器面板上的电位器，应选用轴柄尺寸稍长且螺纹可调（配旋钮）的电位器。

对于要求不高的普通电路或使用环境较好的场合，宜首选碳膜（或合成膜）电位器。这类电位器结构简单，价格低廉，稳定性较好，规格齐全。对于要求性能稳定、电阻温度系数小、需要精密调节的场合，或消耗功率较大的电路，宜选用普通线绕电位器；而对于电压或电流需微调的电路，应选用微调型线绕电位器；对于需要大电流调节的电路，应选用功率型线绕电阻器。对于工作频率较高的电路，不宜选用线绕电位器（因为其分布电感和寄生电容大），宜选用玻璃釉电位器。对于高温、高湿且要求电阻温度系数小的场合，也宜选用玻璃釉电位器。对于要求耐磨、耐热或需要经常调节的场合，可选用有机实芯电位器。对于要求耐磨性好、动态噪声小、分辨率高的电路，可选用导电塑料电位器。

2）根据电路要求选择阻值变化特性。用于分压或偏流调整时，应选用直线式（X 型）电位器；用于电视机等的音量控制时，应选用指数式（Z 型）电位器。若买不到指数式电位器，则可用直线式电位器勉强代用，但不可用对数式（D 型）电位器，否则会大大缩小音量的调节范围。用于音调调制时，宜采用对数式（D 型）电位器。对于智能控制电路，宜采用带直流电动机控制的电位器或数字电位器。

3）根据电路板的要求选择安装方式、是否需要密封、调节口方向。在用于具有较大壳体的电子产品中，电路板的体积一般也较大，宜采用有引线、引脚的电位器；对于较小的电子产品，宜采用贴片电位器。对于电位器调节口的方向，则要按照外壳调节位置与电路板安装的具体情况而定，电路板平面与调节方向呈 90°的，需采用侧面调节；电路板平面与调节方向呈水平的需采用上面调节。

**3. 电容器的选型**

电容器的基本结构是在两个相互靠近的导体之间覆一层不导电的绝缘材料（又称电介质）。它是一种储能元件，可在电介质两边储存一定的电荷，储存电荷的能力用电容量表示。

（1）标称容值的选择　电路中所需电容器的容值选取采用就近原则。当电路中的电容器容值与国家规定的系列标称容值不相符时，要选用最靠近的一个标称容值，其原则是所需电容器的容值与标称容值的差值越小越好，且选择的容值可略小于计算值，因为电路中会存在寄生电容而使容量变大。如果标称容值与所需容值相差较大时，便要通过电容器的串、并联来解决。

对于时间常数电路、振荡电路、延时电路中电容器的容值，必须与电路的要求值一样，如果与要求值相差较大，则会影响电路的正常工作；对于网络电路、信息电路中电容器的容值要求，精密度必须更严格，否则会出现信息的错误传递；对于耦合电路、旁路、退耦电路中的电容器，容值没有严格的要求，选用时，只要电容值与电路的要求相近即可，一般选用电容值稍大些的电容器即可。在选择电解电容器时，容值应比计算结果稍大，因为电解液会随着时间而蒸发，容值会减小。

（2）额定电压的选择　一般额定电压的选用原则是使电容器的额定工作电压高于实际工作电压，并留有一定的余量。对于一般电路，只要电容器的额定工作电压高于实际工作电压的 10%～20%。对于电压波动幅度较大的特殊电路，电容器的额定工作电压高于实际工作电压的幅度要更大一些，一般取 30%左右。对于一些低压直流电路，电容器的额定工作电压值略高于电源电压值。用于脉动直流电路的电容器的额定工作电压，要大于脉动电压的峰值。对于工作在交流电路的电容器的额定工作电压，要大于交流电压的最大值。

（3）绝缘电阻的选择　电容器的绝缘电阻越大，其漏电流就越小。如果电路中选用了绝缘电阻小的电容器，漏电流就会增大，将会使电路的性能降低，造成电路的工作失常。进一步而言，漏电流的功率损耗会使电容器发热，温度升高，又会使电容器漏电流增大，最后导致电容器损坏，电路不能正常工作。

（4）型号、类型的选择　电容器的型号、类型要符合电路要求。对于电源滤波电路、退耦电路、低放耦合电路可以选用电解电容器。对于高频放大电路，应选用性能优良的、能工作在高频电路的电容器，如果电容器的频率特性不能满足电路要求，不仅不能发挥其应有的作用，还会使电路产生高频寄生振荡，使电路无法正常工作。对于中频放大电路，选用一般的金属化纸介电容器、有机薄膜电容器即可。对于高压电路，可选用高压瓷介电容器。对于振荡电路、中频电路、移相网络、滤波器等电路，要选用温度系数小的电容器，否则会因为温度的变化使电路漂移，导致工作不稳定。

（5）选择常见电容器　由于各种电路的设计要求不同，电容器处于印制电路板的位置和其所占用空间也不同，所以要尽量选用市场流通量大的电容器。如果选用生产批量较少的电容器，若电容器损坏，将很难再配到原型号的，这将会给电子产品的维修带来困难。

（6）选择合适的封装工艺　在设计产品时需根据电路板的大小和使用场合考虑电容的装配方法，选择表面贴装还是电路板插入安装、手动插接还是自动插接，应根据不同的产品设计要求选择合适的封装工艺。

**4. 电感器的选型**

电感器的应用范围很广泛，它在调谐、振荡、耦合、匹配、滤波、延迟、补偿及偏转聚焦等电路中都是必不可少的。由于其用途、工作频率、功率、工作环境不同，所以对电感器的基本参数和结构形式就有不同的要求。

（1）工作场合的选择　对于不同的工作场合，应考虑其安装位置、电感线圈的外形尺寸、电路板的空间、安装方式等方面。不同的电路应选用不同性能的电感线圈。

（2）工作频率的选择　电感线圈的工作频率要适合电路的要求。用于低频电路的电感线圈，应选用铁氧体或硅钢片作为磁心材料，其线圈应能够承受较大的电流（电感值达几亨或几十亨）。用在音频电路的电感线圈，应选用硅钢片或坡莫合金为磁心材料。用在较高频率（几十兆赫以上）电路的电感线圈，应选用高频铁氧体作为磁心，也可采用空心线圈，如果频率超过100MHz，用空心线圈为佳。

（3）电感量的选择　电感线圈的电感量、额定电流必须满足电路的要求。使用高频扼流圈时，除了应满足额定电流、电感量，还应考虑分布电容，比如选分布电容小的蜂房式电感线圈或多层分段绕制的电感线圈。对于用于电源电路的低频扼流圈，尽量选用大电感量的，一般适宜选用电感量是回路电感量的10倍以上的线圈。

安装电感线圈时，不应随便改变线圈的大小、形状，尤其是用在高频电路的空心电感线圈，不要轻易改动它原有的位置和线圈的间距。一旦有所改变，其电感量就很可能发生变化。

**5. 开关的选型**

开关在电子产品中用于接通和切断电路，大多数都是手动式机械结构。由于此结构操作方便，价廉可靠，所以目前使用十分广泛。随着新技术的发展，各种非机械结构的开关不断出现，如气动开关、水银开关，以及高频振荡式、电容式、霍尔效应式等各类电子开关。

1）根据电路的用途选择不同类型的开关。如电源控制用电源开关，遥控器用薄膜开关，洗衣机选择按钮用触摸式开关。

2）根据电路数和每个电路的状态选择数来确定开关的刀数和掷数，如风扇调速电路中使用的开关。

3）根据开关安装的位置选择开关的外形尺寸、安装尺寸及安装方式。

4）根据电路的工作电压与通过的电流来选择合适的开关，选用时，额定电压、额定电流都要留有余量，一般为工作电压、电流的1~2倍。

5）维修中要更换开关而又没有原型号开关可换时，需根据引脚的多少、安装位置的大小、引脚之间的间距大小、额定电压、额定电流等来选择合适的开关。

**6. 继电器的选型**

继电器是利用电磁原理使触点闭合或断开以实现电路中联结点控制的执行部件。它实际上是一种用低电压、小电流来控制高电压、大电流的断路器，在自动控制系统、遥控遥测系统、通信系统等的控制装置和保护装置以及机电一体化设备中是不可缺少的开关控制元件。

（1）电磁继电器的选型

1）种类、型号与使用类别。选择继电器的种类，主要依据被控制和保护对象的工作特性而定，型号的选择主要依据控制系统提出的灵敏度或精度要求而定，使用类别决定了继电器所控制的负载性质及通断条件，应与控制电路的实际要求相比，使其满足要求。

2）使用环境。根据使用环境选择继电器，主要考虑继电器的防护和使用区域。如对于含尘埃及腐蚀性气体及易燃、易爆的环境，应选用带罩的全封闭式继电器；对于高原及湿热等特殊区域，应选用适合该环境的产品。

3）额定数据和工作制。继电器的额定数据在选用时应注意线圈的额定电压、触点的额定电压和额定电流。线圈的额定电压必须与所控制电路的电压相符，触点的额定电压可以为继电器的最高额定电压（即继电器的额定绝缘电压）。继电器的最高工作电流一般小于该继电器的额定发热电流。继电器一般适用于八小时工作制（间断工作制）、反复短时工作制和短时工作制。选用反复短时工作制时，由于吸合时有较大的工作电流，所以使用频率应低于额定操作频率。

（2）固态继电器的选型

1）型号选择。固态继电器按切换负载的性质分为直流型固态继电器和交流型固态继电器两大类。交流型固态继电器有过零和非过零两种类型，其开关触点有常开式（目前市场上多为常开式）和常闭式两种。在进行电路设计和选购元器件时，务必先弄清楚设计要求和被控负载的情况。

2）交流型固态继电器是针对在工作频率（我国为50Hz）下工作而设计的。应用时，对被控交流电源的要求是频率为40~60Hz，波形为正弦波。

3）选用具体的固态继电器产品时，首先应确定它的电性能参数，如输入电压（电流）、输出电压（电流）、过负载电流等与实际要求的技术指标是否相符或相配，以及与外接电路或负载是否匹配等。

4）固态继电器的负载能力与工作环境的温度有关，当环境温度升高时，固态继电器的负载能力随之下降。因此，选择固态继电器的额定工作电流时应留有充分余量。

5）固态继电器导通时本身耗散的功率会使外壳温度升高，而最大负载电流随外壳温度的升高而下降。为了使固态继电器能满额运行，应减少其本身的发热量并加强散热效果，如加装适当规格的散热板。

6）连接固态继电器时，应注意直流控制电压的大小与极性。交流固态继电器不能用于输出端是直流电源的场合；直流固态继电器也不能用于输出端是交流电源的场合。

7）对于交流型固态继电器，其输出端加 RC 吸收回路是必需的。购买固态继电器器件时，应弄清楚该型号的固态继电器内是否配置有 RC 吸收回路（有的装了，有的没有装）。对于感性负载，尤其是重感性负载，除了配置 RC 吸收回路外，还应增加压敏电阻器。压敏电阻器的标称工作电压可选电源电压有效值的 1.9 倍。

8）注意固态继电器规定的工作电流。当输入信号源的电压较高时，必须在输入回路中串接限流电阻。

**7. 连接器的选择**

连接器是电子产品中用于电气连接的一类机电元件，使用十分广泛。连接器常用于一个电子产品（或电类）设备与另一个电子产品（或电类）设备之间的电连接，这种连接易于脱开，方便电路板调试和设备内部空间布局。

选用连接器最重要的关注点是接触是否良好。接触不可靠将影响电路的正常工作，会引起很多故障。合理选择和正确选用连接器，将会大大降低电路的故障率。选用连接器时，除了应根据产品技术要求规定的电气、机械、环境条件选择外，还要考虑元件动作的次数、镀层的磨损等因素。

1）首先应根据使用条件和功能选择合适类型的连接器。

2）连接器的额定电压、额定电流要留有一定的余量。为了接触可靠，连接器的线数也要留有一定的余量，以便并联使用或备用。

3）尽量选用带定位的连接器，以免因插错而造成故障。

4）触点的接线和焊接应当可靠，防止断线和短路。焊接处应加上套管保护。

**8. 半导体分立元件的选择**

半导体分立元件自 20 世纪 50 年代问世，曾为电子产品的发展起到重要的作用。现在，虽然集成电路已经广泛使用，并在不少场合取代了晶体管，但是晶体管因有其自身的特点，在电子产品中发挥其他元件所不能取代的作用。

（1）二极管的选择

1）正向特性。当二极管两端所加正向电压很小时（锗管小于 0.1V，硅管小于 0.5V），二极管不导通，处于“死区”状态。当所加正向电压超过一定数值后，二极管导通，此后电压再稍微增大，电流便急剧增加。不同材料的二极管，导通电压不同，硅管为 0.5～0.7V，锗管为 0.1～0.3V。

2）反向特性。当二极管两端所加反向电压较小时，反向电流很小，当反向电压逐渐增加时，反向电流基本保持不变，这时的电流称为反向饱和电流。不同材料的二极管，反向饱和电流的大小不同，硅管为 1 微安到几十微安，锗管则可高达数百微安。另外，反向电流受温度变化的影响很大，锗管的稳定性比硅管的差。

3）击穿特性。当反向电压增大到某一数值时，反向电流急剧增大，这种现象称为反向击穿，这时的反向电压称为反向击穿电压。不同结构、工艺和材料制成的二极管，反向击穿电压值差异很大。

4）频率特性。由于结电容的存在，当频率高到某一程度时，容抗会减小，直至 PN 结短路，二极管失去单向导电性，不能工作。PN 结面积越大，结电容也越大，因此更不能在高频情况下工作。

（2）晶体管（也称三极管）的选择　晶体管的选用是一个复杂的问题，需根据电路的特点、晶体管在电路中的作用、工作环境与周围元器件的关系等多种因素进行选取，这是一个综合设计问题。选用晶体管要注意以下几个方面：

1）选用的晶体管在工作时切勿使电压、电流、功率超过手册中规定的极限值，应根据设计原则留取一定的余量，以免烧坏三极管。

2）对于大功率管，特别是外延型高频功率管，应注意二次击穿会使功率管损坏。为了防止二次击穿，必须大大降低其使用功率和电压，其安全工作区由厂商提供，或由使用者通过一些必要的检测而得到。

3）选择晶体管的频率，使它在设计电路的工作频率范围中。

4）对设计电路的特殊要求，如稳定性、可靠性、穿透电流、放大倍数等，均应进行合理选择。

## 4.3 电子产品的设计

### 4.3.1 结构设计

在电子产品中，由工程材料按合理的连接方式进行连接，且能安装电子元器件及机械零部件，使产品成为一个整体的基础结构，称为电子产品的整机结构。这种结构包括：机箱、机架和机柜结构；分机插箱、底座和积木盒结构；导向定位装置；面板、指示和操纵装置。

**1. 结构设计中的形式美**

（1）统一与变化　统一是指组成事物整体的各个部分之间，具有呼应、关联、秩序和规律性，形成一种一致的或具有一致趋势的规律，在造型艺术中，统一起治乱、治杂的作用，增加艺术的条理性，体现出秩序、和谐、整体的美感。但是，过分的统一又会使造型显得刻板单调，缺乏艺术的视觉张力。

变化即事物各部分之间的相互矛盾、相互对立的关系，使事物内部产生一定的差异性，产生活跃、运动、新异的感觉。变化是视觉张力的源泉，能在单纯呆滞的状态中重新唤起新鲜活泼的感觉，但是，变化又受一定规则的制约，过度的变化会导致造型零乱琐碎，引起精神上的动荡，给视觉造成不稳定和不统一感。

统一中求变化，产品显得稳重而丰富；变化中求统一，产品显得丰富而不紊乱。任何一个完美的产品必须具有统一性，这种统一性越单纯，越有美感。但只有统一而无变化，则不能使人感受到趣味，美感也不能持久，这是因为缺少刺激源。变化是刺激的源泉，有唤起兴趣的作用，但变化也要有规律，无规律的变化，必然引起混乱和繁杂，因此变化必须在统一中产生。

（2）对称与均衡　产品设计是以实用及生产功能为主的艺术造型形式，过分的形式冲突不利于组成和谐宁静的生活或生产环境，要求我们在追求稳定、平衡的前提下研究各种变化统一的规律。对称与均衡是其中的两种基本形式，通过不同的途径，追求宁静、完美、和谐的格局。

（3）重复与节奏　重复是指同一形式或同一色彩的形象或形象组合的多次出现，或并列于某一产品形态表面，或相继出现于某一被精心设计的环境空间等，形成强调、突出主题并构成韵律效果。

节奏是建立在重复基础上的渐变，或者有节奏的起伏变化的形式，运用节奏手法可以使某主题在富于韵律美的发展中被强调，给人加深印象。

**2. 结构设计中的技术美**

（1）功能美　功能美是指产品良好的技术性能所体现的合理性，是科学技术高速发展对产品造型设计的要求。功能美最本质的内容是实用美，功能美表现为实用功能和使用功能等物质功能。

（2）工艺美　工艺美是指产品通过加工制造和表面涂饰等工艺手段所体现的表面审美特性。工艺美的获得主要是依靠制造工艺和面饰工艺两种手段。

（3）材质美　材质美是指选取天然材料或通过人为加工所获得的具有审美价值的表面纹理，它的具体表现形式就是质感美。

**3. 机箱（机壳）设计的基本步骤**

（1）详细研究产品的技术指标　产品的技术指标是设计、制造与使用的唯一依据，也是检验产品质量的客观标准。设计人员接到设计任务后，应详细了解产品的各项技术指标，产品需要完成的功能以及其他特殊要求（体积、质量的限制等），产品工作时的环境气候条件，机械条件和运输、储存条件等。为了正确地进行机箱（机壳）的结构设计，应深入实际，详细研究产品的各项技术指标，了解国内外同类产品或相近类型产品的结构与使用情况，再确定结构的形式。

（2）确定结构方案　根据产品的电原理方框图合理做出结构方框图，即将产品划分为若干个分机，如果产品较简单，也可划分为几个单元或部分。进行划分时，应确定各分机（单元）的输入、输出端，分清高频、高压，选择可靠的机电连接方案。此外，还要对通风散热、重心分配、操作使用以及制造工艺等问题进行综合考虑。

（3）确定机箱（机壳）类型和外形尺寸　机箱（机壳）类型是在总体布局过程中，根据产品的不同侧重点，制定各种不同方案，经讨论和分析比较而确定的。

对于用机箱（机壳）的电子产品，首先应决定机箱（机壳）内部零部件需要的空间以及用多少插件，然后算出总的外形尺寸。有时也可能先给外形尺寸，这时内部尺寸就应服从外形尺寸。

对于机柜，可以先根据各插箱组合的形状和大小，推算确定其外形尺寸；也可先确定外形尺寸，然后进行插箱组合分配。但是，一般机柜尺寸总是受到运输和使用空间的限制，同时还必须适应人体特性的需要，并选用标准尺寸系列。外形尺寸应符合国家标准 GB/T 3047. 1—1995 的有关规定。

根据产品的质量与使用条件，选用机箱（机壳）、机柜的材料，应对其特点、性能有所了解，以便结合实际情况选用。

（4）面板设计与各组合内部的元器件排列　面板的大小是在初步确定总体布局和机箱（机壳）、机柜外形、尺寸的基础上，根据其上的布置图来确定的，面板上的各操纵、显示装置的选择布置，一般应根据电气性能的要求、人机工程原理和造型美观等进行考虑。

对于机柜，各插箱内部元器件的排列是根据电原理图及使用要求，主要元器件的外形尺寸及其相互关系，并考虑通风、减振、屏蔽等要求来确定。根据整机要求，考虑采用自然通风、强迫通风还是其他冷却方式。如果利用自然通风，应考虑进、出口的布置；如果用强迫通风，应考虑风机的位置及风路。根据使用要求，应考虑整机是否安装减振器及各部分的减振措施，考虑整机各屏蔽部分的要求及电气连接的布置，如插件的位置、电缆的布设等。根据产品的工作环境，还应考虑整机采取“三防”的措施。对于产品中的传动装置等机械装置应预先设计或选择，以确定空间尺寸。

（5）确定零部件的结构形式　选用合适的电气连接和机械连接方式，选用符合使用要求和工程设计要求的附件，绘制结构草图。

**4. 底座设计的基本要求**

底座的结构形式有很多，目前，在电子产品中，普遍采用板料冲制折弯底座和铸造底座，在中小型电子产品中也采用塑料底座。对底座的基本要求如下所述：

1）底座要有较高的机械强度及刚度，能稳定可靠地支撑各种零件、组件和部件，能经受大的冲击和振动。

2）孔径尺寸种类应尽可能减少，且尽可能标准化。安装孔若采用椭圆形，装配时可避免机械的二次加工。

3）对零部件、组件的排列要留出装配工具的操作空间，如有螺钉、螺母的地方，要留出旋具和扳手操作空间。

4）有些电子产品的底座应具有良好的导电性能，起电路连接的公共接地点作用。

5）加工方便，工艺性好，尽量采用标准结构。

**5. 面板的结构设计**

通常把安装控制和指示等装置的安装板称为面板。面板与底座、机架相连构成机柜机箱，它起着保护和安装内部元件的作用。另外，面板是整台设备外观装饰的重要零件。

面板的设计应综合考虑各种功能要求，进行分析比较，得出较合理的方案。面板除了应具有良好的结构形式、外表美观大方外，更重要的是面板上元器件的布置要合理，操作使用方便，能适应操作者的生理、心理特性。

## 4.3.2 热设计

电子产品工作时，其输出功率只占产品输入功率的一部分，损失的功率都以热能形式散发出去，尤其是功耗较大的元器件，如变压器、大功耗电阻等，实际上它们是一个热源，使产品的温度升高。因此，热设计是保证电子产品能安全可靠工作的重要条件之一，是制约产品小型化的关键问题。另外，电子产品的温度与环境温度有关，环境温度越高，电子产品的温度也越高。由于电子产品中的元器件都有一定的温度范围，如果超过其温度极限，就将引起产品工作状态的改变，缩短其使用寿命，甚至损坏，使电子产品无法稳定可靠地工作。

**1. 电子产品热设计**

如果遵从热设计的基本原则进行设计，那么经过热设计之后的电子系统性能会更好、可靠性会更高，并且使用寿命会更长。热设计过程大致分为以下几步：

1）确定设备（或元器件）的散热面积、散热器或周围空气的环境温度极值范围。

2）确定冷却方式。

3）对少量关键发热元器件进行应力分析，确定其最高允许温度和功耗，并对其损失效率加以分析。

4）按器件和设备的组装形式，计算热流密度。

5）由器件内热阻（查器件手册）确定其最高表面温度。

6）确定器件表面到散热器或空气的总热阻。

7）根据热流密度等因素对热阻进行分析与分配，并对此加以评估，确定传热方法和冷却技术。

8）选定散热方案。

**2. 电子设备热设计**

（1）整机散热设计　电子设备的整机散热设计按下列五个步骤进行。

1）确定整机的热耗和分布。

2）根据整机结构尺寸初步确定散热设计方案。

3）对确定的冷却方式进行分析，如强迫风冷的风机数量、选型、级联方式、风道尺寸、风量大小、控制方式等。

4）针对分析结果利用热分析软件进一步验证。

5）对散热方案进行调整进而最后确定。

（2）机壳的热设计　电子设备的机壳是接受设备内部热量，并通过它将热量散发到周围环境的一个重要热传递环节。机壳的设计在采用自然散热和一些密闭式的电子设备中显得格外重要。试验表明，不同结构形式和涂覆处理的机壳散热效果差异较大。机壳热设计时应注意下列问题：

1）增加机壳内外表面的黑度、开通风孔（百叶窗）等都能降低电子设备内部元器件的温度。

2）机壳内外表面高黑度的散热效果比两侧开百叶窗的自然对流效果好，当内外表面高黑度时，内部平均降温20℃左右，而两侧开百叶窗时（内外表面光亮），其温度只降8℃左右。

3）机壳内外表面高黑度的降温效果比单面高黑度的效果好，特别是提高外表面黑度是降低机壳表面温度的有效办法。

4）在机壳内外表面黑化的基础上，合理改进通风结构（如顶板、底板、左右两侧板开通风孔等），加强空气对流，可以明显地降低设备的内部温度环境。

5）通风口的位置应注意气流短路而影响散热效果，通风孔的进、出风口应开在温差最大的两处，进风口要低，出风口要高。风口要接近发热元件，使冷空气直接起到冷却元件的作用。

6）密封机壳的散热主要靠对流和辐射，它取决于机壳表面积和黑度，可以通过减小发热元器件与机壳的传导热阻、加强内部空气对流（如风机）、增加机壳表面积（设散热筋片）和机壳表面黑度等来降低内部环境温度。

（3）电子设备冷却方式及其选择　电子设备的冷却方式可分为两类形式：自然冷却散热和强制冷却散热。根据具体情况，选择适当的冷却方式是热设计的重要方面。冷却方式的选择取决于很多因素，如电子设备的总发热量、允许热量、工作环境、电子设备元器件的组装方式及布局等。

1）自然冷却散热是利用设备中各个元器件的空隙以及机壳的热传导、对流和辐射来达到冷却的目的，冷却方法广泛应用于中小功率设备上。

2）强制冷却散热分为空气和液体两种方式。很多电子设备的冷却采用强制对流风冷却形式，这是因为空气强制对流冷却的换热量比自然对流和辐射的要大 10 倍。空气强制对流冷却技术较自然冷却减小了电子设备冷却系统的体积，使其具有更高的元器件密度和热点温度。

### 4.3.3 安全设计

产品安全设计的要点就是为了使设计出的电子产品对使用人员、维修人员以及周边环境不会造成危害。很多电子产品设计人员在设计过程中，往往只注重功能的设计，而忽视对产品安全的设计，使得产品后期测试时发现有安全问题。

“安全”是指电子产品不存在不可接受的风险，产品设计所提供的防护措施，实际上是一种降低风险的办法，是相对安全，绝对安全是不可能存在的。

**1. 电子产品的基本安全要求**

电子产品应用非常广泛，包括电视机、音响设备、计算机、显示器、手机、笔记本电脑和其适配器、打印机等。消费者使用面广、使用频次高，其安全性能极为重要。设计者不仅要考虑设备的正常工作条件，还要考虑可能的故障、可预见的误用以及诸如温度、湿度、污染、电网电源的过电压和通信线路的过电压等外界影响，具体为：①防触电（电击危险）；②防过高温度；③防机械不稳定性和运动部件的危害（机械危险）；④防止起火；⑤防爆炸；⑥防辐射；⑦防化学危险。

**2. 电子产品的常用安全设计措施**

（1）防触电安全设计要点

1）机壳隔离。利用机壳把尽可能多的带电部件围封起来，防止操作者触及。为保证对带电件提供足够的安全隔离保护，要求机壳能承受一定的外力作用；为了散热通风的需要和安装各类开关、输入输出装置，在机壳上开孔是不可避免的，为保证使用者不会通过这些孔接触到机壳内的带电件，设计时要尽量少开孔，孔的位置应尽量避免在带电件集中的部位，机壳应设计成只有通过工具才能打开，除非采用了联锁装置，即机壳被打开的同时自动切断电源。

2）防护罩和防护挡板。当仅需将某一带电部位隔离时，可用防护罩或防护盖，其功能和设计要点与机壳相同。

3）安全接地措施。Ⅰ类设备的机壳采用基本绝缘，需要用安全接地防护作为附加安全措施，以便一旦基本绝缘失效时，通过安全接地保护，使可触及件不会变成带电件。这种保护措施的关键是保证接地端的可靠性。

4）使用安全联锁装置，在出现可能触及带电端子的危险时，切断电源或者采取其他防止触电的措施。如图 4-4 所示的防触电热水器，采用加长隔电墙，加大人体与水之间的电阻，可有效消除安全隐患。

5）防接触电流过大。减少危险带电件与可触及件之间的等效隔离电容的容量。危险带电件与可触及件之间的等效隔离电容的容量太大，会使接触电流过大。

6）防止大容量电容器放电。当跨接在初级电源电路的电容器容量达到一定值时，设备通电后，由于电容充有较多的电能，未能及时释放，拔出电源插头，触及插头上的金属零部件，就有可能产生电击危险。

（2）机械危险的防护　正在使用的电子产品，其运动机构或组件和供给的能源皆可能产生可预见（如挤压、切割、烫伤和电击等）和不可预见（如能源中断、外界电磁干扰等）的危险，而伤及操作者、维修者或其他相关人员，机器设计者通常会采用特定的技术方法和措施来限制和防范这些危险，主要包括：

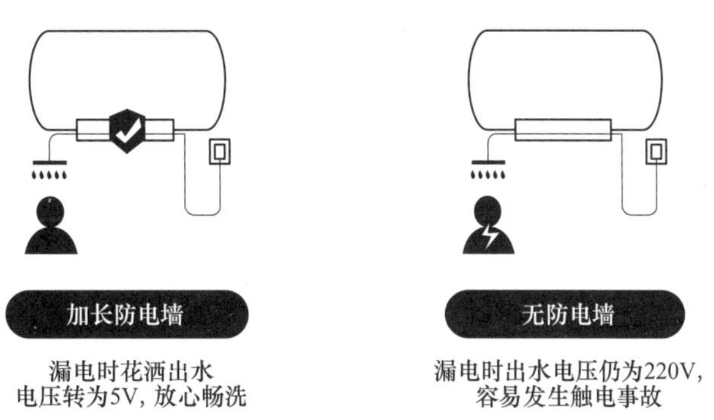


图 4-4　防触电热水器

1）避免出现尖锐边缘，防止伤害人体。

2）对危险的运动部件提供保护，防止夹伤和碰伤人体。对此类部件应提供保护措施或联锁装置。

3）有足够的机械强度，使其结构能承受在预期使用时可能产生的振动、碰撞和冲击的考验，设备应能满足标准。

4）设备重心的设计应使设备符合安全标准中对设备稳定性的要求。

（3）防火　电子电器产品的起火主要是其内部引燃源在一定条件下引燃而引起的。引燃源是指设备在正常工作条件下，或故障条件下能引起燃烧的部位。安全标准中所指的潜在引燃源是指在正常工作条件下，开路电压超过交流 50V（峰值）或直流 50V 以及该开路电压与测得通过可能的故障点电流的乘积超过 15V · A 的故障部位。

## 4.3.4　电磁兼容设计

电磁兼容是指系统、分系统、设备在共同的电磁环境中能协调完成各自功能的共存状态。电磁兼容设计是通过提高产品的抗电磁干扰能力以及降低对外的电磁干扰，避免由于干扰导致的产品故障，从而提高产品的可靠性。电磁兼容设计一般需要从抑制干扰源、切断干扰传播途径、降低接收器敏感度等方面进行设计。

**1. 接地设计**

接地设计是一项重要的设计内容，在电磁兼容性设计的初始阶段进行接地设计是解决电磁兼容问题最有效和最廉价的方法。设计良好的接地系统既能提高产品或系统的抗干扰能力，又能降低产品或系统对外部的电磁辐射。

（1）接地的目的　接地是指在系统或产品的某个选定点与接地面之间建立导电的通路，接地的目的是防止电磁干扰，消除公共阻抗的耦合，同时保障人身和设备安全，具体为：

1）使整个系统具有一个公共的零电位基准面，并给高频干扰电压提供低阻抗通路，达到系统稳定工作的目的。

2）防止雷击危及系统和人体安全，防止静电电荷的累积引起火花放电，防止高电压与外壳相连引起的危险。

3）保证系统屏蔽接地取得良好的电磁屏蔽效果，达到抑制电磁干扰的目的。

（2）接地的分类　按照连接方式进行分类，接地可分为单点接地、多点接地、悬浮接地和混合接地。

1）单点接地。单点接地是指电子产品中的信号先参考于一点，然后把该点接至设施的接地系统。单点接地系统的优点是简单实用，安全性好，地线上其他部分的电流不会耦合进电路系统；缺点是成本较高，对高频的抗干扰效果不理想。

一般来说，对于工作于 30kHz 或更低频率的低频设备，应采用单点接地。具体方法是：敏感数据线的屏蔽层在负端接地，高电平信号线的屏蔽层在源端接地，高阻抗直流信号源引出线上的屏蔽层在源端接地。

此外，当频率为 1MHz 以下或 1～10MHz 之间并且地线长度不超过波长的 1/20 时，可采用单点接地。模拟电路大多应采用单点接地。

2）多点接地。多点接地是指电子产品各电路系统的地线直接接至最近的低电阻地线上，使接地线最短。多点接地的优点是能够简化电子产品的电路结构，有效降低接地阻抗，减少地线间的相互串扰；缺点是对接地点的要求较高，接地阻抗要求足够小。

一般来说，高频设备中，要求进行多点等电位接地。具体方法是：设备内部的各种信号线应按要求用最短的导线接至公共的金属参考面或等电位接地平面。设备底板通常作为信号参考平面，再通过外壳或机柜接至等电位接地平面。

此外，当频率在 10MHz 以上或频率为 1～10MHz 但地线长度超过波长的 1/20 时，应采用多点接地。数字电路大多采用多点接地。

3）混合接地。混合接地结合了单点接地和多点接地的特性，将低频部分就近单点接地，高频部分多点接地。原则上，这种接地方法是最为理想的接地系统方案，但实际应用中，对高、低频电路的区分、实际接地点的安放及接地阻抗的保障都是比较复杂的，需要进行详细的分析设计。

4）悬浮接地。悬浮接地是指电子产品的接地系统与大地系统及其他导线结构物之间是相互绝缘的，这种接地系统可抑制接地线干扰。悬浮接地系统的优点是抗干扰性好，缺点是容易产生静电积累，进而产生静电放电现象，同时容易使操作人员遭到电击而危及人身安全。

悬浮接地的干扰耦合取决于悬浮接地系统和其他接地系统的隔离程度，在一些复杂系统中，很难做到理想的悬浮接地。此外，为了消除静电积累和遭雷击的可能性，产品和大地间往往需要接入一个阻值很大的泄放电阻，这给实际应用带来困难，因此，悬浮接地一般只用在低频电路系统中，在通信系统和一般电子产品中都不建议采用。

（3）地线系统的设计步骤

1）分析设备内各类部件的干扰特性和敏感特性。

2）搞清楚设备内各类电路的工作电平、信号种类和电源电压。

3）将地线分类、划组。

4）画出总体布局框图。

5）排出地线网。

**2. 屏蔽设计**

屏蔽是一种十分有效和应用广泛的抗干扰措施，凡是涉及电场或磁场的干扰都可以采用这种方法加以抑制。采用屏蔽，一方面能防止干扰源对设备或系统内部产生有害影响，另一方面也可以防止设备或系统内有害的电磁辐射向外传播。屏蔽就是用导电或导磁材料制成的以盒、壳、板和栅等形式将电磁场限制在一定的空间范围内，使电磁场从屏蔽体的一面传到另一面时受到很大的衰减，从而抑制电磁场干扰的扩散。根据抑制功能不同，可分为电场屏蔽、磁场屏蔽及电磁场屏蔽。

（1）电场屏蔽　即静电或电场的屏蔽，用于防止或抑制寄生电容耦合，隔离静电或电场干扰。电场屏蔽可采用以下方法：

1）加金属屏蔽物。一般都制作成壳、罩、板和栅等形状，并且有良好的接地。

2）使相互耦合的两导体或两元器件相互远离。

（2）磁场屏蔽　磁场屏蔽用于防止磁感应，抑制寄生电感耦合，隔离磁场干扰。磁场屏蔽可采用以下方法：

1）在铁心侧面包铁皮。

2）在线包外面包一圈铜皮作为短路环。漏磁通在环内感生涡流，而涡流所产生的磁场与漏磁场反向，所以短路环减少了漏磁场对外界的干扰。

（3）电磁场屏蔽　通常所说的屏蔽，一般是指电磁场屏蔽。电磁场屏蔽用于防止或抑制高频电磁场的干扰。

电磁场屏蔽是利用屏蔽体对干扰电磁波的吸收、反射来达到减弱干扰能量的作用。因此，电磁场屏蔽可采用板状、盒状、筒状、柱状的屏蔽体。对于电磁屏蔽体，其形状选择的标准应以减少接缝和避免腔体谐振为准。

对于常见的屏蔽体，可以经过等效球壳来进行计算。因此，只要不同形状的屏蔽体容积和壁厚相等，其屏效也应相等。实测结果表明，圆柱形机箱的屏蔽效果比长方形机箱高，主要是电磁泄漏量不同。

当屏蔽要求很高时，单层屏蔽往往难以满足要求，这就需要采用双层屏蔽，但值得注意的是，在结构设计时应注意双层屏蔽的连接形式，只有正确地进行连接，屏蔽体的实际屏蔽效果才能与理论计算的屏蔽效果相符合。

**3. 布线设计**

布线的基本要求是布通，如果线路都没布通，到处飞线，那么布线就需要修改；其次，布通之后，应认真调整布线，使其能达到最佳的电器性能；最后，布线要美观、整齐划一，不能纵横交错、毫无章法。布线时主要按以下方法进行：

1）关于布线距离，应采用控制导线间距的办法减少导线间的耦合。一般来说，导线间距越大越好；敏感的线路与中、低电平线路距离应大于5cm；当强、弱信号电平相差40dB以上时，线路距离应大于45cm；条件允许的情况下，雷达调制脉冲电缆安装时，与其他电缆相距至少在46cm以上。

2）关于不同信号线排布，低电平信号通路不应靠近高电平信号通路或未滤波的电源导线；强信号与弱信号的地线要单独安排，且分别与地网单点相连；连接线布线设计要注意强信号与弱信号的隔离、输入线与输出线的隔离。

3）关于接地线长度，尽可能采用短而粗的地线或树枝形地线，且每一地线回路不能跨接两支，以防止互耦；电源线应尽量靠近地线平行布设，尽可能缩短各种引线（尤其高频电路），以减少引线电感和感应干扰；将进入接收机的引线减至最小限度；如果可能，应采用短且有屏蔽层的天线引入线。

4）关于布线形式，应尽量减小馈线回路的面积，并使得特性阻抗远小于负载阻抗，以有效地减小瞬态干扰和感应出的干扰电压；对电磁干扰敏感的部件需加屏蔽，使之与能产生电磁干扰的部件或线路相隔离，如果这种线路必须从部件旁经过，应使它们呈90°交角。

**4. 滤波设计**

优先考虑采取良好的接地和屏蔽措施后，必要时才采用滤波技术。滤波技术是抑制电气、电子设备传导电磁干扰，提高电气、电子设备传导抗扰度水平的主要手段，也是保证设备整体或局部屏蔽效能的重要辅助措施。滤波器的作用是允许工作信号通过，而对非工作信号（电磁干扰）有很大的衰减作用，使产生干扰的机会减为最小。完全消除沿导线传出或传进设备的电磁干扰通常是不可能的。滤波的目的是将这些电磁干扰减小到一定的程度，使传出设备的电磁干扰值不超过给定的规范值，使传入设备的电磁干扰不至于引起设备的性能降低或失灵。滤波的应用场合和使用要求，主要包括以下内容：

1）采用滤波器滤波时，在满足预定电磁干扰衰减要求的前提下，优选简单的滤波器而不采用线路复杂的滤波器。

2）同一滤波器不可能解决所有的干扰问题，产品电路中应选用不同类型的滤波器以减少不同类型的干扰。

3）滤波器安装时应尽量靠近被滤波的设备，尽量用短且加屏蔽的引线作为耦合媒介。

4）滤波器应安装在组件输入线或输出线处的机箱结构件上。敷设的滤波器引线要靠紧底板，不可把引线弯成环状。

5）应确保滤波器有良好的接地，所有滤波器都要加屏蔽，输入引线与输出引线之间应隔离。

6）根据被插入线路两端的阻抗特性来选择或设计滤波器的阻抗特性，以便实现阻抗匹配。

7）每块单板均应设置电源去耦电路，以防互相干扰，通常使用 RC 滤波电路。RC 滤波电路由大电容、小电容并联组成。

8）每个元器件的电源端、地端之间应加装 0.05~0.18μF 的滤波电容，且应就近加装。

9）为防止滤波电容短路，使整块板不能正常工作，可采取串联电容。同时，为减少电容数量，可以用两个元器件加装对串联滤波电容。

## 4.3.5 “三防”设计

潮湿、盐雾、霉菌对电子产品的危害很大，为保证电子产品的可靠性，必须进行“三防”设计。“三防”设计应从材料应用、结构设计和工艺技术等多方面入手。进行“三防”设计，一般可采用以下方法。

**1. 防潮湿设计**

1）通过工艺处理，降低产品的吸水性，提高产品的憎水能力。

2）对于一些元器件或模块，进行浸渍及灌封，用高强度与绝缘性能好的涂料填充模块中的空隙、小孔，如将环氧树脂、蜡类、不饱和聚酯树脂、硅橡胶等有机绝缘材料熔化后，注入元器件本身或元器件与外壳的空间、引线孔的空隙，这种方法还可以提高设备的击穿强度及化学稳定性。

3）采用密封工艺进行塑料封装与金属封装。塑料封装是把零件直接装入注塑模具中与塑料制成一体；金属封装是把零件置于不透气的密封盒中，有的还在盒中注入气体或液体，金属封装的防潮效果比塑料封装更好。

4）采用有机绝缘漆喷涂材料表面，使其不受潮湿侵蚀。

**2. 防盐雾设计**

最常用的方法是电镀及涂覆，此外要避免不同金属间的接触腐蚀。盐雾能促使金属元器件产生一些电解，特别是当不同金属接触时，这种现象更为严重，因此，要尽量选用相同金属间的接触。如需不同金属接触，应控制电位差不大于0.5V，超过时可以选择过渡金属或镀层，以降低原来两种金属的接触腐蚀。

**3. 防霉菌设计**

1）使用抗霉材料、无机矿物质材料不易长霉，合成树脂一般具有一定的抗霉性，应避免采用棉、麻、丝、绷、纸、木材等材料做绝缘材料。

2）控制设备的温度和湿度，保持良好的通风条件，防止霉菌生长。

3）对于密封结构，可充入高浓度臭氧灭菌。

4）使用防霉剂，即用化学药品抑制霉菌生长，或将其杀死。

## 4.4 电子产品的制造

电子产品原型的组装过程往往比较混乱，尤其在产品开发早期。相比之下，电子产品的制造过程有着一系列很好区分的步骤。

### 4.4.1 供应链

电子产品的制造中最困难的环节通常不是生产元器件，而是把生产需要的所有元器件按期备齐，这样生产才能进行下去。生产时所需要的元器件一般由供应链来保障。

产品设计师和开发者往往把供应链看得很简单，认为他们不过是些订购元器件的人，但是实际上订购元器件远比想像的难。一款产品一般由几百个元器件组成，有的甚至有几千个元器件，这些元器件必须如期备齐，以便制造产品。哪怕有一个小小的电阻缺失，生产也无法正常开展。

所有生产所需元器件不仅需要按时到位，而且要尽可能价格低廉。从表面上看，相关工作人员只要找到价格合适的元器件，然后下订单即可，但在实际操作中比这要复杂得多。在这个过程中，供应链上的工作人员面临着多个挑战，如某个元器件供应商突然中断供货、所用元器件可能被淘汰、元器件的交货期不一样等。

针对上述问题，制造商和分销商往往要进行各种谈判，一方面要确保所需元器件能够正常供应，另一方面要尽可能地减少购买支出。多数情况下，我们要与元器件供应商达成交易，确保元器件稳定供应的同时，又不会积压大量库存。

元器件供应问题解决之后，就有了生产所需的原材料，接下来就要开始生产。

### 4.4.2 印制电路板（PCB）的组装

**1. PCB 的由来**

印制电路板（Printed Circuit Board，PCB）以绝缘板为基材，切成一定尺寸，其上至少附有一个导电图形，并布有孔（如元件孔、紧固孔、金属化孔等），用以安装电子元器件并实现电子元器件之间的相互连接。作为现代电子产品的基本部件之一，印制电路板广泛应用于各类电子产品中，小到电子手表、计算器，大到计算机、通信电子设备、军用/航天系统等，只要有电子元器件，就离不开印制电路板。

PCB 出现之前，电子元器件之间的互连都是依托导线直接连接完成的，而如今，导线仅用于试验电路中，PCB 在电子工业中已占据了绝对控制地位。PCB 具有导电线路和绝缘底板的双重作用。它可以实现电路中各个元器件的电气连接，代替复杂的布线，减少接线量，简化电子产品的装配、焊接和调试工作；同时它能够缩小整机体积，降低产品成本，提高产品的质量和可靠性。

PCB 是定制元器件，需要向特定供应商订购，供应商会根据产品开发者提供的 CAD 文件进行生产。把电子元器件组装到这些板子上的过程称为“印制电路板组装”（Printed Circuit Board Assembly，PCBA），有时也称为“印制电路组装”（Printed Circuit Assembly，PCA）。如图 4-5 所示，图 4-5a 所示是未上件的裸板，图 4-5b 所示是上件后的 PCB（把电子元件焊接到裸板上形成的电路板）。

**2. 涂焊膏**

焊锡是一种金属合金，可以将金属部件焊接在一起。借助焊锡可以把电子元器件针脚和 PCB 金属焊盘牢牢焊接在一起，同时保证有良好的导电性。焊膏是超细焊锡粉和液态助焊剂混合而成的黏稠物，助焊剂用来清理金属表面的腐蚀物和污物，以便形成好的焊点。

PCB 组装的第一步是在 PCB 的正确位置上涂适量焊膏。这道工序要用到焊锡模板，而模板需根据设计的 PCB 进行定制。焊锡模板是薄薄的金属片，有许多孔洞，焊膏通过这些孔洞涂到板子上。

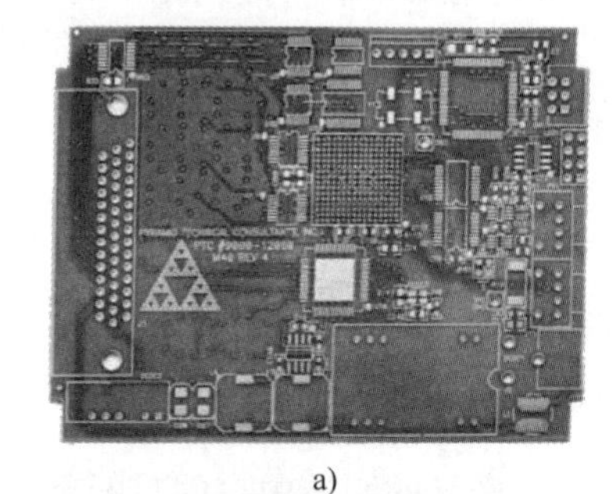

a)

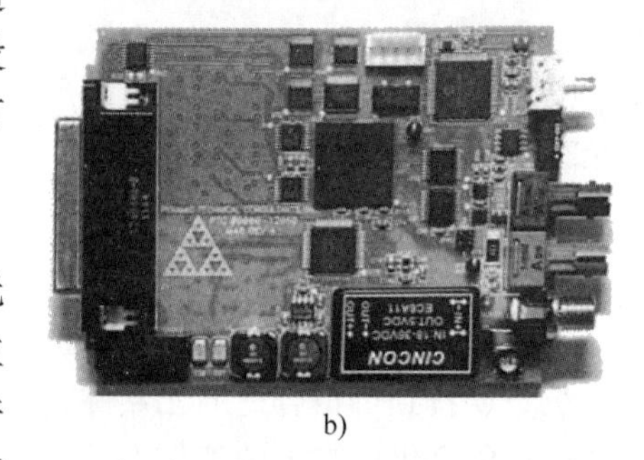


b)

图 4-5　未上件的裸板和上件后的 PCB

**3. 安装元器件**

焊膏涂好之后，接下来该在电路板上安装电子元器件了，即把每个电子元器件安装到 PCB 合适的位置上，这项工作通常由贴片机完成。贴片机把元器件从包装中取出，贴放到印制电路板相应的位置并粘贴在焊盘上，其黏接剂就是锡膏，但是，由于现在的锡膏仍然是半液体状的，所以元器件并没有真正焊接在 PCB 上。图 4-6 所示为全自动贴片机吸嘴部位。

贴片机速度快，动作精确，每分钟最快可以贴装几百个元器件，但是贴片机仅适用于表面贴装器件，不适合原型中常用的尺寸较大的穿孔式元件。穿孔式元件通常是手工安放和焊接的，这比自动的表面贴装器件工艺成本高。把穿孔式元件换成表面贴装器件中等效的元件通常不会有什么大问题，但是这需要在 PCB 设计过程中就考虑到。

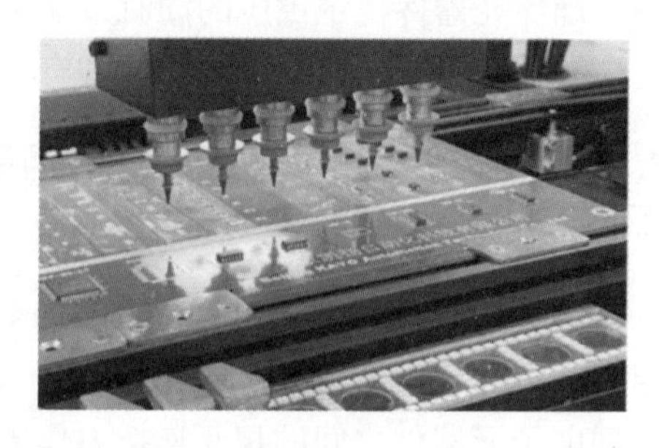

图 4-6　全自动贴片机吸嘴部位

**4. 再流焊**

再流焊也叫回流焊，它的作用是把焊膏固化成焊点，从而把元器件焊接在 PCB 上。其中，包含以下两个步骤：

1）使助焊剂起效，做好清理工作再蒸发掉。

2）熔化底层焊膏，然后冷却，使之凝固成块，把元器件引脚焊接到焊盘上。

这个过程不是简单地把电路板加热到特定温度再冷却，实际操作起来要复杂得多。

**5. 光学检测**

当所有元器件都焊接完成后，电路板放到自动光学检测机中，检查电路板上各个元器件焊接得是否合适以及焊接位置是否正确。经过这道工序，所有位置或方向不对的元器件都会被检测出来，可以手工修正或者直接报废。

**6. 手工焊接/组装**

手工组装要比机器组装成本高，因而设计师和开发者总是尽量设法减少产品制造中需要使用人工组装元器件的数量。即便如此，在 PCB 组装中，有些手工作业还是无法避免的。比如，供终端用户使用的连接器（如 USB 连接器）常常是穿孔式的，而非表面贴装器件，穿孔式连接器更经久耐用，磨损后从电路板脱落的风险也更小。

**7. 清理**

组装完 PCB 后，需要对其进行清理，以便移除那些回流焊过程中未烧掉的助焊剂。残留在电路板上的助焊剂可能会产生腐蚀，不必要的电路通路可能会损害整个电路的可靠性和性能。

**8. 切割**

产品制造中，把多个电路板放在一整个板子上进行制造和组装通常是最经济的做法，组装好之后，再把它们切割成一个个单独的板子。

完成以上工作之后，PCB 的组装工作完成。

### 4.4.3 测试

PCB 的组装流程复杂并且容易出现问题，因此需要对已经完成组装的 PCB 进行测试，以确保组装过程按计划进行。工厂测试和实验室测试区别很大，实验室测试用来检查设计是否正确，又被称为设计确认测试。在不同情况下，工厂测试投入的精力有很大差异。有时测试很简单，只要技术人员在产品组装完成后开启它，检查能否正常工作即可；有些工厂测试需要付出巨大精力，认真检查产品的每个细节，确保产品在出厂前一切正常。

组装好的 PCB 有两种基本的测试，分别是功能测试和在线测试。

**1. 在线测试**

在线测试通过分析元器件的电气特征来检查 PCB 组装过程是否正确。大规模在线测试通常使用针床式测试仪，这种仪器把大量探针放置到 PCB 上，每个探针通过电路板上的导电片连接到待测电路上，检查电路板是否存在问题，包括电路、开路（如针脚从焊点脱离）、元件朝向、元件缺陷、信号完整性问题等。

**2. 功能测试**

功能测试的目标是检查电路板上的各种元件能否作为一个整体协同工作，它也可以测试那些在在线测试期间因探针接触不到而未能检测到的电路。功能测试的缺点是它往往不像在线测试那样可以彻底检查电路板的连接。最安全的做法是在线测试和功能测试都做。

### 4.4.4 成品组装

成品组装是指把所有 PCB 和机械部件组装到一起，一般通过手工完成。由于产品不同，这个过程需要耗费的时间也有很大差异，组装简单的设备可能只需几分钟，而组装科学仪器等复杂的系统可能需要几天甚至更长时间。

### 4.4.5 最后功能测试

最后功能测试（常称为行尾测试）一般在产品最后组装完成之后进行。从技术角度看，这是功能测试的一部分，之所以把它单独拆分出来，是因为它比其他功能测试需要更多的人工干预，也更为主观。

在这个阶段，技术人员先检查设备的整体状况（比如所有元器件是否都安装正确，是否有划痕等）再打开设备，做一些简单操作，检查是否一切正常。一般来说，测试员会有一份检查表，但大部分测试是非常主观的，难以量化。比如，一个测试员可能发现了一道很小的划痕，而另一个测试员可能看不到。最后功能测试的挑战在于要长期保持多名测试员对同一产品合格率/不合格率判定的合理一致性。

最后功能测试完成后，接下来就要对产品进行包装，这样做是为了保证产品在到达用户手里时外观漂亮并且功能完整。

### 4.4.6 包装

产品进入销售环节前的最后一道工序是包装，即把产品、相关配件、使用手册、防护泡沫等装入产品包装盒中。这些产品包装盒还要放入货箱，才能发送给用户。包装完成后，产品就进入销售渠道，为企业创造利润了。

# 第 5 章　机电一体化系统设计

## 5.1 机电一体化概述

### 5.1.1 机电一体化的定义

机电一体化（Mechatronics）最早出现于 1971 年，由机械学（Mechanics）与电子学（Electronics）组合而成，在我国通常称为机械电子学或机电一体化。但是，机电一体化并非机械技术与电子技术的简单相加，而是集光、机、电、磁、声、热、液、气、算于一体的技术综合系统，发展到今天已成为一门有着自身体系的新型学科。目前，广泛接受的“机电一体化”的定义是：“机电一体化是在机械的主功能、动力功能、信息功能和控制功能上引进微电子技术，并将机械装置与电子装置用相关软件有机结合而构成系统的总称”。

机电一体化具有“技术”与“产品”两个方面的含义，机电一体化技术是机械工程技术吸收微电子技术、信息处理技术、伺服驱动技术、传感检测技术等融合而成的一种新技术；机电一体化产品是利用机电一体化技术设计开发的由机械单元、动力单元、微电子控制单元、传感单元和执行单元等组成的单机或系统，它既不同于传统的机械产品，也不同于普通的电子产品，主要有如下几种类型。

（1）功能替代型产品　功能替代型产品的主要特征是在原有机械产品的基础上采用电子装置替代机械控制系统、机械传动系统、机械信息处理系统和机械的主功能，实现产品的多功能和高性能，具体如下：

1）将原有的机械控制系统和机械传动系统用电子装置替代。例如，数控机床就是用微型计算机控制系统和伺服驱动系统替代传统的机械控制系统和机械传动系统，使其在质量、性能、功能、效率和节能等方面与普通机床相比都有很大的提高。此外，还有电子缝纫机、电子控制的防滑制动装置、电子式照相机和全自动洗衣机等都属于此类功能替代型产品。

2）将原有的机械式信息处理机构用电子装置替代，如石英钟、电子钟表、全电子式电话交换机、电子秤、电子计费器和电子计算器等。

3）将原有机械产品本身的主功能用电子装置替代。例如，线切割机床、电火花加工机床和激光手术刀代替了原有的机械产品主功能——刀具的切削功能。

（2）机电融合型产品　机电融合型产品的主要特征是应用机电一体化技术开发出的机电有机结合的新一代产品，如数字式摄像机、磁盘驱动器、激光打印机、CT 扫描诊断仪、物体识别系统和数字式照相机等。这些产品单靠机械技术或微电子技术无法获得，只有当机电一体化技术发展到一定程度时才有可能实现。

随着科学技术的发展，机电一体化技术已从原来以机械为主拓展到机电结合，机电一体化产品的概念不再局限在某一具体产品的范围，而是扩大到控制系统和被控制系统相结合的产品制造和过程控制的大系统，如柔性制造系统（FMS）、计算机集成制造系统（CIMS）以及各种工业过程控制系统。此外，对传统的机电设备做智能化改造等工作也属于机电一体化的范畴。

### 5.1.2 机电一体化系统的基本组成要素

机电一体化系统的形式多种多样，其功能也各不相同。较完善的机电一体化系统应包括以下几个基本功能要素：机械单元、执行单元、动力单元、检测单元、控制与信息处理单元，各要素之间通过接口相联系。

**1. 机械单元**

机械单元是系统所有功能要素的机械支撑结构，一般包括机身、框架、支承、连接等，以此实现系统的构造功能。

**2. 执行单元**

执行单元包括执行元件和机械传动机构。执行元件通常基于电气、机械、流体动力或气动，根据控制及信息处理部分发出的指令，把电气输入转化为机械输出，如力、角度和位置，完成规定的动作，实现系统的主功能。

**3. 动力单元**

动力单元为系统提供能量和动力，并依据系统控制要求将输入能量转换成需要的形式，实现动力功能。

**4. 检测单元**

检测单元包括各种传感器和信号处理电路，对系统运行时的内部状态和外部环境进行检测，提供控制所需的各种信息，实现检测功能。

**5. 控制与信息处理单元**

控制与信息处理单元是机电一体化系统的核心部分，它将来自各传感器的检测信息和外部输入命令进行集中、存储、分析、加工，根据信息处理结果，按照一定的程序发出相应的控制信号，通过输出接口送往执行单元，控制整个系统有目的地运行，并达到预期的性能。控制与信息处理单元一般由计算机、可编程序控制器（PLC）、数控装置，以及逻辑电路、A/D 与 D/A 转换、输入/输出（I/O）接口和计算机外部设备等组成。

机电一体化系统的五大基本功能要素在工作中各行其职，相互协调、补充，共同完成目的功能，即在机械单元的支撑下，由检测单元检测运行状态及环境变化，将信息反馈给计算机进行处理，并按要求控制动力单元驱动执行机构工作，完成要求的动作。其中控制与信息处理单元在软、硬件的保证下，完成信息的采集、传输、存储、分析、运算、判断、决策，以达到信息控制的目的。对于智能化程度高的信息控制系统，还包含了知识获得、推理机制以及自学习功能等知识驱动功能。

### 5.1.3 机电一体化的相关技术

从工程学角度，机电一体化技术是微电子学、机械学、控制工程、计算技术等多学科综合发展的产物，是利用多学科方法对机械产品与制造系统进行设计的一种集成技术。机电一体化的主要相关技术可以归纳为以下六个方面。

**1. 机械技术**

对于绝大多数的机电一体化产品，机械本体在重量、体积等方面都占有绝大部分。这些机械结构的设计和制造问题都属于机械技术的范畴。在这方面除了要充分利用传统的机械技术，还要大力发展精密加工技术、结构优化设计方法、动态设计方法、虚拟设计方法等；研究开发新型复合材料，使机械结构减轻重量，缩小体积，改善在控制方面的快速响应特性；研究高精度导轨、高精度滚轴丝杠、具有高精密度的齿轮和轴承，以提高关键零部件的精度和可靠性；通过使零部件标准化、系列化、模块化以提高其设计、制造和维修的水平。

**2. 传感技术**

传感检测装置是机电一体化系统的感觉器官，即从被测对象那里获取能反映被测对象特征与状态的信息，它是实现自动控制、自动调节的关键环节，其功能越强，系统自动化程度就越高。传感检测技术的内容，一是研究如何将各种被测量（包括物理量、化学量和生物量等）转换为与之成比例的电量；二是研究对转换电信号的加工处理，如放大、补偿、标度变换等。

目前，传感器一方面向高灵敏度、高精度和高可靠性方向发展，另一方面向集成化、智能化和微型化的方向发展。

**3. 自动控制技术**

自动控制所依据的理论是自动控制原理（包括经典控制理论和现代控制理论），自动控制技术就是在此理论的指导下对具体控制装置或控制系统进行设计；设计后进行系统仿真，现场调试；最后使研制的系统可靠地投入运行。自动控制技术的目的在于实现机电一体化系统的目标最优化，由于控制对象的种类繁多，因此自动控制技术的内容极其丰富。机电一体化系统中的自动控制技术主要包括位置控制、速度控制、最优控制、自适应控制、模糊控制和神经网络控制等。

随着计算机技术的高速发展，自动控制技术与计算机技术也越来越密切相关，因而其成为机电一体化中十分重要的技术。

**4. 计算机与信息处理技术**

信息处理技术包括信息的交换、存取、运算、判断和决策等，实现信息处理的主要工具是计算机。计算机技术包括计算机硬件技术和计算机软件技术、网络与通信技术、数据库技术等。在机电一体化系统中计算机与信息处理装置相当于人的大脑，指挥整个系统的运行。基于微电子技术和计算机技术的信息处理技术是使机电一体化产品具有自动化、数字化和智能化的关键所在，也是促进机电一体化技术和产品发展最活跃的因素。近年来备受关注的人工智能技术、专家系统技术、神经网络技术等均属于计算机信息处理技术。

机电一体化系统中常用的计算机与信息处理装置包括微型计算机、单片机、可编程序控制器（PLC）、数字信号处理器（DSP）和其他与之配套的输入输出器件、显示器、存储芯片等。信息处理是否正确、及时，直接影响到机电一体化系统的工作质量和效率。因此，提高信息处理的速度，如采用小型大容量高速处理计算机或高速小功率运算部件；提高系统的可靠性，如采用自诊断、自恢复和容错技术；提高智能化程度，如采用人工智能技术、专家系统技术和神经网络技术等，都是机电一体化中信息处理技术的发展方向。

**5. 伺服驱动技术**

伺服驱动技术就是在控制指令的指挥下，控制驱动元件，使机械运动部件按照指令的要求进行运动，并具有良好的动态性能。伺服驱动装置包括电动、气动、液压等各种类型的驱动装置，由计算机通过接口与这些驱动装置相连，控制它们的运动，带动工作机械做回转、直线运动，以及其他各种复杂运动。伺服驱动技术是直接执行操作的技术，伺服驱动系统是实现电信号到机械动作的转换装置或部件，对系统的动态性能、控制质量和功能具有决定性的作用。

常见的伺服驱动系统主要有电气伺服驱动系统（如步进电动机、直流伺服电动机、交流伺服电动机等）和液压伺服驱动系统（如液压马达、脉冲液压缸等）两类。由于变频技术的发展，交流伺服驱动技术取得了突破性进展，这为机电一体化系统提供了高质量的伺服驱动单元，极大地促进了机电一体化技术的发展。

**6. 系统总体技术**

系统总体技术是一种从全局角度和系统目标出发，用系统的观点和方法将系统分解成若干个相互有联系的功能单元，找出能完成各个功能的技术方案，并将其进行分析、评价和优化的综合应用技术。

系统总体技术涉及许多方面，如接口技术、模块化设计技术、整体优化技术、软件并发技术、微机应用技术和成套设备自动化技术等。机电一体化系统作为一个整体，使各个部分的性能、可靠性都很好，如果整个系统不能很好地协调，它也很难保证正常、可靠地运行。而性能一般的元件，只要从系统出发，组合得当，也可能构成性能优良的系统。

### 5.1.4 机电一体化技术的主要特征与发展趋势

**1. 机电一体化技术的主要特征**

（1）系统具有综合性　机电一体化技术由机械技术、电子技术、微电子技术和计算机技术等有机结合形成的一门跨学科的综合技术，它强调各种相关技术（特别是微电子技术与精密机械技术）的协同和集成，而不是机械技术、微电子技术以及其他新技术的简单组合、拼凑，这是机电一体化与机械加电气所形成的机械电气化在概念上的根本区别。机电一体化是将工业产品和过程利用各种相关技术综合成一个完整的系统，在这一系统中，它们彼此相互苛刻要求，又取长补短，实现产品内部各部分合理匹配、多种技术功能复合和整体效能最佳。

（2）整体结构最优化　机电一体化系统的设计是从系统工程观点出发，充分利用新技术及其相互交叉融合的优势，实现机电一体化系统（或产品）的高附加值、高效率、高性能、省材料、省能源、低损耗、低污染、省时省力等。为了实现某一功能，机电一体化产品可以从机械、电子、软件、硬件等方面去考虑和合理分配。比如，要达到变速的目的，传统的机械产品用齿轮变速器来实现变速功能，增加变速级数就需要一系列齿轮来组成不同的变速比。机电一体化产品中可以用轻便的电子调速装置来代替笨重的齿轮变速箱，或者用软件替代传统的靠模来实现更为复杂的控制规律，无须改变机械结构。又如，采用数控机床、柔性生产线、工业机器人和计算机管理等高级机电一体化技术和系统以后，可根据生产订单需求及时调整工艺路线和加工程序，无须变动生产设备，从而大大节约了生产成本，缩短了生产周期。

（3）系统控制智能化　将电气技术引入机械技术形成的机械电气化仍属传统工业自动化，其主要功能是代替和放大人的体力。发展到机电一体化后，可以依靠微型计算机控制系统实现预定的动作与功能。大多数机电一体化系统都具有自动检测、自动处理信息、自动显示记录、自动调节与控制、自动诊断与保护等功能。有些高级机电一体化系统还具有自学习、自校正功能，能根据环境参数变化自调节、自适应、自寻优，以实现最优化工作状态和最佳操作。可以说，机电一体化产品不仅是人的手与肢体的延伸，还是人的感官与头脑的延伸。具有智能化的特征是机电一体化与机械电气化在功能上的本质区别。

（4）操作性能柔性化　柔性是机电一体化系统的特点。这种柔性不仅体现在系统对不断变化的用户需求，具有很强的可调整性和适应性，也体现在系统实际使用过程中对外界条件变化有很强的抗干扰能力和适应能力。前者可通过程序的调整修改来变更执行机构的动作规律，改变生产流程；后者可通过控制模型和算法的调整进行修改，提高系统的控制性能。例如，数控机床、电梯自动控制系统、智能机器人等。还可以通过建立良好的人-机界面，获得良好的使用效果。机电一体化系统的先进性是和功能强、性能优、操作简便、人机协作关系好相互联系在一起的。

**2. 机电一体化技术的发展趋势**

机电一体化是集机械、电子、光学、控制、计算机、信息等多学科的交叉融合，它的发展和进步依赖于相关技术，同时也促进相关技术的发展和进步。因此，机电一体化的主要发展方向为：

（1）智能化　智能化是21世纪机电一体化技术发展的主要方向。这里所说的智能化是对机器行为的描述，是在控制理论的基础上，吸收人工智能、运筹学、计算机科学、模糊数学、心理学、生理学和混沌动力学等新思想、新方法，模拟人类智能，以求得到更高的控制目标。

（2）模块化　机电一体化产品的种类和生产厂家繁多，研制和开发具有标准机械接口、电气接口、动力接口、环境接口的模块化机电一体化产品单元是一项十分复杂但又非常重要的事情。利用模块化的标准单元迅速开发出新的产品，扩大生产规模，将给机电一体化企业带来美好的前景。

（3）网络化　计算机技术的突出成就是网络技术，各种网络将全球经济、生产连成一片，企业间的竞争也实现全球化。由于网络的普及，基于网络的各种远程控制和监视技术方兴未艾，而远程控制的网络化终端设备就是机电一体化产品。

（4）微型化　微型化指的是机电一体化向微型化和微观领域发展的趋势。微机电一体化产品指的是几何尺寸不超过1mm的机电一体化产品，其最小体积近期将向微米、纳米范畴进发。微机电一体化发展的瓶颈在于微机械技术。微机电一体化产品的加工采用精细加工技术，即超精密技术，包括光刻技术和蚀刻技术两类。

（5）绿色化　21世纪的主题词是“环境保护”，绿色化是时代的趋势。绿色产品在其设计、制造、使用和销毁的生命周期中，要符合特定的环境保护和人类健康的要求，对生态环境无害或危害极少，资源利用率最高。机电一体化产品的绿色化主要是指使用时不污染生态环境。

（6）人格化　未来的机电一体化会更加注重产品与人的关系，即人格化。机电一体化产品的最终使用对象是人，赋予机电一体化产品人的智慧、情感、人性愈加重要，特别是对家用机器人，其高层境界就是人机一体化。

### 5.1.5 机电一体化系统设计开发过程

**1. 机电一体化设计方法**

传统的设计方法和各种现代设计方法是普遍适用的，当然也适用机电一体化产品的设计。而机电产品的机电一体化设计方法又是现代设计方法的重要组成部分。机电一体化是机械技术、电子技术和信息技术的有机结合，需考虑哪些功能由机械技术实现，哪些功能由电子技术实现，进一步还需考虑电子技术中哪些功能由硬件实现，哪些功能由软件实现；存在着机电有机结合如何实现，机、电、液传动如何匹配，机电一体化系统如何进行整体优化等不同于传统机电产品设计的一些特点。

（1）模块化设计方法　机电一体化产品或设备可设计成由相应与五大基本功能要素的功能部件组成，也可以设计成由若干功能子系统组成，每个功能部件或功能子系统又包含若干组成要素。这些功能部件或功能子系统经过标准化、通用化和系列化，就成为功能模块。每一个功能模块可视为一个独立体，设计时只需了解其性能规格按其功能选用，而无须了解其结构细节。作为机电一体化产品或设备要素的电动机、传感器和微型计算机等都是功能模块的实例。

（2）柔性化设计方法　将机电一体化产品或系统中完成某一功能的检测传感元件、执行元件和控制器做成机电一体化的功能模块，如果控制器具有可编程序的特点，那该模块就成为柔性模块。例如，凸轮机构可实现位置控制，但这种控制是刚性的，一旦运动，则难以调节，若采用伺服电动机驱动，则可以使机械装置简化，且利用电子控制装置可以进行复杂的运动控制，以满足不同的运动和定位要求。采用计算机编程还可以进一步提高该驱动模块的柔性。

（3）取代设计方法　取代设计方法又称为机电互补设计方法。该方法的主要特点是利用通用或专用电子器件取代传统机械产品中的复杂机械部件，以便简化结构，获得更好的功能和特性。

1）用电力电子器件或部件与电子计算机及软件相结合取代机械式变速机构，如用变频调速器或直流调速装置代替机械减速器、变速器。

2）用 PLC 取代传统的继电器控制柜，大大减小了控制模块的重量和体积，并被柔性化。可编程序控制器便于嵌入机械结构内部。

3）用电子计算机及控制程序取代凸轮机构、插销板、拨码盘、步进开关和时间继电器等，以弥补机械技术的不足。

4）用数字式、集成式（或智能式）传感器取代传统的传感器，以提高检测精度和可靠性。智能传感器是把敏感元件、信号处理电路与微处理器集成在一起的传感器。集成式传感器有集成式磁传感器、集成式光传感器、集成式压力传感器和集成式温度传感器等。

取代设计方法既适用于旧产品的改造，也适用于新产品的开发。例如，可用单片机应用系统（微控制器）、PLC 和驱动器取代机械式变速（减速）机构、凸轮机构、离合器，以代替插销板、拨码盘、步进开关和时间继电器等。

（4）融合设计方法　融合设计方法是把机电一体化产品的某些功能部件或子系统设计成该产品所专用的部件或子系统的方法。用这种方法可以使该产品各要素和参数之间的匹配问题考虑得更充分、更合理、更经济、更能体现机电一体化的优越性。融合设计方法还可以简化接口，使彼此融为一体。例如，激光打印机中就把激光扫描镜的转轴与电动机轴制作成一体，使结构更加简单、紧凑。在金属切削机床中，把电动机轴与主轴部件制作成一体，是驱动器与执行机构相结合的又一实例。

（5）优化设计方法

1）机械技术和电子技术的综合与优化。随着机械结构的日益复杂和制造精度的不断提高，机械制造的成本显著增加，仅依靠机械本身的结构和加工精度来实现高精度和多功能的要求是不可能的。而对于同样的功能，有时既可以通过机械技术来实现，也可以通过电子技术和软件技术来实现。这就要求设计者既要掌握机械技术，又要掌握电子技术和计算机技术，站在机电有机结合的高度，对机电一体化产品或系统通盘考虑，加以优化。

2）硬件和软件的交叉与优化。在机电一体化系统中，有些功能既可以通过硬件来实现，也可以通过软件来实现。究竟采用哪一种方法来实现，这也是对机电一体化产品或系统进行整体优化的重要问题之一。这里所说的硬件应该包括两个方面，一方面是电子电路，另一方面是机械结构。

3）机电一体化产品的整体优化。以计算机为工具，非线性数学规划为方法的优化设计是普遍适用的，即首先建立机电一体化系统的数学模型，确定变量，拟定目标函数，列出约束条件，然后选择合适的计算方法，如搜索法、复合型法、可行方向法、惩罚函数法、坐标轮换法、共轭梯度法等，然后编制程序，用计算机求出最优解。但由于机电一体化系统的复杂性，目前还无法找到一个通用的机电一体化数学模型来对机电一体化产品进行整体优化，而只能针对具体产品、具体问题进行优化求解。

**2. 机电一体化系统的设计流程**

机电一体化系统设计是一项复杂的系统工程。按照系统工程的方法论和并行设计模式，从产品生命周期观点出发，机电一体化设计不仅要考虑高质量产品的生产，而且要考虑产品的维护，即在产品设计阶段就要考虑生命周期因素。一些重要的生命周期因素有可靠性、可维护性、适用性、可升级性、可交付性、可回收处理性等。因此，产品设计过程包括了从概念到回收的整个过程。按照产品生命周期，机电一体化产品的开发过程可分为以下几个阶段。

（1）可行性论证

1）需求分析，包括市场调查、资料收集、需求分析等。

2）可行性分析，包括市场前景预测、可行性论证、技术经济性分析等。

3）拟订设计目标及初步技术规范，形成设计任务书，包括用途、工作方式、主要参数及技术性能指标、使用环境等。

4）专家评审。对可行性报告进行评估，若通过，则进入初步设计阶段，否则需重新论证。

（2）初步设计

1）总体方案设计，包括系统原理方案的构思、结构方案的设计、总体布局设计、制订研制计划、开发经费概算、开发风险分析等。

2）初步方案的评价、评审。邀请有关专家按照“设计目标及技术规范要求”对总体设计方案进行评审，对设计结果做出评价并提出改进意见。若不通过，则需重新做总体方案。

3）原理模型数学建模（理论分析）。按照初步方案的评审意见对初步设计结果做出修改后进行理论分析，进行数学建模、仿真分析和优化。

（3）详细设计

1）功能与结构分析。按集成化和模块化设计理论，把系统划分成若干个功能模块，明确各个模块之间的接口任务。

2）模块化设计。进行各功能模块的详细设计，包括具体结构设计、控制原理图设计和元器件选型、软件设计等。

3）详细设计方案评价。邀请专家、用户对详细设计方案进行评审，根据评审意见对详细设计方案进行局部修改后进入下一阶段，若不通过，则需重新详细设计或模型分析。

（4）系统实施

1）试制样机，包括机械本体、执行机构、动力驱动系统、能源系统、控制系统、传感检测系统的加工、装配和调试，完成可以用于试验和测试的产品样机。

2）样机试验与测试、试运行。根据设计任务书和验收标准，对样机进行技术和性能指标测试，直至通过验收，否则需重新修改设计方案或改进制造方法。

3）技术评价与审定。组织专家及用户对样机进行技术评价与审定，根据审定意见对详细设计结果进行修改，进入小批量试产试销，若不通过，则需返回重新试制样机，甚至重新进行详细设计或理论分析。

4）小批量生产、试销。

5）产品定型，制定标准。

（5）运行和维护　开展批量生产、销售，进行售后服务，定期运行维护、故障检修，直至达到产品的使用寿命或更新换代，对产品进行报废，回收再利用。

为确保工程质量，应及早发现设计中存在的问题，提高开发效率。根据生命周期法要求，机电一体化设计的每个阶段结束时都要经过评审，评审通过后才能进入下一阶段。这样可以有效避免或减少重大决策失误，降低风险和损失，同时也利于增强参与人员的全局意识和系统观念。

## 5.2 机械系统设计

### 5.2.1 机电一体化产品的机械系统组成

传统的机械（或机电）系统和机电一体化系统中的机械系统的主要功能都是要完成一系列的机械运动，但由于它们的组成不同，导致它们实现运动的方式也不同。传统机械（或机电）系统一般由动力件、传动件、执行件三部分再加上电气、液压和机械控制等部分组成；而机电一体化系统中的机械系统则是由计算机协调与控制，用于完成包括机械力、运动和能量流等动力学任务的机械和（或）机电部件信息流相互联系的系统，技术核心是计算机控制，包括机、电、液、光、磁等技术的伺服系统。因此，机电一体化系统对机械装置具有更高的要求。一个典型的机电一体化产品的机械系统主要包括以下部分。

**1. 机械传动机构**

机电一体化机械系统中的传动机构的主要功能是传递能量和运动，因此，它实际上是一种力、速度变换器。机械传动部件对伺服系统的伺服特性有很大的影响，特别是其传动类

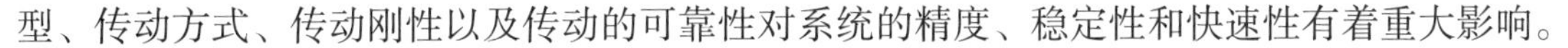

型、传动方式、传动刚性以及传动的可靠性对系统的精度、稳定性和快速性有着重大影响。

**2. 导向机构**

导向机构的作用是支承和限制运动部件按给定的运动要求和运动方向运动，为机械系统中各运动装置安全、准确地完成其特定方向的运动提供保障。

**3. 执行机构**

执行机构是根据操作指令的要求在动力源的带动下，完成预定操作。一般要求它具有较高的灵敏度、精确度，良好的重复性和可靠性等。

### 5.2.2　机电一体化对机械系统的设计要求

机电一体化机械系统与一般的机械系统相比，除要求具有较高的制造精度，还应具有良好的动态响应特性，即快速响应和良好的稳定性。

**1. 高精度**

机电一体化产品的技术性能、功能和工艺水平与普通机械产品相比均有大幅度提高。其中，机械系统本身的高精度是首要的要求，若精度不能满足要求，则无论采用何种控制方式，也不能达到机电一体化产品的设计要求。传动精度主要受传动件的制造误差、装配误差、传动间隙和弹性变形的影响。

**2. 快速响应**

机电一体化系统的快速响应就是要求机械系统从接到指令到开始执行指令所经过的时间间隔短，这样系统才能精确完成预定的任务要求，控制系统也能及时根据机械系统的运行情况得到信息，下达指令，使其准确地完成任务。影响机械系统快速响应的主要参数是系统的阻尼比和固有频率。

**3. 良好的稳定性**

机电一体化系统的稳定性是指其工作性能不受外界环境影响和抗干扰的能力。对于稳定的伺服系统，扰动信号消失后，系统能够很快恢复到原有的稳定状态下运行；反之则表示系统易受干扰，甚至可能产生振荡。机械传动部件的转动惯量、刚度、阻尼、固有频率等因素皆对系统的稳定性产生影响，这些参数要合理选择，做到互相匹配。此外，机电一体化系统的稳定性还要求机械系统具有体积小、重量轻、可靠性高和寿命长等特点。

### 5.2.3　机械传动部件功能要求

机电一体化系统中常用的机械传动机构有螺旋传动、齿轮传动、同步带传动、高速带传动、各种非线性传动等。传动部件直接影响机电一体化系统的精度、稳定性和快速响应性，因此，应设计和选择满足传动间隙小、精度高、摩擦小、体积小、重量轻、运动平稳、响应速度快、传递转矩大、谐振频率高，以及与伺服电动机等其他环节动态性能相匹配等要求的传动部件。随着机电一体化技术的发展，要求传动机构不断适应新的技术要求，具体有三个方面要求。

**1. 精密化**

对于某种特定的机电一体化产品，应根据性能的需要提出适当的精密度要求，虽然不是越精密越好，但由于要适应产品的高定位精度等性能要求，对机械传动机构的精密度要求也越来越高。

**2. 高速化**

产品工作效率的高低，直接与机械传动部分的运动速度相关。因此，机械传动机构应能适应高速运动的要求。

**3. 小型化、轻量化**

随着机电一体化系统（或产品）精密化、高速化的发展，必然要求其传动机构小型化、轻量化，以提高运动灵敏度（响应性）、减小冲击、降低能耗。为与电子部件的微型化相适应，也要尽可能做到使机械传动部件短小、轻薄化。

### 5.2.4 机械传动部件设计内容

机械传动部件的设计包括系统设计和结构设计两个方面。其具体设计内容如下：

1）估算载荷。

2）选择总传动比，选择伺服电动机。

3）选择传动机构的形式。

4）确定传动级数，分配各级传动比。

5）配置传动链，估算传动链精度。

6）传动机构结构设计。

7）计算传动装置的刚度和结构的固有频率。

8）做必要的工艺分析和经济分析。

## 5.3 执行系统设计

### 5.3.1 执行系统功能要求

执行系统是直接完成各种工艺动作或生产过程的系统。执行系统要根据控制指令，用动力系统提供的能量和动力，通过传动系统的传动，直接完成系统预定的工作任务。执行系统的方案设计是机电一体化系统总体方案设计中极其重要又极富创造性的环节，直接影响机电一体化系统的性能、结构、尺寸、质量及使用效果等。执行系统设计需要满足以下要求。

**1. 实现预期精度的运动**

为了使执行系统完成工作任务，执行构件必须实现预期的运动。这不仅要满足运动或动作形式的要求，而且要保证一定的精度。但盲目地提高精度，无疑会使成本提高，增加制造和安装调试的难度。因此，设计执行机构时，应根据实际需要来定出适当的精度。

**2. 有足够的强度与刚度**

动力型执行系统中的每一个零部件都应有足够的强度和刚度。强度不足会使零部件损坏，使执行系统工作中断。刚度不足会产生过大的弹性变形，也会使执行系统不能正常工作。但强度和刚度的计算并非对任何执行系统都是必需的，对受力较小、主要是实现动作的执行系统，零部件的尺寸通常需根据工作和结构的需要确定。

**3. 各执行机构间的运动要协调**

设计相互联系型执行系统时，要保证各执行机构间运动的协调与配合，以防止因动作不协调而造成执行机构的相互碰撞、干涉或工序倒置等事故。因此，在设计相互联系型执行系统时，需要绘制工作循环图来表明各个执行机构中执行构件运动的先后次序、起止时间和工作范围等，以保证各执行机构间运动的协调与配合。

**4. 结构合理、造型美观、制造与安装方便**

在满足零部件强度、刚度及精度要求的同时，设计中也应充分考虑它们的结构工艺性，使其便于制造和安装。要从材料选择、确定制造过程和制造方法着手，以期望用最少的成本制造出合格的、造型美观的产品。

**5. 工作安全可靠、使用寿命长**

工作安全可靠、使用寿命长，即在一定的使用期限和预定环境下，能正常工作，不出故障，使用安全，便于维护和管理。执行系统的使用寿命与组成执行系统的零部件的使用寿命有关。一般以最主要、最关键零部件的使用寿命来确定执行系统的使用寿命。

除上述要求，根据执行系统的工作环境不同，对执行机构还可能有防锈、防腐和耐高温等要求。由于执行机构通常都是外露的，且往往处于机电一体化系统的工作危险区，因此还需对执行机构设置必要的安全防护装置。

### 5.3.2　执行系统设计内容

**1. 功能原理设计**

根据执行系统预期实现的功能，考虑选择何种工作原理来实现这一功能要求，构思出所有可能的功能原理，加以分析比较，并根据使用要求或者工艺要求，从中选择出既能很好地满足功能要求，工艺动作又简单的工作原理。

**2. 运动规律设计**

运动规律设计包含两个方面的内容：工艺动作分解和运动方案选择。工艺动作分解是运动规律设计的基础。工艺动作分解的方法不同，得到的运动规律和运动方案也不同。同一个工艺动作可以分解成各种简单运动，在很大程度上它们决定了执行系统的特点、性能和复杂程度，运动规律设计时，应综合考虑各方面的因素，根据实际情况对各种运动方案加以认真分析和比较，从中选出最佳运动方案。

**3. 执行机构形式设计**

执行机构的作用是传递和变换运动，而实现某种运动变换可选择的执行机构并不是唯一的，需进行分析、比较，以合理选择。设计时，一方面，要根据执行构件的运动或动作、受力大小、速度快慢等条件，并结合执行机构的工作特点进行综合分析，在满足运动要求的前提下，尽可能地缩短运动链，使执行机构和零部件数量减少，从而提高机械效率，降低成本；另一方面，应优先选用结构简单、工作可靠、便于制造和效率高的执行机构。常见运动特性及其对应的执行机构见表 5-1。

表 5-1　常见运动特性及其对应的执行机构

| 运动特性 | | 执行机构 |
|---|---|---|
| 连续转动 | 定传动比匀速 | 平行四杆机构、双万向联轴器机构、轮系、谐波齿轮传动机构、摩擦传动机构、挠性传动机构等 |
| | 变传动比匀速 | 轴向滑移圆柱齿轮机构、混合轮系变速机构、摩擦传动机构、行星无级变速机构、挠性无级变速机构等 |
| | 非匀速 | 双曲柄机构、转动导杆机构、单万向联轴器机构、非圆齿轮机构、某些组合机构等 |

（续）

| 运动特性 | | 执 行 机 构 |
|---|---|---|
| 往复运动 | 往复移动 | 曲柄滑块机构、移动导杆机构、正弦机构、移动从动件凸轮机构、齿轮齿条传动机构、楔块机构、螺旋机构、气动机构、液压机构等 |
| | 往复摆动 | 曲柄摇杆机构、双摇杆机构、摆动导杆机构、空间连杆机构、摆动从动件凸轮机构、某些组合机构等 |
| 间歇运动 | 间歇转动 | 棘轮机构、槽轮机构、不完全齿轮机构、凸轮式间歇运动机构、某些组合机构等 |
| | 间歇摆动 | 特殊形式的连杆机构、摆动从动件凸轮机构、齿轮-连杆组合机构、利用连杆曲线圆弧段或直线段组成的多杆机构等 |
| | 间歇移动 | 棘齿条机构、摩擦传动机构、从动件做间歇往复运动的凸轮机构、反凸轮机构、气动机构、液压机构、移动杆有间歇的斜面机构等 |
| 预定轨迹 | 直线轨迹 | 连杆近似直线机构、八杆精确直线机构、某些组合机构等 |
| | 曲线轨迹 | 利用连杆曲线实现预定轨迹的多杆机构、凸轮-连杆组合机构、行星轮系与连杆组合机构等 |
| 特殊运动要求 | 换向 | 双向式棘轮机构、定轴轮系（三星轮换向机构）等 |
| | 超越 | 齿式棘轮机构、摩擦式棘轮机构等 |
| | 过载保护 | 带传动机构、摩擦传动机构等 |
| | …… | …… |

**4. 执行构件设计**

机电一体化系统中，执行构件与工作对象直接接触，由于工作对象各不相同，执行构件的形状与结构多种多样。

（1）模仿人和其他生物的肢体或器官　这是最原始也是最巧妙的方法，如机器人的手部、腕部、臂部及其关节模仿人的肢体。某些机器人的脚模仿蜘蛛、螃蟹等多脚动物的脚等。

（2）根据工作对象的外形特征和物理化学特征确定执行构件的形状和结构　大多数执行构件均是如此。例如，机床的主轴与刀架、汽车的车轮等，与人和其他生物的肢体或器官毫无相似之处。

**5. 绘制工作循环图**

设计多个需要协同工作的执行机构时，要绘制工作循环图以表达和校核各执行构件间的协调与配合。首先要搞清楚各执行构件在完成工作时的作用和动作过程，运动或动作的先后顺序、起止时间及运动或动作范围，必要时还要给出它们的位移、速度和加速度，再根据上述的运动数据绘制工作循环图。

**6. 运动分析及强度、刚度计算**

有关内容在“机械原理”“机械设计”“材料力学”等课程中都已详细讨论过。这里要强调的是在设计中，执行机构和执行构件还应满足耐磨性和振动稳定性等方面的要求，而且在高温下工作时，还应考虑材料热力学性能的影响。

## 5.4 动力系统设计

### 5.4.1 动力系统概述

动力系统是机电一体化系统的心脏，承担着为系统提供能源和动力的任务。随着伺服技术的发展，系统对动力元件的要求越来越高，要求动力元件达到更高的精度、稳定性，并具有更好的响应特性，高性能机电一体化产品更是对动力元件的性能提出了挑战。电力电子技术和现代控制理论的发展，使得动力元件的驱动和控制方法更多、结构更复杂。因此，在选型或使用的过程中，不但要熟悉各种动力元件的原理和特性，而且要掌握其驱动和控制方法，根据工程实际需要，合理、正确地选择、使用动力元件。

根据使用能量的不同，动力元件可以分为电气式动力元件、液压式动力元件和气压式动力元件等几种类型，如图 5-1 所示。

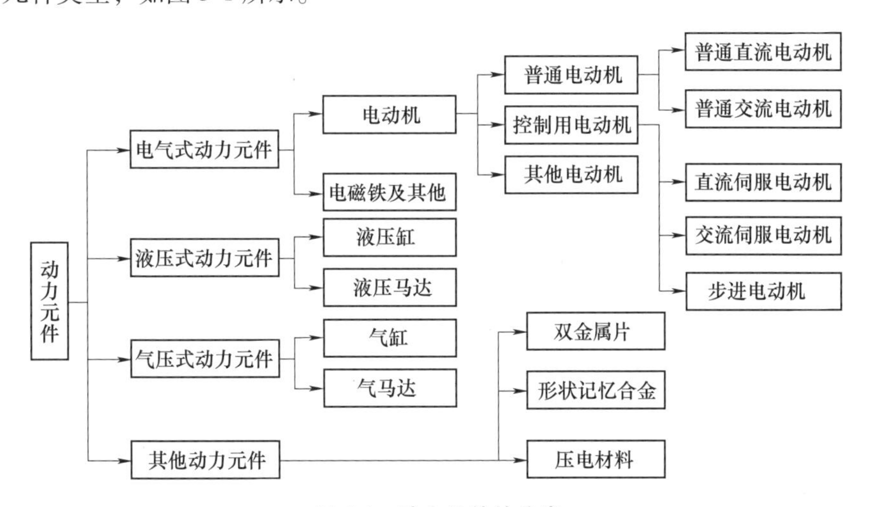


图 5-1　动力元件的分类

**1. 电气式动力元件**

电气式动力元件包括各种电动机、电磁铁等。其中，利用电磁力的电动机因简单、实用而成为常用的动力元件。电动机按使用电源不同可分为直流电动机和交流电动机两大类，按控制方式不同又可分为直流伺服电动机、交流伺服电动机和步进电动机。

**2. 液压式动力元件**

液压式动力元件主要有各种液压缸、液压马达等，其中液压缸占绝大多数。目前，已研制出各种数字式液压动力元件，如电液伺服马达和电液步进马达。这两种液压马达的最大优点是转矩比电动机的转矩大，可直接驱动执行机构，转矩惯量比大，过载能力强，适用于重载的高变速驱动。液压式动力元件在强力驱动和高精度定位时性能好，而且使用方便。电液伺服系统一般可采用电液伺服阀控制液压缸的往复运动。

**3. 气压式动力元件**

气压式动力元件除了工作介质是压缩空气，与液压式动力元件基本一样。典型的气压式动力元件有气缸、气马达等。气压驱动虽可得到较大的驱动力、行程和速度，但由于空气黏性差，具有可压缩性，故不能在定位精度要求较高的场合使用。

### 5.4.2 动力元件的选择

设计机电一体化系统时，选用哪种形式的动力元件主要从以下四个方面进行分析比较。

**1. 分析系统的负载特性和要求**

它包括系统的载荷特性、工作制度、结构布置和工作环境等。

**2. 分析动力元件本身的机械特性**

它包括动力元件的功率、转矩、转速等特性，以及动力元件所能适应的工作环境，应使动力元件的机械特性与系统负载特性相匹配。

**3. 进行经济性的比较**

当同时可用多种类型的动力元件驱动时，经济性分析是必不可少的，经济性的比较包括能源的供应和消耗的对比，动力元件的制造、运行和维修成本的对比等。

**4. 环境保护因素**

有些动力元件的选择还要考虑对环境的污染，包括空气污染和噪声污染等。例如，室内工作的系统使用内燃机作为动力元件就不合适。

根据各类动力元件的特点不同，选择时可进行各种方案的比较。首先确定动力元件的类型，然后根据系统的负载特性计算动力元件的容量。有时也可先预选动力元件，产品设计出来后再进行校核。

动力元件的容量通常是指其功率的大小。动力元件的功率 $P$(kW)、转矩 $T$(N·m) 与转速 $n$(r/min) 之间的关系为

$$P=\frac{Tn}{9549} \quad 或 \quad T=\frac{9549P}{n}$$

动力元件的容量一般由负载所需功率或转矩确定，动力元件的转速与动力元件至执行机构之间的传动方案选择有关。当具有变速装置时，动力元件的转速可高于或低于系统的转速。

## 5.5 检测系统设计

### 5.5.1 检测系统概述

**1. 检测系统的功能和基本组成**

检测系统是机电一体化系统中的一个重要组成部分，用于检测有关外界环境及自身状态及其变化实现检测功能。输出为电信号，输入为各种表征相关状态的物理量。按照输入的物理量不同可分为力、位移、位置、变形、温度、湿度和光度等检测；按照输出信号的形式不同可分为模拟信号和数字信号的检测。

模拟信号采集通道前端采用输出信号为模拟信号的传感器（如电阻式、电感式、磁电式、热电式等）。当传感器输出不是电量而是电参量时，需通过基本转换电路将其转换为电量，再通过相应的放大、调制解调、滤波和运算电路将需要的信号检测出来，传递给信息采集接口电路，进入控制系统或显示，其基本构成如图 5-2 所示。

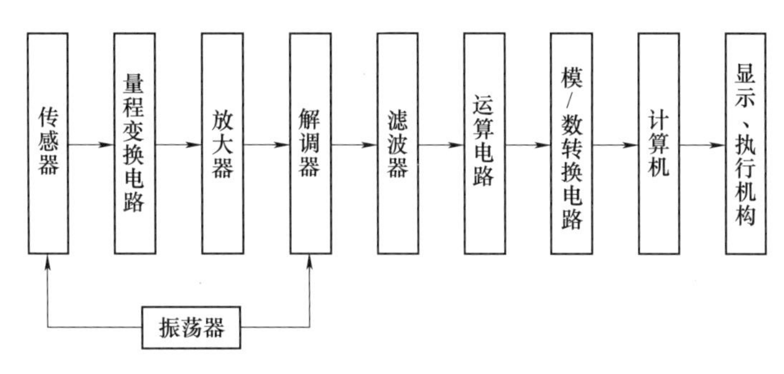


图 5-2　模拟信号采集通道构成

数字信号采集通道前端采用数字式传感器（如光栅、磁栅、容栅、感应同步器等），再经放大、整形后形成数字脉冲信号，并由细分电路进一步提高信号分辨率，脉冲当量变换电路对脉冲信号进行进一步处理，读出信号并送计数器和寄存器，或直接送控制器和显示，其基本构成如图 5-3 所示。

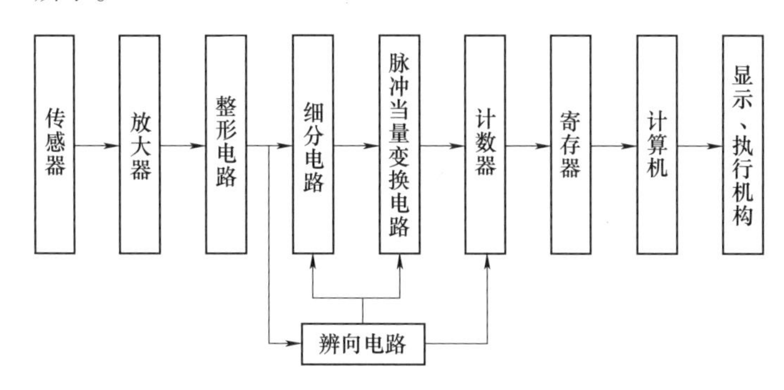


图 5-3　数字信号采集通道构成

**2. 检测系统的设计任务和要求**

检测系统设计的主要任务是：根据使用要求合理选用传感器，并设计或选用相应的信号检测与处理电路以构成检测系统；对检测系统进行分析与调试，使其在机电一体化产品中实现预期的功能。

机电一体化系统对检测系统在性能方面的基本要求是：精度、灵敏度和分辨率高，线性、稳定性和重复性好，抗干扰能力强，静态、动态特性好。除此之外，为了适应机电一体化产品的特点并满足机电一体化设计的需要，还对传感器及其检测系统提出一些特殊要求，如体积小、质量小、价格便宜、便于安装与维修、耐环境性能好等。这些要求也是在进行机电一体化系统设计时选用传感器，并设计相应的信号检测系统所应遵循的基本原则。

## 5. 5. 2　机电一体化系统常用的传感器

**1. 位移传感器**

位移传感器是一种非常重要的传感器，它直接影响着数控系统的控制精度，位移可分为角位移和直线位移两种，因此位移传感器也有与其对应的两种形式：直线位移传感器和角位移传感器。

直线位移传感器主要有：电感传感器、差动变压器传感器、电容传感器、感应同步器和光栅传感器等。

角位移传感器主要有：电容传感器、旋转变压器和光电编码盘等。电感传感器和电容传感器主要用于小量程和高精度的测量系统。

**2. 速度、加速度传感器**

（1）直流测速机速度检测　直流测速机是一种测速元件，它实际上是一台微型的直流发电机，直流测速机的特点是输出特性曲线斜率大、线性好，但由于有电刷和换向器，构造和维护比较复杂，摩擦转矩较大。

直流测速机在机电一体化系统中，主要用作测速和校正元件。使用中，为了提高检测灵敏度，尽可能地把它直接连接到电动机轴上。有的电动机本身就已安装了测速机。

（2）光电式转速传感器　光电式转速传感器是一种角位移传感器。

（3）加速度传感器　加速度传感器有多种形式，它们都是利用惯性质量受加速度所产生的惯性力而具有的各种物理效应，进一步转化成电量来间接度量被测加速度的。加速度传感器最常用的有应变式加速度传感器、电磁感应式加速度传感器、压电式加速度传感器等。

**3. 位置传感器**

位置传感器和位移传感器不一样，它的任务不是检测一段距离的变化量，而是通过检测判断检测量是否已到达某一位置。所以，不需要产生连续变化的模拟量，只需产生能反映某种状态的开关量即可。这种传感器常被用在机床上以进行刀具、工件或工作台的到位检测或行程限制，也经常用在工业机器人上。位置传感器分为接触式位置传感器和接近式位置传感器两种。接触式位置传感器是能获取两个物体是否已接触的信息的一种传感器；接近式位置传感器是用来判别某一范围内是否有某一物体的一种传感器。

### 5.5.3　传感器的选用原则

检测条件不同对传感器的要求也不同，传感器的选用原则可归纳为以下几点。

**1. 灵敏度**

传感器的灵敏度高，可感知小的变化量，被测量稍有微小变化时，传感器就有较大的输出。但是灵敏度越高，与测量信号无关的外界噪声也越容易混入，并且噪声也会被放大。因此，传感器往往要求有较大的信噪比。同时，过高的灵敏度会影响测量范围。

**2. 线性范围**

任何传感器都有一定的线性范围，在线性范围内，输出与输入成比例关系。线性范围越宽，表明传感器的工作量程越大。为了保证测量的精确度，传感器必须在线性区域内工作。然而任何传感器都不容易保证其绝对线性，某些情况下，在许可限度内也可以在其近似线性区域应用。

**3. 响应特性**

传感器的响应特性必须在所测频率范围内尽量保持不失真。但实际上传感器的响应总有迟延，迟延时间越短越好。一般光电效应、压电效应等物性型传感器响应时间小，可工作频率范围宽。而结构型传感器，如电感传感器、电容传感器和磁电式传感器等，由于受到结构特性的影响，往往由于机械系统惯性的限制，其固有频率低。

动态测量中，传感器的响应特性对测试结果有直接影响，选用时应充分考虑被测物理量的变化特点（如稳态、瞬变、随机等）。

**4. 稳定性**

传感器的稳定性是经过长期使用以后，其输出特性不发生变化的性能。影响传感器稳定性的因素是时间与环境。为了保证稳定性，在选用传感器之前，应对使用环境进行调查，以选择合适的传感器类型。在有些机械自动化系统中或自动检测装置中，所用的传感器往往是在比较恶劣的环境下工作，其灰尘、油剂、温度及振动等干扰是很严重的，传感器的选用必须优先考虑稳定性因素。

**5. 精确度**

传感器的精确度表示传感器的输出与被测量的对应程度。因为传感器处于测试系统的输入端，传感器能否真实地反映被测量，对整个测试系统具有直接影响。

然而，传感器的精确度也并非越高越好，因为还要考虑到经济性。传感器精确度越高，价格越昂贵，因此应从实际出发来选择。首先应了解测试目的是定性分析还是定量分析，如果属于相对比较性的试验研究，只需获得相对比较值即可，那么对传感器的精确度要求可低些。然而对于定量分析，为了获得精确量值，因而要求传感器有足够高的精确度。

## 5.6 控制系统设计

### 5.6.1 控制系统概述

**1. 控制系统的基本构成**

机电一体化控制系统从模拟控制系统发展到计算机控制系统，控制器的结构、控制器中的信号形式、控制系统的过程通道内容、控制量的产生方法、控制系统的组成观念均发生了重大变化。

将模拟自动控制系统中控制器的功能用计算机来实现，就形成了一个典型的计算机控制系统。图5-4所示的计算机控制系统由两个基本部分组成，即硬件和软件。硬件是指计算机本身及其外部设备。软件是指管理计算机的程序及生产过程应用程序。只有软件和硬件有机结合，计算机控制系统才能正常运行。

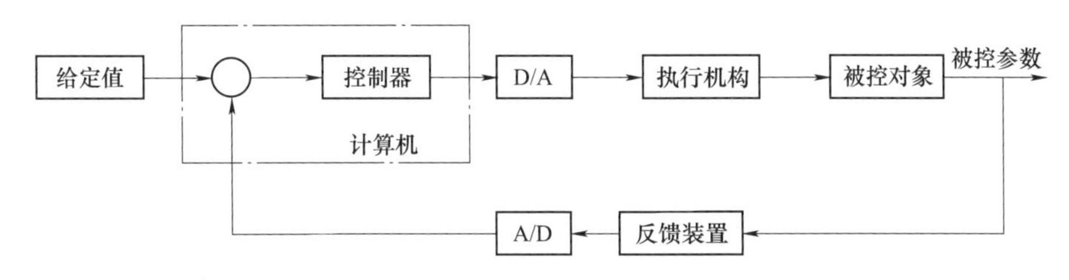


图5-4 计算机控制系统的基本组成

由于计算机控制系统中控制器的输入和输出是数字信号，而现场采集到的信号或送到执行机构的信号大多是模拟信号，因此与常规的按偏差控制的闭环负反馈控制系统相比，计算机控制系统需要有数/模转换和模/数转换这两个环节。计算机把通过测量元件、变送单元和模/数转换器送来的数字信号，直接反馈到输入端与设定值进行比较，再根据要求按偏差进行运算，所得到的数字量输出信号经过数/模转换器送到执行机构，对被控对象进行控制，使被控参数稳定在设定值上。

**2. 控制系统设计的基本要求**

（1）适用性　控制系统的性能必须满足生产要求，设计人员必须认真分析、重视实际控制系统的特殊性和具体要求。

（2）可靠性　控制系统具有能够无故障运行的能力，具体衡量指标是平均故障间隔时间（Mean Time Between Failure，MTBF）。一般要求平均故障间隔时间达到数千小时甚至数万小时。为了提高控制系统的可靠性，可从提高硬件和软件的容错能力入手。

（3）经济性　在满足任务要求的前提下，使控制系统的设计、制作、运行、维护成本尽可能低。

（4）可维护性　可维护性是指系统维护时的方便程度，包括检测和维护两个部分。为了提高可维护性，控制系统的软件应具有自检、自诊断功能，硬件结构及安装位置应方便检测、维修和更换。

（5）可扩展性　进行控制系统设计时，应考虑控制设备的更新换代、被控对象的增减变化，使控制系统能在不做大的变动的条件下能很快适应新的情况。采用标准总线、通用接口器件，设计指标留有余量，以及利用软件增大系统的柔性等，都是提高控制系统可扩展性的有效措施。

在这些要求中，适用、可靠、经济是最基本的设计要求，一个具体的机电一体化控制系统应根据具体任务对功能予以取舍。

### 5.6.2　控制系统设计的基本内容

构建机电一体化控制系统时，大致需经历以下设计与调试过程。

**1. 明确控制任务**

设计机电一体化控制系统之前，设计人员首先需要对被控对象工艺过程进行详尽的调研工作，根据实际调查分析的结果，将设计任务要求具体化，明确机电一体化控制系统所要完成的任务；然后用时间流程图或控制流程图来描述控制过程和控制任务，完成设计任务说明书，规定具体的系统设计技术指标和参数。

**2. 选择检测元件和执行机构**

在机电一体化控制系统中，检测元件和执行机构会直接影响系统的基本功能、运行精度以及响应特性。确定总体方案时，应选择适用于目标机电一体化控制系统的检测元件和执行机构，作为系统建模分析、选择微型计算机及其外部设备配置的依据。检测元件主要是各种传感器，选择时应同时注意信号形式、精度与适用频率范围。执行机构的确定应体现良好的工艺性，可进行多种方案的对比分析，注意发挥机电一体化系统的特点。

**3. 建立生产过程的数学模型**

为了保证机电一体化控制系统的控制效果，必须建立可以定量描述被控对象生产过程运行规律的数学模型。根据被控对象的不同，模型可以是脉冲或频率响应函数、代数方程、微分方程、差分方程、偏微分方程，或者它们的某种组合。复杂生产过程数学模型的建立，往往需要把理论方法与实践经验结合起来，采用某种程度的工程近似。数学模型建立后，可以再从生产过程仿真、异常工况的动态特性研究、控制方案设计等方面指导设计过程。

**4. 确定控制算法**

在数学模型的基础上，可根据选定的目标函数，应用控制理论的知识确定控制系统的基本结构和所需的控制规律。如果系统结构是多变量，就应尽量进行解耦处理。所得出的控制结构和控制规律通常都应通过计算机仿真加以验证与完善。特别是微型计算机控制系统，它的控制规律是由采样系统和数字计算机的程序软件实现的，必须对离散后控制算法的精度及稳定性进行验证。

**5. 控制系统总体设计**

控制系统总体设计的任务包括：微控制器类型及外围接口的选择；分配硬/软件功能；划分操作人员与计算机承担的任务范围；确定人机界面的组成形式；选择用于控制系统硬/软件开发与调试的辅助工具（如微机开发系统和控制系统的计算机仿真软件）；经济性分析等。控制系统的总体方案确定后，便可以用于指导具体的硬/软件的设计开发与调试工作。

**6. 控制系统硬/软件设计**

在控制系统硬/软件设计阶段，需完成具体实施总体方案所规定的各项设计任务。控制系统硬件设计任务包括接口电路设计、操作控制台设计、电源设计和结构设计等。在控制系统软件设计工作中，任务量最大的是应用程序的设计。某些输入/输出设备的管理程序往往可以选用标准程序。对于系统软件中不完备的部分，需结合实际自主开发。

控制系统硬件和软件的设计过程往往需同时进行，以便随时协调二者的设计内容和工作进度。应特别注意，微机控制系统中硬件与软件所承担功能的实施方案划分有很大的灵活性，对于同项任务，通过硬件、软件往往都可以完成，因此，这一设计阶段需要反复考虑，认真平衡硬件和软件的比例，及时调整设计方案。

### 5.6.3　常用控制单元

机电一体化控制系统的核心部件为控制单元，接口技术是控制系统内部数据流和外部数据流的重要桥梁。

进行微型计算机控制系统的总体设计时，面对众多的微型计算机机型，应根据被控对象和控制任务要求的特点进行合理的选择。常用控制单元及其优缺点、应用环境见表5-2。

表5-2　常用控制单元及其优缺点、应用环境

| 控制单元 | 优点 | 缺点 | 应用环境 |
|---|---|---|---|
| 单片机 | 体积小，设计简单，功能全，程序编写简单，成本低 | 速度慢，功能不强，精度低 | 教学场合和对性能要求不高的场合 |
| 嵌入式系统 | 功耗低，可靠性高，功能强大，性价比高，实时性强，支持多任务，占用空间小，效率高，具有更好的硬件适应性，即良好的移植性 | 系统资源有限，内核小，有限，软件对硬件的依赖性高，软件的可移植性差，对操作系统的可靠性要求较高，对开发人员的专业性要求较高 | 面向特定应用，可根据需要灵活定制，如汽车电子 |
| PLC | 抗干扰能力强，故障率低，易于扩展，便于维护，易学易用，开发周期短 | 成本相对较高，体系结构封闭，各PLC厂家硬件体系互不兼容，编程语言及指令系统也各异 | 开关量逻辑控制、工业过程控制、运动控制等 |

（续）

| 控制单元 | 优点 | 缺点 | 应用环境 |
|---|---|---|---|
| PC | 能实现原有PLC的控制功能，具有更强的数据处理能力、强大的网络通信功能，执行比较复杂的控制算法，具有近乎无限制的存储容量等 | 设备的可靠性、实时性和稳定性都较差 | 应用较为广，几乎可以用于控制系统涉及的所有工况环境，但用于特定环境需进行特殊保护 |

**1. 单片机/嵌入式系统**

微型计算机可分为两类：①独立使用的微型计算机系统（如个人机算机、各类办公用微机、工作站等）；②嵌入式微型计算机系统，它是作为其他系统的组成部分使用的，在物理结构上嵌于其他系统之中。嵌入式系统是将计算机硬件和软件结合起来，构成一个专门的计算装置，来完成特定的功能和任务。单片机最早是以嵌入式微控制器的面貌出现的，是系统中最重要和应用最多的智能器件。单片机以集成度和性价比高、体积小等优点在工业自动化、过程控制、数字仪器仪表、通信系统以及家用电器中有着不可替代的作用。

**2. 可编程控制器**

可编程控制器（PLC）是给机电一体化系统提供控制和操作的一种通用工业控制计算机。它应用面广、功能强大、使用方便，已经成为当代工业自动化的主要支柱之一。可编程控制器的英文名字是 Programmable Controller，缩写为 PC。为了与个人计算机的简称 PC 相区别，可编程控制器仍习惯简称为 PLC（Programmable Logic Controller）。PLC 具有通用性强、可靠性高、指令系统简单、编程简便、易学易于掌握、体积小、维修工作量少、现场连接方便、联网通信便捷等一系列显著优点，广泛应用于机械制造、冶金、采矿、建材、石油、化工、汽车、电力、造纸、纺织、装卸、环境保护等各业。

PLC 采用可编程存储器作为内部指令记忆装置，具有逻辑、排序、定时、计数及算术运算等功能，并通过数字或模拟输入/输出模块控制各种形式的机器及过程。PLC 不仅可以实现逻辑的顺序控制，还能接收各种数字信号、模拟信号，进行逻辑运算、函数运算、浮点运算和智能控制等。

**3. PC 控制机**

（1）普通 PC 控制机　普通 PC 控制机软件功能丰富，数据处理能力强，且配备有 CRT 显示器、键盘、键盘驱动器、打印机接口等。若利用这类微型计算机系统的标准总线和接口进行系统扩展，那么只需增加少量接口电路，就可以组成功能齐全的测控系统。当普通 PC 控制机用在工业现场用于微型计算机控制系统时，必须针对强电磁干扰、电源干扰、振动冲击等采取防范措施。因此，普通 PC 控制机宜用于数据采集处理系统、多点模拟量控制系统或其他工作环境较好的微型计算机控制系统，或者作为集散控制系统中的上位机，远离恶劣的环境，对现场控制的下位机进行集中管理和监控。

（2）工控 PC 控制机　为了克服普通 PC 控制机环境适应性和抗干扰性较差的弱点，出现了结构经过加固、元器件经过严格筛选、接插件结合部经过强化设计、有良好的抗干扰性、工作可靠性高并且保留了普通 PC 控制机的总线和接口标准以及其他优点的微型计算机，称为工业 PC 控制机。通常各种工业 PC 控制机都备有种类齐全的 PC 总线接口模板，包括数字量 I/O 板，模拟量 A/D、D/A 板，模拟量输入多路转换板，定时器板，计数器板，专用控制板，通信板以及存储器板等，为微型计算机控制系统的设计制作提供了极大的方便。

采用工控 PC 控制机组成控制系统，一般不需要自行开发硬件，软件通常都与选用的接口模板相配套，接口程序可根据随 PC 总线接口模板提供的示范程序非常方便地编制。由于工业 PC 控制机选用的微处理器及元器件的档次较高，结构经过强化处理，由它组成的控制系统的性能远高于由单板机、单片机、普通 PC 控制机组成的控制系统，但由它组成控制系统的成本也比较高。工业 PC 控制机宜用于需要进行大量数据处理、可靠性要求高的大型工业控制系统中。

### 5.6.4 常用控制系统接口技术

目前，接口已不是简单的硬件与硬件之间的通信协议，它被分为硬件接口与软件接口。如果没有特殊说明，硬件接口简称为接口。硬件接口是指同一计算机不同功能层之间的通信规则。软件接口是指对协定进行定义的引用类型，可以定义方法成员、属性成员、索引器和事件。

机电一体化控制系统通过接口将一个部件与另外的部件连接起来，实现一定的控制和运算功能。因此，接口就是机电一体化各子系统之间，以及子系统各模块之间相互连接的硬件及相关协议软件。一般情况下，以计算机控制为核心的机电一体化控制系统将接口分为人机交互接口（即人机接口）和机电接口（模拟量输入/输出接口）及总线接口。常见的接口分类如图 5-5 所示。

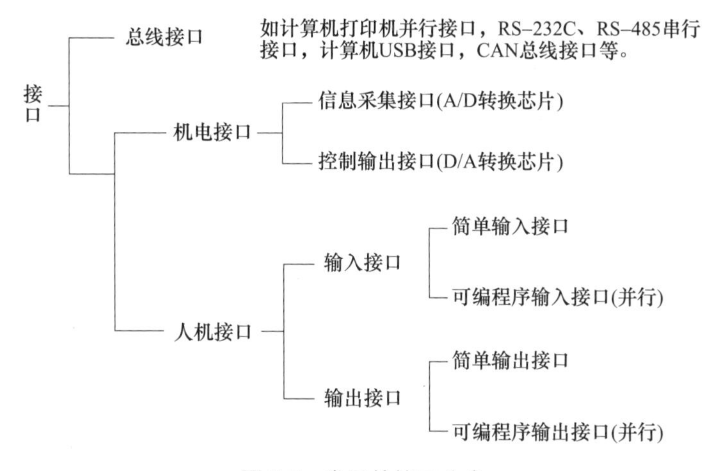


图 5-5 常见的接口分类

设计机电一体化产品时，一般应首先画出产品的结构框图，框图中的每一个方框代表一个设备，连接两个方框的直线代表两个设备间的联系，即接口，如图 5-6 所示。

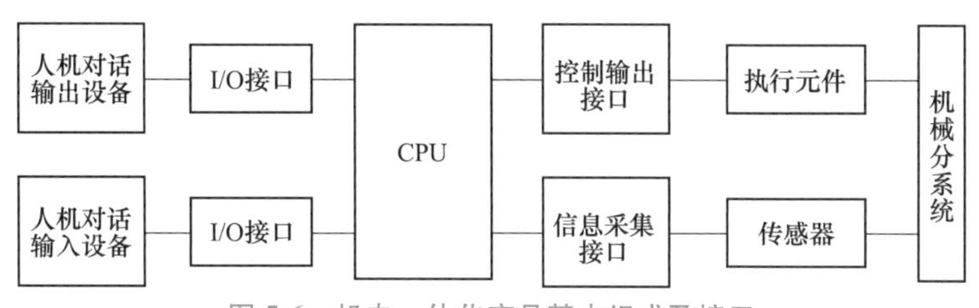


图 5-6 机电一体化产品基本组成及接口

人机对话输入和输出设备没有与 CPU 直接连接，而是通过 I/O 接口与 CPU 连接在一起。外部设备和 CPU 不能直接连接的原因有两个：①人机对话输入和输出设备和 CPU 的阻抗不匹配；②CPU 不能直接控制人机对话输入和输出设备（键盘等）的接通和关闭。

**1. CPU 接口**

对于任何一个机电一体化产品，一般都连接多个输入和输出设备。CPU 在工作时，由地址译码器分时选中不同的外部设备使其工作。常用的地址译码芯片有 74LS138 和 74LS139，它们的结构如图 5-7 所示。

**2. 人机接口**

人机接口实现人与机电一体化系统的信息交流，保证对机电一体化系统的实时监测和有效控制。人机接口包括输入接口与输出接口两类。通过输入接口，操作者向系统输入各种命令及控制参数，对系统运行进行控制；通过输出接口，操作者对系统的运行状态、各种参数进行检测。人机接口具备专用性和低速性的特点。

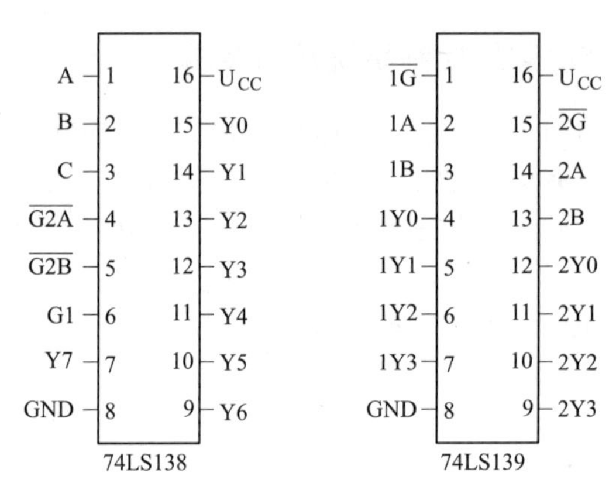


图 5-7 地址译码芯片 74LS138 和 74LS139 的结构

人机接口要完成两个方面的工作：一方面，操作者通过输入设备向 CPU 发出指令；另一方面，干预系统的运行状态，在 CPU 的控制下，用显示设备来显示机器工作状态的各种信息。

机电一体化产品中，常用的输入设备有开关、BCD 码拨盘、键盘等，常用的输出设备有指示灯、液晶显示器、微型打印机、CRT 显示器和扬声器等。

**3. 机电接口**

机电接口是指机电一体化产品中的机械装置与控制微型计算机之间的接口。按照信息的传递方向，机电接口可分为信息采集接口（传感器接口）和控制输出接口。计算机通过信息采集接口接收传感器输出的信号，检测机械系统运行参数，经过运算处理后，发出有关控制信号，然后经过控制输出接口的匹配、转换、功率放大、驱动执行元件，调节机械系统的运行状态，使机械系统按要求动作。

带有 A/D 和 D/A 转换电路的测控系统大致可用如图 5-8 所示的框图表示。

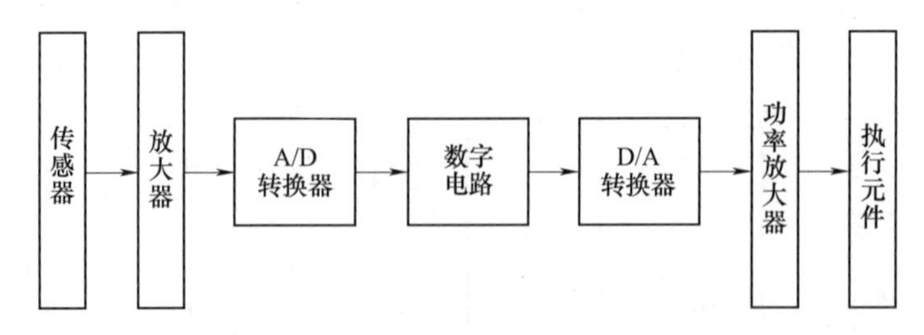


图 5-8 一般测控系统框图

**4. 总线接口**

总线是计算机各种功能部件之间传送信息的公共通信干线，是由导线组成的传输线束。总线是一种内部结构，它是 CPU、内存、输入设备、输出设备传递信息的公用通道，主机的各个部件通过总线相连，外部设备通过相应的接口电路与总线相连，从而形成了计算机硬件系统。因此，机电一体化控制系统从单机向多机发展，多机应用的关键是相互通信，特别是在远距离通信中，并行通信已显得无能为力，通常大都采用串行通信方法。总线接口主要包括串行通信和并行通信两种形式。

# 第 6 章　智能产品设计与开发

## 6.1 智能产品概述

### 6.1.1 智能产品发展现状

**1. 技术创新与突破**

智能产品的技术创新与突破是近年来行业发展的核心动力。包括人工智能、大数据、云计算、物联网在内的先进技术在智能产品中得到了广泛应用。智能语音助手、智能机器人、智能家居设备等产品不断涌现，展现出强大的技术实力和创新能力。

**2. 市场应用与普及**

随着技术的不断进步，智能产品逐渐渗透到人们的日常生活中。智能手机、智能穿戴设备、智能家电等产品的普及率逐年上升，市场规模持续扩大。此外，智能产品也逐步应用到教育、医疗、交通、工业等领域，为各行各业带来便利和效益。

**3. 用户体验与反馈**

用户体验是智能产品发展的重要考量因素。随着产品功能不断丰富和完善，用户对智能产品的期望也越来越高。产品界面友好、操作简便、性能稳定等成为用户关注的重点。同时，用户的反馈对于产品的优化和迭代具有重要意义，许多优秀的智能产品都是在用户反馈的基础上不断完善的。

**4. 行业竞争与合作**

智能产品行业竞争日益激烈，各大企业纷纷加大研发和创新力度，以争夺市场份额。同时，随着产业链上下游企业的合作日益紧密，跨界合作、产业融合成为行业发展的新趋势。

**5. 政策法规与监管**

政策法规和监管对智能产品的发展产生重要影响。近年来，各国纷纷出台相关法规，加强智能产品的监管和管理。这些法规旨在保护消费者权益、维护数据安全、促进公平竞争等方面。企业在发展过程中需要密切关注政策法规变化，确保合规经营。

**6. 发展瓶颈与挑战**

智能产品的发展也面临着一些瓶颈和挑战。首先，技术更新换代速度快，企业需不断投入研发，以跟上技术发展的步伐。其次，数据安全和隐私保护问题日益突出，企业需加强技术防范和管理措施。此外，市场竞争激烈、用户期望不断提高等因素也给企业发展带来一定压力。

**7. 未来趋势与预测**

智能产品的发展正处于一个充满机遇和挑战的阶段。展望未来，智能产品行业将继续保持快速发展的态势。随着 5G、物联网、人工智能等技术的进一步普及和应用，智能产品将更加智能化、互联化、个性化。同时，行业竞争将进一步加剧，企业需要不断提高技术创新能力、市场开拓能力和用户服务能力，以应对未来的挑战和机遇。

### 6.1.2　常见的智能产品

随着科技的进步，越来越多的智能电子产品出现在生活中，常见的智能产品包括扫地机器人、智能灯泡、家用炒菜机器人、擦玻璃机器人等。

**1. 扫地机器人**

扫地机器人是一种能自动吸尘的智能家用电器，其中，全能扫拖机器人还具有自动回洗拖布、自动集尘、银离子除菌、自动补水、热风烘干拖布等功能，清洁全程可无需人工干预。全能扫拖机器人如图 6-1 所示。

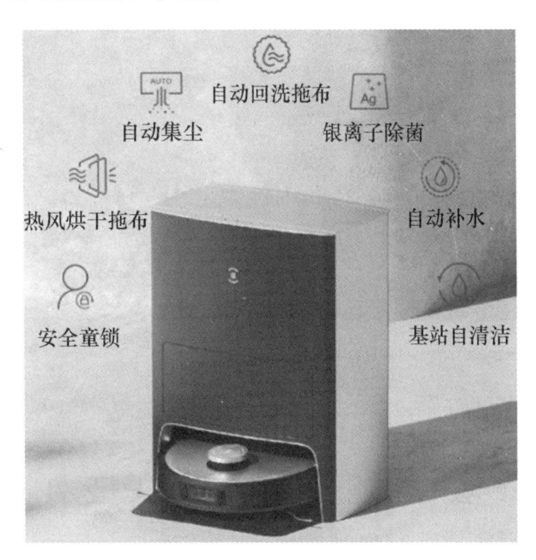


图 6-1　全能扫拖机器人

**2. 智能灯泡**

智能灯泡的亮度可通过按钮或遥控自由调节，也可利用手机 App 对智能灯泡远程控制，具有定时熄灯、远程开关、智能感应等功能。智能灯泡如图 6-2 所示。

图 6-2　智能灯泡

**3. 家用炒菜机器人**

家用炒菜机器人功能丰富，能实现炖、炒、烤、炸、蒸等功能。通过手机和炒菜机器人的网络连接，可以为炒菜机器人不断更新菜谱，指导使用者做菜，做菜过程中，自动翻炒免看管，省时省力。家用炒菜机器人如图 6-3 所示。

**4. 擦玻璃机器人**

通过 App 轻点一键擦窗，擦玻璃机器人可以灵敏探测边缘，自动进行气压补偿，保持机器稳定，自动擦净窗户。擦玻璃机器人如图 6-4 所示。

图 6-3　家用炒菜机器人

图 6-4　擦玻璃机器人

## 6.2　智能产品开发相关技术

智能产品设计之前，应知道一些基本的智能产品需要的技术。智能产品的技术不是某种单一技术，而是由不同技术构成的复杂技术体系，主要包括电子技术、自动化控制技术、互联网技术、大数据技术、云计算技术、物联网技术、人工智能技术等。这些技术既有所区别，又相互关联和渗透，呈现出复杂的结构。除了最基础的电子技术、自动化控制技术和互联网技术，智能产品更多地运用大数据技术、云计算技术、物联网技术和人工智能技术。

### 6.2.1　大数据技术和云计算技术

大数据（Big Data）是对世间一切人和物的数据收集、存储和整理，而数据包括数字、文字、声音和图像等形式。我国正处于数字经济发展的加速时期，国家和政府层面已经确认“数据”的重要性、安全性和开放共享的价值，是国家发展的生产要素之一。对于企业，数据的价值主要体现在：通过大数据为企业提供对市场现有状况和企业发展趋势的判断和预测，帮助企业优化消费群体的体验，最终提高企业的核心竞争力。目前大数据技术的应用非常广泛，它为通信、金融、交通、农业、教育、医疗、零售等行业提供了新的发展方向。在零售行业，通过大数据技术可以分析用户需求和行为习惯，从而为用户提供更好的产品和精准的服务。在医疗、通信行业，疫情期间采用大数据技术来分析高风险人群的行动轨迹，并进行空间和时间的交叉比对，找到与之有过交集的潜在风险人员，对遏制疫情的扩散起到了重要作用。

云计算（Cloud Computing）技术是一种以互联网为平台的计算方法，将数据存储于网络的云端服务器，方便远程数据操作和数据应用，它与传统的硬盘存储数据不同，因为它可以随时随地浏览和运用数据。云计算技术对于现代企业有着极其方便的优势，一方面，大大节省了企业对数据存储的硬件需求；另一方面，用户可以不用了解云计算的专业知识，就可以随时随地调用云端服务器的数据进行计算，达到方便快捷、省时省力的作用。

### 6.2.2　物联网技术

基于互联网技术、传感器技术、RFID 标签和嵌入式系统技术基础上的物联网（Internet of Things）技术是智能产品的重要技术。这一概念是 1999 年提出的。2009 年，物联网被列为中国新兴战略性产业之一。物联网受到政府和企业的极大关注。如果用云计算当做人的大脑，那么物联网就可以类比人的神经中枢。物联网把安装有各种信息传感设备的人和物，进行标注、识别和管理，在网络下进行互联和信息交流，并与外部互联网相连，实现智能化的物和物相连、人和物相连、人和人相连。物联网技术的种类很多，主要包含底层技术和应用技术两部分，底层技术主要分为物理层技术、通信层技术和系统层技术，应用技术则是终端用户层技术。智慧农业就是以物联网技术为基础，在农业各阶段添加底层技术，使得在产品的生产阶段能进行环境检测和记录，在加工仓储和物流配送阶段可以进行跟踪和记录，在销售阶段进行多渠道网络销售，在品控阶段可以对产品进行追溯和召回。

在人与物、人与人互连过程中，终端用户层技术发挥了重要作用，终端产品的界面和交互设计，是智能产品设计的可视化和交互的表现形式。物联网技术的发展为智能家居提供了强有力的支撑，尤其在全屋产品智能化的发展趋势下，各种智能家居产品的终端用户层技术成为新的关注对象。

### 6.2.3　人工智能技术

人工智能技术集合计算机科学、逻辑学、生物学、心理学和哲学等学科，在语音识别、图像处理、自然语言处理、自动定理证明及智能机器人等应用领域取得了显著成果，在提升效率、降低成本、优化人力资源结构及创造新的工作岗位需求方面带来了革命性的变革。

人工智能的核心技术包括计算机视觉技术、机器学习技术、自然语言处理技术和语音识别技术等。

**1. 计算机视觉技术**

计算机视觉技术的最终目标是让计算机能够像人一样通过视觉来认识和了解世界，其主要是通过算法对图像进行识别和分析。目前计算机视觉技术广泛应用于人脸识别和图像识别，该技术包含图像分类、目标跟踪和语义分割。

目标跟踪主要有三类算法：相关滤波算法、检测与跟踪相结合的算法以及基于深度学习的算法。基于深度学习的算法包括分类和回归两种算法。

语义分割是指理解分割后像素的含义，如识别图片中的人、摩托车、汽车及路灯等，它需要对密集的像素进行判别。卷积神经网络的应用推动了语义分割的发展。

**2. 机器学习技术**

机器学习技术是计算机通过对数据的学习来提升自身性能技术，按照学习方法的不同，机器学习技术可分为监督学习、无监督学习、半监督学习和强化学习。监督学习是指通过标注好标签的数据来预测新数据的类型或值，根据预测结果的不同可分为分类和回归。监督学习的典型方法有 SVM（支持向量机）和线性判别分析，回归问题是指预测出一个连续值的输出，例如，通过对房价的分析，对输入的样本数据进行拟合，根据得到的连续曲线来预测房价。

无监督学习是指在数据没有标签的情况下进行数据挖掘，主要体现在聚类，即根据不同的特征对没有标签的数据进行分类。

半监督学习可以理解为监督学习和无监督学习的综合，即在机器学习过程中使用有标签的数据和无标签的数据。

强化学习是一种通过与环境的交互来获得奖励，根据奖励的高低来判断交互的好坏，从而对模型进行训练的方法。

**3. 自然语言处理技术**

自然语言处理技术可以使计算机拥有认识和理解人类文本语言的能力，它是计算机科学与人类语言学的交叉学科。人类思维建立在语言之上，所以自然语言处理技术从某种程度来说也就代表了人工智能的最终目标。自然语言处理技术包括分类、匹配、翻译、结构预测，以及序列决策过程。

**4. 语音识别技术**

语音识别是指将人类的语音转换为计算机可以理解的语言，或者转换为自然语言的一种过程。语音识别系统的工作过程是：首先通过传声器将人类的语音信号转变为数字信号，该数字信号作为语音识别系统的输入；然后由语音识别系统根据特征参数对输入的数字信号进行特征提取，并对提取特征与已有数据库进行对比，最终输出语音识别出的结果。

## 6.3 智能产品设计原则及流程

### 6.3.1 智能产品设计原则

**1. 安全性**

任何一个产品设计、生产、储存、销售、使用和回收的过程，都要以安全性为首要原则。产品的安全性通常指产品的可靠性，包含产品使用过程的耐久性，产品出现问题后的可维修性，以及产品设计的可靠性。产品设计的安全性是关系到用户能否正常使用产品的根本，在设计过程中主要指对用户的生理安全和心理安全的考虑。

（1）生理安全　生理安全是产品在设计过程中，以人体生理构造、特征和尺寸的数据为基础，将产品的尺寸、比例、造型、结构和色彩与之匹配，创造出人性化的产品。

（2）心理安全　心理安全是产品带给用户的安全感，它是一种超越物质的精神需求。在产品设计过程中，以不同人群的心理特征为基础，通过产品的材质、造型和色彩带给人们视觉、触觉、听觉的安全感和愉悦感。智能产品中 App 的界面设计和交互设计的安全感，是通过界面可视化的愉悦感和操作过程的流畅感来实现的。在针对一些“老弱病残孕”等特殊人群的产品设计过程中，需对不同人群的生理安全和心理安全进行分类研究，以完善智能产品的设计。适合老年人的智能产品既要满足老年人日益衰老的生理需求，又要满足老年人平等参与社会的愿望和主观幸福感，助于保护老年人的独立性和自尊心。

**2. 易用性**

智能产品的易用性是从人机工程学理论中而来，主要包含两方面。

（1）产品外观造型的易用性　产品是否便于使用是重要的参考标准。Jakob Nielsen 认为易学性、高效性、易记忆、少犯错和满意度是易用性的基本特点。产品设计时必须考虑人机因素，产品外观造型要符合人体尺寸，产品的功能、结构和色彩要符合用户的行为习惯和心理感受，产品的可视化和功能操作要减少失误和误解，增加产品的容错性。随着新技术、新功能融入智能产品，产品的操作必然会增加难度。易用性就是通过简化和优化操作流程，降低这种难度。

（2）App 的易用性

1）信息架构的合理性。根据用户需求布局信息的主次，以用户的使用习惯为基础，尽量减少用户操作的层级和深度。

2）操作过程的可认知性。以人的基本认知和学习习惯为基础，引导用户自主学习操作，设计自然的手势或肢体进行交互。

3）界面信息的传达性。版面布局合理、内容精简、语言流畅，突出用户需要和重要的信息，界面的图案、文字等识别性高。

4）跨设备交互的统一性。物联网下的多平台、多设备共享，要求设计过程中语言、符号和色彩保持统一。

**3. 智能化**

智能产品的智能化技术层面与展现形式都是多样的。人们目前能够直接操作的智能层面是智能产品终端用户层，它主要是利用各种 App 应用来实现，例如智能音箱、智能摄像头、智能网关、智能安防、智能室内环境控制等产品都是将具有不同功能的传感器置于产品之中，以各种智能技术为基础，通过可以实际操作的 App 应用界面，实现人的使用过程。

与传统的产品操作相比，建立在智能技术基础上的 App 应用，已经开始具备一定程度的人的认知能力，包括记忆能力、思维能力、学习能力和适应能力，以及一定的行为决策能力。还有一些智能产品与人体紧密结合，主是医疗健康类产品，通过手环、腕表、各种贴片、电子秤、血压仪、血糖仪等与医疗健康相关的智能硬件，监测用户的运动步数、运动心率、睡眠、体脂、体重、肌肉、水分、卡路里消耗、血压、血糖、血氧等需求。医疗级、健康级智能硬件的发展受到传感器、芯片、算法技术的影响，还受到国家相关政策环境的影响，因此医疗级和健康级智能化的产品整体还处于早期摸索阶段。

如今，人们不仅要关注产品的造型、结构和 CMF（颜色、材料和表面处理），更要关注进化为智能终端的产品的体验感受。用户在操作智能产品的复杂系统时，更加追求简单易用和智能体验，设计是将复杂的科学技术转变为极致产品体验的重要过程。新产品和新设计不再是静态地等待使用，而是通过智能技术、智能应用、信息界面、服务系统等为用户提供具有迭代性的动态服务，通过人工智能的自我学习，帮助用户做出正确的判断，是智能产品的一个重要功能。

### 6.3.2　智能产品设计流程

智能产品设计流程一般是从项目研究对象确定、初步想法梳理开始，然后深入调研市场和用户，需要了解设计的可行性和市场的竞品情况，对用户的痛点进行充分分析，找到产品定位，再通过方案的迭代，最终完成效果展示。智能产品设计流程如图 6-5 所示。

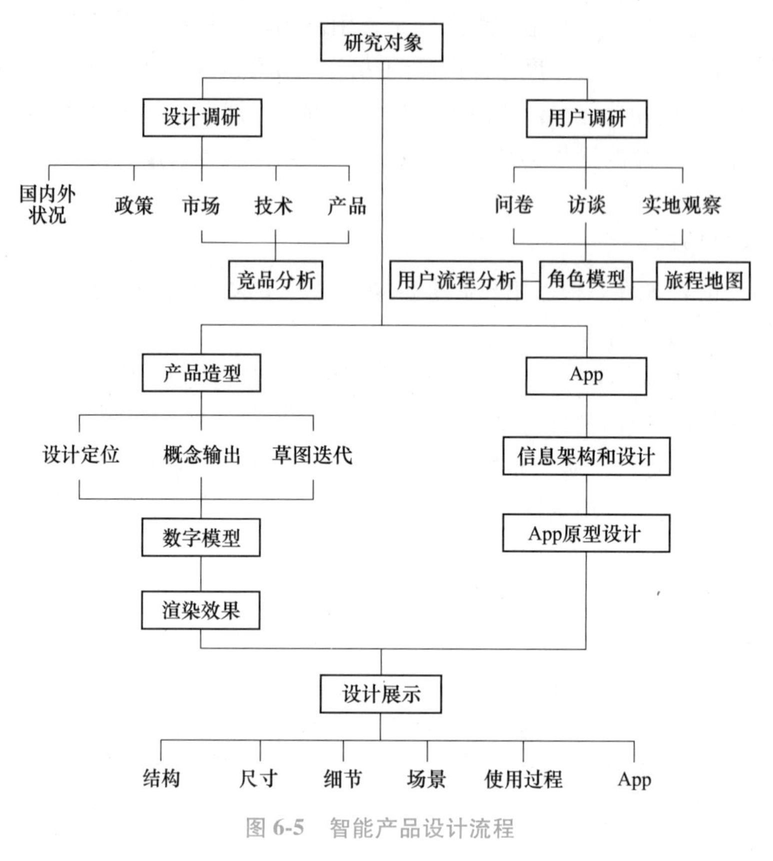


图 6-5　智能产品设计流程

## 6.4 智能产品功能及外观设计案例——以智能家庭健康理疗仪为例

伴随人们生活水平的提高，自身健康认知逐渐成为大家关注的热点。主动了解身体健康问题，积极参与管控日常身体健康，规避健康风险，投入时间、精力和金钱来保持身体健康，逐渐成为日常生活方式。同时，随着人们日常医疗康复意识的逐渐增强，国家对家用医疗健康理疗产品的研发和设计颁布了诸多扶持政策，促使国内家用医疗健康行业整体步入快速发展阶段。随着中国人口老龄化问题加剧，适用于老年人的家庭智能化医疗设备和一站式医疗卫生保健服务会在未来的市场中成为发展的主流方向。

### 6.4.1 现有产品相关调研

#### 1. 智能家庭健康理疗仪现状

我国目前还没有形成完善的家用医疗级产品市场体系，家用健康级产品也不大规范，主要体现在两个方面。一方面，产品的结构单一，同质化现象严重，自我研发创新能力不足。当前我国家用医疗级产品正处于起步阶段，独自创新研发能力较弱，影响了产品种类和性能的发展。同类产品质量参差不齐的现象非常严重，不仅影响了用户的正常使用，同时也影响家庭医疗健康产品的发展。以家庭健康物理治疗仪为例，品牌种类十分丰富，但企业之间同质化竞争导致产品逐渐趋同。产品单一价格不断下降，价格差距较大。而且，不同品牌和企业的技术要求，各类参数都不相同，没有统一的标准，导致市场的混乱。另一方面，企业宣传时夸大产品的使用效果，在一些治疗仪产品的宣传中，甚至带有治疗百病的功效。这类产品的宣传方式误导用户，对产品功能的错误理解，很有可能导致用户错过治疗最佳时期，对社会造成不良影响。智能家庭健康理疗仪无论是符合医疗级产品的标准，还是满足健康级产品的标准，其检测准确性和康复效果是需要具备一定要求的，同时还需具有小巧便捷，操作简便，能够被广大用户接受、学习的特点。

**2. 竞品分析**

对市场竞品进行调研，包括糖尿病治疗仪、高血压治疗仪、高血糖理疗仪、物理降压仪、红外线理疗仪、激光治疗仪等家庭健康理疗康复仪器，血压监测仪、血糖检测仪、血脂检测仪、老人手环、心电图手环、医疗 App 等医疗康复相关产品。竞品分析见表 6-1。

表 6-1　竞品分析

| 名称 | 图片 | 颜色 | 主要材质 | 尺寸/mm | 目标用户 | 使用方式 | 主要功能 | 设计特点 | 缺点 |
|---|---|---|---|---|---|---|---|---|---|
| 糖尿病治疗仪 | | 白色 | 塑料 | 长：146<br>宽：112<br>高：63 | 糖尿病患者 | 将治疗贴片贴至腹部，打开开关 | 通过低频电流刺激相关器官，恢复和提高糖吸收能力 | 外观简洁，操作简单 | 使用繁琐，需找准穴位 |
| 半导体激光治疗仪 | | 白色 | 塑料 | 长：130<br>宽：89<br>高：119 | 糖尿病患者，“三高”人群 | 与手机 App 连接，佩戴至手上即可，自动发射激光治疗 | 通过低强度激光照射手腕动脉，增大血红细胞的活力，从而达到降低血压、血脂的目的；通过增加代谢降低血糖 | 操作简单，人性化设计，便携性强，摆脱传统医疗器械造型 | 不能量化治疗数据，治疗程度不可控 |
| 高电位治疗仪 | | 白色 | 金属和塑料 | 长：236<br>宽：186<br>高：523 | 神经衰弱，“三高”人群 | 连接坐垫使用 | 通过电流脉冲刺激神经和血液循环 | 语音播报，远程遥控，大屏幕和大字体 | 体积大，操作界面复杂，单独使用困难 |

（续）

| 名称 | 图片 | 颜色 | 主要材质 | 尺寸/mm | 目标用户 | 使用方式 | 主要功能 | 设计特点 | 缺点 |
|---|---|---|---|---|---|---|---|---|---|
| 原发性高血压治疗仪 |  | 绿色和白色 | 塑料 | 长：220<br>宽：170<br>高：86 | 原发性高血压及其并发症的治疗人群 | 将12条软管固定至人体12个穴位，打开仪器即可使用 | 通过输出一种脉冲气流，作用于人体12个穴位，能起促进血液循环、增加代谢的作用 | 外观简单大方，结实耐用 | 操作方式复杂，12根软管收纳不便 |
| 尿酸血糖血脂检测仪 | 总胆固醇 尿酸 血糖 | 白色和灰色 | 塑料 | 长：132<br>宽：68<br>高：25 | 尿酸、血糖、胆固醇的治疗人群 | 利用采血笔让手指出血，血样接触试纸时自动吸入进行检测 | 检测尿酸、血糖和胆固醇水平 | 微量采血，减轻心理负担，检测方式简单便捷 | 屏幕较小，观察不便 |

**3. 相关技术**

智能家庭健康理疗产品主要适用于室内，卧室与客厅都可以，根据使用方式要求，将产品放置于高为0.6~0.8m的桌子或者平台上使用更佳。其主要技术有以下四方面。

（1）基于大数据的智能推荐　Apache Spark作为大数据时代一个使用广泛的计算引擎，在互联网的诸多方面都有应用，它最主要最突出的作用是能够对大规模的数据进行集中式分析处理，运行速度快，计算能力强，适用范围广，可同时兼具以往各种各样的计算引擎的功能，节省成本和时间。

（2）红外激光治疗相关技术　激光血液照射的治疗机制是血液中的血细胞吸收激光中的量子，等离子体中，使电子运动到高能态，相应的分子运动到激发态，然后发生系列光化学反应。

低频激光具有在不损伤活体组织的情况下恢复病变正常的作用，治疗人体方面也很有效。激光照射穴位、反射区会扩大局部血管，加速血液和改善血液循环。

（3）血压测量功能相关技术

1）气体压力传感器。用于电子血压计的气体压力传感器共有两种，分别是电容型气体压力传感器和电阻型气体压力传感器。静电电容型气体压力传感器是目前市场上电子血压计普遍使用的压力传感器，优点是线性质量好，易于温度补偿，缺点是无法使用标准品。电阻型气体压力传感器的优点是可以使用标准品，缺点是不容易对温度进行补偿。

2）加压微型气泵。目前市场上的电子血压计使用的微型气泵分为两种，分别是普通微型气泵和微型伺服气泵。普通微型气泵的特点是加压快，但出气的气流脉动比较大。微型伺服气泵的特点是加压平稳、出气气流脉动非常小，可用于伺服控制。

（4）血糖监测技术　基于是否使用葡萄糖氧化酶，电化学法血糖仪的传感器分为有酶

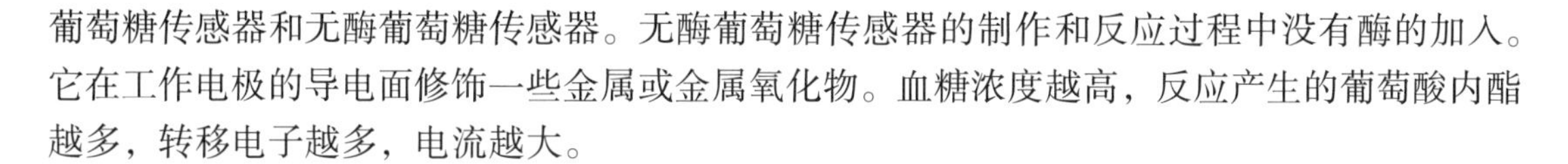

葡萄糖传感器和无酶葡萄糖传感器。无酶葡萄糖传感器的制作和反应过程中没有酶的加入。它在工作电极的导电面修饰一些金属或金属氧化物。血糖浓度越高，反应产生的葡萄酸内酯越多，转移电子越多，电流越大。

## 6.4.2　用户调研

**1. 调研用户界定**

数据显示，使用智能家庭健康理疗仪相关产品用户的年龄主要分布在60岁之上，老年人居多，这一群体为智能家庭健康理疗仪的第一用户。通过调研发现，他们的主要需求是：

1）产品的检测数据要精确，数据要有历史记录，方便传输。

2）产品的治疗效果要好，治疗效率要高。

3）产品的操作方式简单，学习难度低。

第二用户为第一用户的家人、医生等相关人群，主要需求为外观造型美观、操作方便等。实地调研主要针对第一用户。

**2. 用户前期分析**

（1）高血压　高血压是指以体循环动脉血压增高为主要特征，可伴有心、脑、肾等器官的功能或器质性损害的临床综合征。高血压是最常见的慢性病，也是心脑血管病最主要的危险因素。通过调查研究，得出人体内血压相关数据情况，血压数据见表6-2。

表6-2　血压数据

| 类别 | 收缩压/mmHg | 舒张压/mmHg |
|---|---|---|
| 正常血压 | <120 | <80 |
| 正常高值 | 120~139 | 80~89 |
| 高血压 | ≥140 | ≥90 |
| Ⅰ级高血压（轻度） | 140~159 | 90~99 |
| Ⅱ级高血压（中度） | 160~179 | 100~109 |
| Ⅲ级高血压（重度） | ≥180 | ≥110 |
| 单纯收缩期高血压 | ≥140 | <90 |

注：1mmHg=133.322Pa。

（2）高血糖　血糖值高于正常范围即为高血糖。体内两大调节系统发生紊乱，就会出现血糖水平的升高。血糖升高，尿糖增多，可引发渗透性利尿，从而引发多尿的症状；血糖升高、大量水分丢失，血渗透压也会相应升高，高血渗透压会引起口渴的症状；由于胰岛素的缺乏，导致体内葡萄糖不能被利用，蛋白质和脂肪消耗增多，从而引起乏力、体重减轻；为了补偿损失的糖分，维持机体正常活动，就需多进食；这就形成了高血糖患者典型的“三多一少”的症状。高血糖包括糖尿病前期和糖尿病。糖尿病前期是指空腹血糖在6.1~7.0mmol/L和（或）餐后2h血糖在7.8~11.1mmol/L。糖尿病是指空腹血糖等于或高于7.0mmol/L，或餐后两小时血糖等于或高于11.1mmol/L。

（3）高血脂　高血脂又称为血脂异常，通常指血浆中的甘油三酯和（或）总胆固醇的指数升高，也包括低密度脂蛋白胆固醇的指数升高和高密度脂蛋白胆固醇的指数降低。高血脂的症状主要是脂质在真皮内沉积所引起的黄色瘤和脂质在血管内皮沉积所引起的动脉硬化。血浆总胆固醇浓度高于 5.17mmol/L(200mg/dL) 为高胆固醇血症，血浆三酰甘油浓度高于 2.3mmol/L (200mg/dL) 为高三酰甘油血症。

**3. 用户观察和访谈**

AEIOU 是一种基于观察的方法，通过对活动、环境、互动、物体、用户的观察和分析来发现问题。用户观察访谈图如图 6-6 所示。

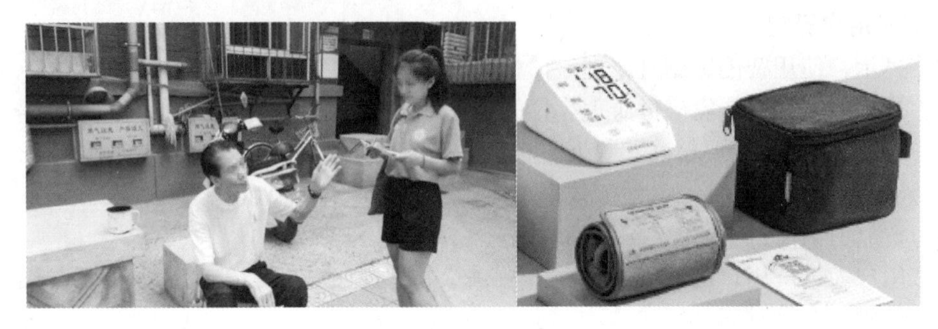

图 6-6 用户观察访谈图

(1) 活动 (Activity) 老人每天测量血压和血糖，需要血压计和血糖仪。测量完后记录数据，然后去医院咨询医生。老年人行动不便，从家里到医院并在医院上、下楼很不容易。回家后按照医嘱吃药并使用仪器治疗。家里各种各样的仪器，老人总是记错功能。

(2) 环境 (Environment) 产品的使用环境主要是家庭、医院、户外、运动。

(3) 互动 (Interaction) 老人与仪器之间交互，老人可以得知治疗前的数据和治疗后的数据，并能够将数据反馈给医生，方便医生及时获得老人的身体数据并修改治疗方式。儿女可通过手机及时了解老人的身体情况，减少不必要的担心，对危急情况及时做出反应。

(4) 物体 (Object) 老年人使用理疗仪涉及的产品，有血压计、血糖仪、治疗仪、药盒、扫描仪、手环、血脂检测仪、磁疗仪、桌子、椅子、板凳等。

(5) 用户 (User) 理疗仪的主要用户有老人、儿女和医生等。

采用访谈的方法，向智能家庭健康理疗仪的用户了解他们对产品的使用状况，以及对现有智能家庭健康理疗仪的看法和对未来智能家庭健康理疗仪的期待。通过用户访谈和观察，发现以下几点问题。

1) 老年人需要操作简单便捷的仪器，操作界面不要太复杂，显示更加直观，按键要少，要突出主要功能。

2) 治疗仪康复的同时，应该带有检测功能，每次治疗结束后，应该可以看到血压、血糖等相关数据，减少老人的担心。

3) 家里总是有各种各样的治疗仪，增加了老年人的心理负担，也增加了老年人的学习难度。

4) 各种治疗仪都有自己的 App，就算同一品牌的治疗仪和检测仪都可能有几个不同的 App，使用起来非常不方便，管理起来也非常费劲，不仅是老年人，年轻人也会很头疼。

5) 治疗和检测的数据不能及时与医院和医生沟通，老人有突发情况不能及时反馈给医生；老人腿脚不利落，没有家人陪护去医院不方便。

**4. 创建用户角色模型**

通过前期用户研究，创建用户角色模型见表 6-3。

表 6-3　用户角色模型

| 基本信息 | 特征描写 |
| --- | --- |
| 用户：张奶奶　年龄：78<br>与老伴生活在一起，有一个孩子，在外地工作。张奶奶患有严重的糖尿病和高血压 | 孩子非常关心母亲的健康，经常打电话询问，母亲无法表达清楚自己的情况，孩子非常担心 |
| | 孩子买了一台糖尿病治疗仪，每天配合药物进行治疗，效果显著，但是仪器使用起来很不方便。家里仪器一大堆，用的时候很麻烦 |
| 每天早上起床要先进行血压的测量，定期需要测量血糖，需严格控制饮食，食用大量的降压药和降糖药来控制血糖和血压，饭前需注射胰岛素，饭后需监测血糖 | 由于年龄大了，家里各种治疗仪、检测仪用起来非常麻烦，总是记错仪器的使用功能 |

**5. 需求重要度分析**

通过观察结果和访谈结果中需求出现的频率以及用户的强调程度，将汇总的需求进行重要度分级。用户需求重要度见表 6-4，研究发现，用户对智能家庭健康理疗仪关注的需求是治疗功能、价格合理、学习难度低、智能提醒、带有大屏幕、可以查看历史记录、智能操控等方面，此外还有考虑安全、数据的精准、使用便捷、语音控制以及简约大方、具有人情味的外观等方面的需求。

表 6-4　用户需求重要度

| 序号 | 需求 | | 重要度 |
| --- | --- | --- | --- |
| | 一级需求 | 二级需求 | |
| 1 | 功能 | 治疗功能 | 5 |
| 2 | | 测血压 | 4 |
| 3 | | 测血糖 | 4 |
| 4 | | 历史记录 | 5 |
| 5 | | App 控制 | 4 |
| 6 | | 数据上传 | 3 |
| 7 | | 语音控制 | 4 |
| 8 | | 智能提醒 | 5 |
| 9 | | 自动化 | 3 |
| 10 | | 大屏幕 | 5 |
| 11 | 造型颜色 | 简约 | 4 |
| 12 | | 柔和 | 3 |
| 13 | | 人情味 | 4 |
| 14 | | 时尚 | 2 |

（续）

| 序号 | 需求 | | 重要度 |
|---|---|---|---|
| | 一级需求 | 二级需求 | |
| 15 | 价格 | 价格合理 | 5 |
| 16 | 使用方式 | 人工操控 | 4 |
| 17 | | 智能操控 | 5 |
| 18 | 收纳 | 收纳方便 | 3 |
| 19 | | 操作简单 | 4 |
| 20 | 心理 | 学习难度低 | 5 |
| 21 | | 安全 | 4 |
| 22 | | 精准 | 4 |
| 23 | | 安心 | 3 |

**6. 设计切入点**

智能家庭健康理疗仪未来的发展趋势更倾向于一体化和智能化，采用更加先进的技术，保证治疗更加高效，检测更加精准。仪器体形不宜过大，操作不宜太复杂，要保证适用于室内环境和各个年龄段的人，特别是老年人。智能家庭健康理疗仪的设计不仅要考虑产品的功能，更要关注产品的外观造型、色彩等因素。

通过一系列的竞品分析和用户研究，智能家庭健康理疗仪的功能切入点有以下几点：

1）采用新技术，功能更完善，保证治疗更加方便、高效、精准。

2）更加简单易学的操作，方便用户的日常使用。

3）更加智能化。与人工智能、大数据结合，自动对检测治疗数据进行识别判断，并调整治疗疗程和治疗强度；根据检测治疗情况，推送合适的食物以及运动，并联系医护人员进行相关药物推荐；设置日程，提醒服药、治疗、运动等日常活动。

### 6.4.3 方案设计

**1. 产品定位**

（1）调性定位

1）稳定。将产品整体造型的重心降低，并采用较为硬朗的形态，使得造型呈现稳重、安定的感觉。作为一款医疗健康产品，稳定的形态会带给用户心安的使用体验。

2）科技。使用科技感强的颜色以及元素进行点缀，使产品科技感十足。充满科技感的产品会带给用户更加精准的使用体验。

3）简约。去掉繁琐的装饰，使产品更加简约。简约的产品更容易融入家居环境，放置在家中不会显得突兀。

4）人情味。在造型上增加曲面元素，以及在配色上增加鲜亮、温和的色彩来增加产品的人情味，减轻用户对医疗产品的心理负担。

（2）功能定位

1）检测功能。本产品应具有检测功能，检测用户的血压、血脂和血糖指数。

2）治疗功能。本产品应具有治疗功能，通过低频红外激光辐射，在穴位处对用户的血液进行理疗，调节体内血压、血糖、血脂的指数。

3）打印功能。本产品应具有打印功能，方便用户记录检测理疗数据。

4）智能化。对检测治疗数据自动进行识别判断，并调整治疗疗程和治疗强度；根据检测治疗情况，推送合适的食物以及运动，并联系医护人员进行相关药物推荐；设置日程，提醒服药、治疗、运动等日常活动。

**2. 方案推敲**

（1）方案一　此方案由基本形体组合而成，外观整体比较硬朗。方案一草图如图 6-7 所示，主体有两部分，柱体部分为腕式治疗部分，方体部分为主要操作部分，包含操作按钮以及一块电子屏。

（2）方案二　此方案的造型主要由方体切割而成，风格比较硬朗，后部有曲面进行中和，使得整个产品比较协调，外观较为中性。方案二草图如图 6-8 所示，底部较为宽大，表现出沉稳安全的感觉。

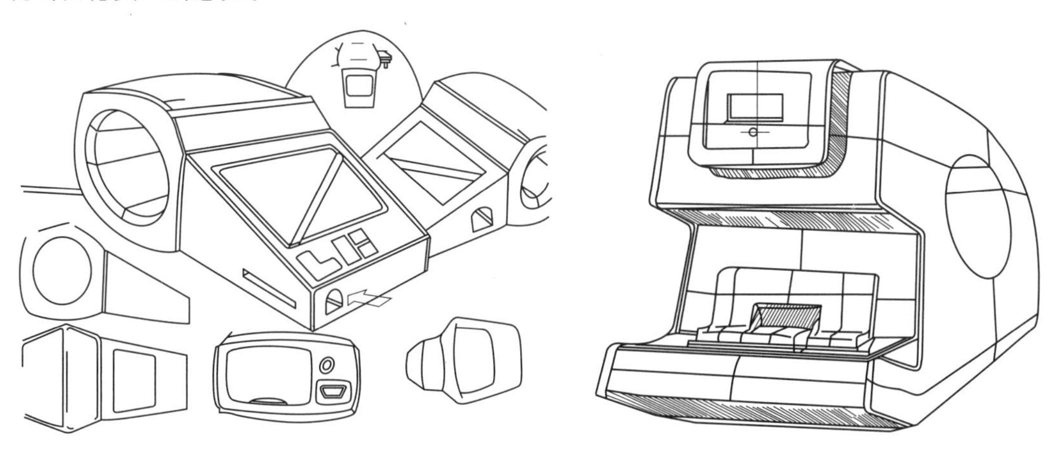

图 6-7　方案一草图　　　图 6-8　方案二草图

**3. 方案筛选**

方案筛选见表 6-5，从优点和缺点方面对两个方案进行筛选，选择方案二，在此基础上，对方案二进行进一步优化及细化。

表 6-5　方案筛选

| 方案 | 优点 | 缺点 |
|---|---|---|
| 方案一 | 体积较小，外观独特 | 整体比例不协调，没有明确的功能分区 |
| 方案二 | 产品造型简约，设计感强 | 造型中庸，没有显著特点，体积较大 |

**4. 方案细化**

（1）结构和细节

1）血糖、血脂检测的部位。将手指靠近，感应器会自动检测并打开开口，将手指放入，医用针头自动探出将手指刺破，然后将血液涂抹在试纸上，将带有血液的试纸插入旁边的插口即可。

2）腕式红外治疗仪和腕式血压计。手伸入圆洞，传感器自动识别到用户手的伸入，会自动填充手腕处的橡胶环，对用户手腕处进行挤压，通过按钮选择检测还是理疗。

3）显示屏。检测结果以及理疗的一些情况会显示在显示屏上，屏幕可触控操作。

4）打印数据部位。可以将检测数据打印下来，打印口处有两排锋利的锯齿，方便将纸扯开。

5）按键。主要按键有三个，分别是检测、理疗和打印，为了查看方便，按键下方有文字以及 LED 灯。

6）声孔和充电部位。

（2）材料工艺和色彩　材料能够给人直接的触感及视觉效应，是造型设计的一个载体。产品功能决定着采用具有什么性能的材料，选择材料的同时，还要注意加工工艺的可实现性。根据医疗器械产品使用材料的规定，产品外壳选用 ABS 塑料，有一定的力学性能，而且安全实用。在与人体接触的部位，选用硅橡胶，有很强的耐老化、抗氧化能力。

色彩是人的直观感受，不同的颜色会影响不同时间不同观看者的心情。作为一款家庭医疗健康类产品，首先必须体现出医疗产品干净整洁的特点，所以选用白色作为产品的主体色。为了避免单纯的白色过于单调枯燥，而且与普通的医疗设备相比作为一款家庭医疗设备要具有一定程度的人情味，所以选用了暖灰色，使产品在满足医疗特征的同时又带有一丝柔和。但是白色与暖灰色都属于比较淡雅的色彩，所以在产品上用少许淡蓝色以及橘黄色进行点缀，使产品多了一丝灵动。和市场上同类型产品对比，本产品能够给人眼前一亮的感觉。产品配色方案如图 6-9 所示。

（3）人机分析　人机工程学在设计过程中占有非常重要的地位，一件好的产品，必须符合人机工程学的各项因素，以提高用户的体验愉悦感和舒适感。

如图 6-10 所示，本产品手臂治疗部位距离桌面约为 210mm，这个距离属于使用舒适度最高的距离之一。正常人最舒适的视角为视平线向下 60°的范围，在这个范围内，人眼疲劳度最低，可视度最高。本产品的屏幕倾斜度为 30°，这个角度属于最舒适的视线角度之一。

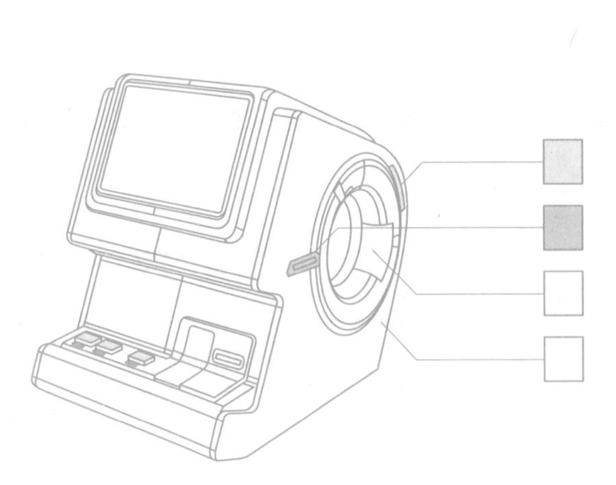

图 6-9　产品配色方案

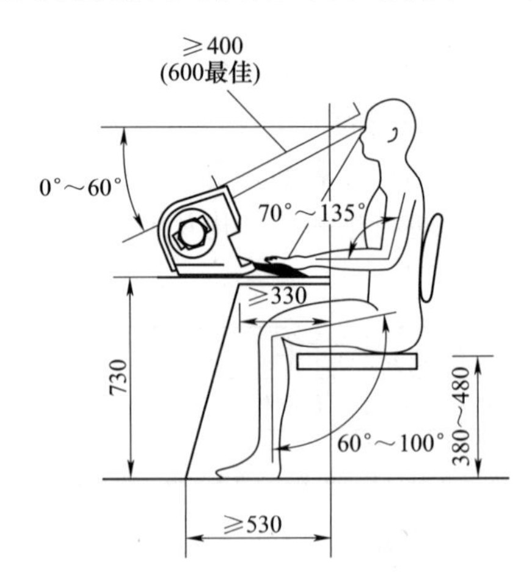


图 6-10　产品人机分析

第3篇

# 工业企业产品创新

## 第7章 创新内涵

### 7.1 创新的定义与内涵

“创新”（Innovation）一词首先出自约瑟夫·熊彼特（Joseph Schumpeter）1912年德文版的《经济发展理论》中，他把“创新”定义为：企业家实现对“生产要素的重新组合”。表现形式有六种：引进一种新产品或提供一种产品的新质量；采用一种新的生产方式；开辟一个新市场；找到一种原料或半成品的新来源；发明一种新工艺；实现一种新企业组织形式。

经济合作与发展组织（Organization for Economic Cooperation and Development，OECD）提出：“创新的含义比发明创造更为深刻，它必须考虑在经济上的运用，实现其潜在的经济价值。只有当发明创造引入经济领域，它才成为创新。”

此外，德鲁克认为创新是组织的一项基本功能，是管理者的一项重要职责，它是有规律可循的实务工作。创新并不需要天才，但需要训练；不需要灵光乍现，但需要遵守“纪律”。

### 7.2 创新模式

#### 7.2.1 封闭式创新

封闭式创新（Closed Innovation）是指着眼于企业内部，将自身创意进行开发，在此基础上研制新产品、引入市场，然后再由企业内部的人员进行分销，提供服务、资金以及技术支持，如图7-1所示。在这种创新模式下，企业通过对内部研发机构的投资，挖掘企业自有的新技术，然后将其变为新产品，创新过程中始终密切关注的是企业内部。

封闭式创新的特点是劳动力流动性低、风险投资少、技术流动困难，而且对企业研发能力要求高，大学等机构的影响力不重要。封闭式创新之所以能够为企业带来成功，是因为封闭式创新在企业内部创造出了一种“良性循环”，即企业先投资于内部研发事业，然后开发出很多突破性的新技术。这些新技术可以使企业向市场推广新产品和服务，实现更高的利

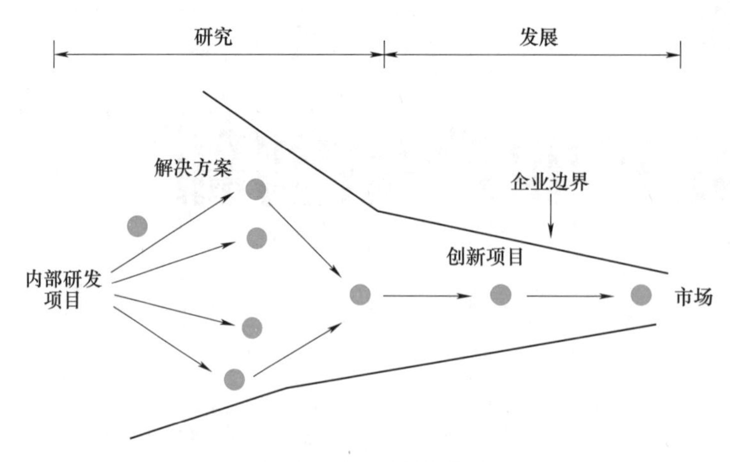


图 7-1　封闭式创新模型

润，接着再投资于更多的内部研发工作，这又会促进进一步的技术突破并带来新一轮的产品和服务的市场推广，从而形成一个良性循环。

封闭式创新是 20 世纪中早期，甚至更早的时期里大多数企业所采用的创新模式。在这种创新模式下，很多企业获得了巨大的成功，如著名的德国化工业的中央研究实验室、美国通用电器公司实验室等。然而，20 世纪 90 年代以来，随着信息、知识和资本的全球化，人才的可获得性和流动性增强，风险投资市场兴起，外部供应商的生产能力不断提高，被搁置的研究成果面临外部选择，一系列腐蚀封闭式创新的破坏性因素产生，破坏了封闭式创新模式的运行环境。

### 7.2.2　开放式创新

开放式创新的概念最早由加州大学伯克利分校哈斯商学院副教授和开放式创新中心主任亨利 · W. 切萨布鲁夫（Henry W. Chesbrough）于 2003 年 5 月提出。切萨布鲁夫指出开放式创新是指均衡协调企业内部和外部的资源来形成创新思想，同时综合利用企业内外部市场渠道为创新活动服务。开放式创新的观念指出，企业应把外部创意和外部市场化渠道的作用上升到和封闭式创新模式下的内部创意以及内部市场化渠道同样重要的地位，均衡协调内部和外部的资源进行创新，不仅把创新的目标寄托在传统的产品经营上，还积极寻找外部的合资、技术特许、委外研究、技术合伙、战略联盟或风险投资等合适的商业模式，以尽快地将创新思想变为现实产品与利润。

开放式创新的最终目标是以更快的速度、更低的成本，获得更多的收益和更强的竞争力。可以用一个“筛子”来形容，在开放式创新模式下，创意从产生到最终成为进入市场的产品的过程（图 7-2），即企业不仅自己进行创新，也会充分利用外界的创新；不仅充分实现自己的创新的价值，也充分实现自己创新“副产品”的价值，这主要通过图 7-2 中的渗出机制和途径（包括由企业员工创立新的企业、外部专利权转让或员工离职等）来实现。在封闭式创新模式下，企业对市场机遇与技术机遇的认识都是从内部出发的，这很可能出现供给与需求的偏差；而在开放式创新模式下，企业对市场机遇与技术机遇的认识都是从外部出发，这使得“有效供给”更可能实现。

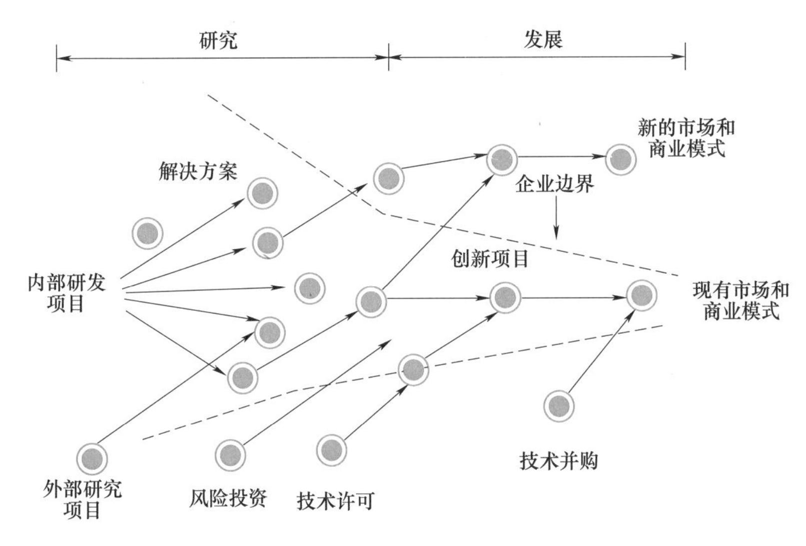


图 7-2　开放式创新模型

开放式创新是各种创新要素互动、整合、协同的动态过程，这要求企业与所有的利益相关者之间建立紧密联系，以实现创新要素在不同企业、个体之间的共享，构建创新要素整合、共享的网络体系。具体的利益相关者包括全体员工、客户、供应商、全球资源提供者、知识工作者，甚至竞争对手。开放式创新与封闭式创新的对比见表 7-1。

表 7-1　开放式创新与封闭式创新的对比

| 封闭式创新 | 开放式创新 |
| --- | --- |
| 行业范例：核反应、大型主机 | 行业范例：个人计算机、电影制造业 |
| 主要依靠内部创意 | 依靠很多外部创意 |
| 劳动力流动性低 | 劳动力流动性高 |
| 风险投资很少 | 风险投资很积极 |
| 新创业企业很少，力量薄弱 | 新创业企业数量众多 |
| 大学等机构的影响力并不重要 | 大学等机构的影响力很重要 |

## 7.3　创新的层次

### 7.3.1　渐进式创新

渐进式创新，有时又称为连续性创新，是指在技术原理没有重大变化的情况下，基于市场需要，对现有产品或服务所做功能上的扩展和技术上的改进引起的渐进的、连续的创新。

渐进式创新一般都基于持续性技术，持续性技术的共同特征是满足企业组织主流市场中主流用户的需求，逐步提高已定型产品的性能。渐进式创新对现有产品的改变相对较小，它充分发挥已有设计的潜能，并经常强化老公司的优势。在创新过程中也需要大量的技巧和创造性的智慧，并且能为企业带来稳定的收益。

从另一方面来说渐进式创新就是已有方法或实践的延续，包括市场上已有产品的延伸；

相对于“革命性”而言，它们是“进化性”的。供应商和消费者都对渐进式技术创新产品及其所具有的功能有一个明确的概念。现有产品应该非常接近于渐进式技术创新带来的产品。渐进式技术创新发生在“需方”市场，其中，产品的属性可以很好地定义，并且消费者可以清楚地说出他们的需求。与将互联网看作激进式技术创新的观点相反，有人将它与电视的影响相提并论，认为它是进化性的创新，是技术连续集中于降低成本与促进信息分配的产物。

### 7.3.2 本质性创新

本质性创新包括重大突破产品创新和狭义的全新产品创新两个方面。

重大突破产品是指采用全新技术，开辟一个全新市场，并且这种产品引起的技术或市场的不连续性发生在宏观和微观两个层面，这类产品引起的整个世界市场、所属产业的不连续性，甚至对人类的社会生活和经济运行模式产生重大影响，也使企业或客户的认知产生全新变革，如蒸汽机、电灯、电视机等。

狭义的全新产品是指在宏观即世界市场、产业层面引起市场或技术的不连续性，并在微观即企业、目标客户层面同时引起市场和技术变革的产品，其变现为新产品线、产品线延伸和依据现有技术的市场拓展，如智能手机、数码照相机和平板计算机等。

### 7.3.3 破坏性创新

破坏性创新理论由哈佛商学院教授克莱顿·克里斯坦森（Clayton Christensen）提出来的，他写的两本书《创新者的窘境》和《创新者的出路》，都对如何提高创新成功率有非常深刻的认识。他认为，破坏性创新是利用技术进步效应，从产业的薄弱环节进入，颠覆市场结构，进而不断升级自身的产品和服务，爬到产业链的顶端。破坏性创新模型如图 7-3 所示。

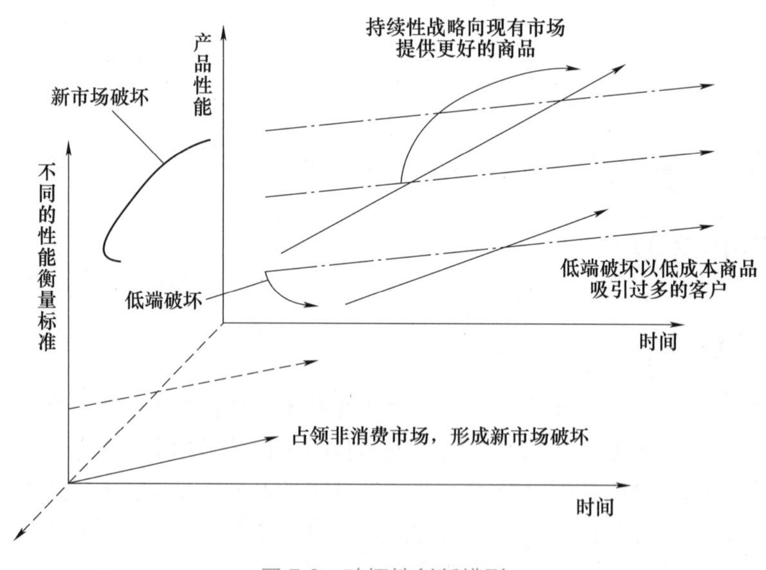


图 7-3 破坏性创新模型

破坏性创新有以下特征。①非竞争性。与渐进式创新旨在满足高端市场不同，破坏性创新初期通常立足于低端市场或新市场，这使其能够避免过早地与大企业发生正面冲突，从而为自身成长创造一个良好的外部环境。②低端性和简便性。破坏性创新产品的性能尽管没有高端市场产品好，但它为消费者带来极大的便利，使原本必须由专业人士解决的问题，消费者自己就可以解决。低端性和简便性使产品价格更低廉，进而吸引更多的消费者。③客户价值导向性。破坏性创新能够帮助客户更容易解决问题，这是价值所在，即帮助客户创造价值。④产业竞争规则的颠覆性。技术和需求的变化会导致产业竞争规则的改变。

## 7.4 创新的类型

拉里·基利（Larry Keeley）在2006年提出了一个创新分类模型，如图7-4所示。根据涉及产品生命周期的过程，将创新划分到四大领域，包括管理、流程、产品和交付，并细分出了十种类型的创新。根据此模型，对创新类型进行重新组织，将创新类型提炼为六种，分别为商业模式创新、业务流程创新、技术创新、产品创新、服务创新和品牌创新，并分别进行讨论。

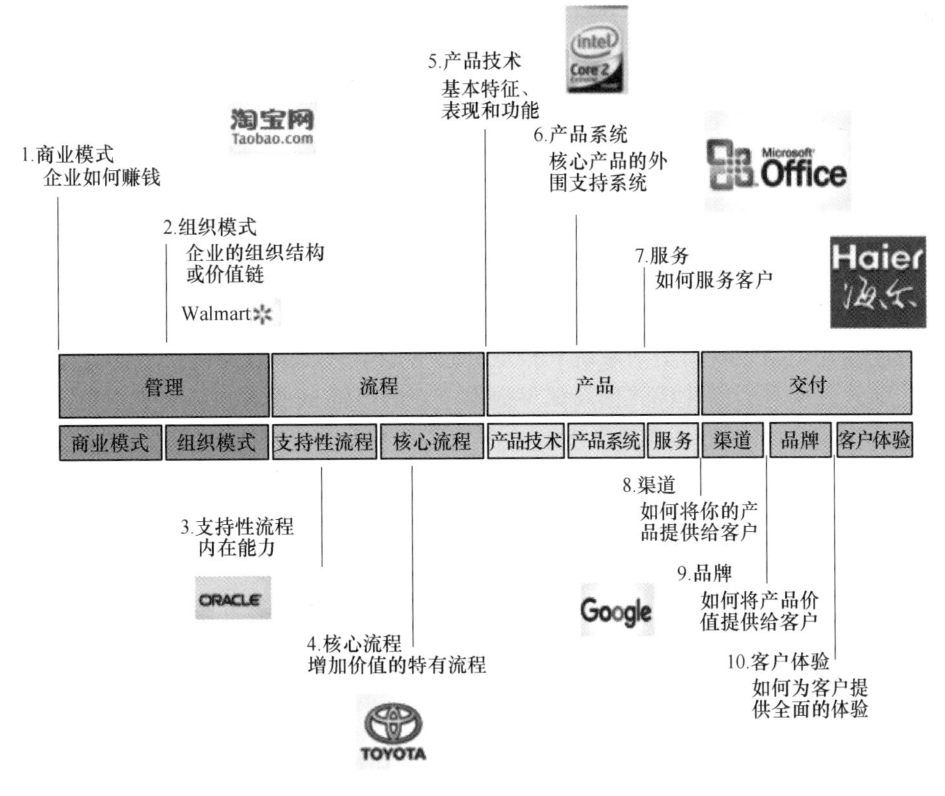


图7-4 创新分类模型

### 7.4.1 商业模式创新

商业模式是指一个完整的产品、服务和信息流体系，包括每一个参与者和其在该体系中起到的作用，以及每一个参与者的潜在利益和相应的收益来源与方式。商业模式创新作为一种新的创新形态，重要性已不亚于技术创新等。近几年，商业模式创新在我国商业界已成为流行词汇。

商业模式创新是指企业价值创造提供基本逻辑的创新变化，它既可能包括多个商业模式构成要素的变化，也可能包括要素间关系或动力机制的变化。

由于商业模式构成要素的具体形态表现、相互间关系及作用机制组合几乎无限，因此，商业模式创新企业也有无数种。但可通过对典型商业模式创新企业（表 7-2）的案例考察，看出以下商业模式创新的三个构成条件。

表 7-2　典型商业模式创新企业

| 年代 | 创造者 |
|---|---|
| 20 世纪 50 年代 | 麦当劳（McDonald's）和丰田汽车（Toyota） |
| 20 世纪 60 年代 | 沃尔玛（Walmart）和混合式超市（Hypermarkets） |
| 20 世纪 70 年代 | FedEx 快递和 Toys R US 玩具商店 |
| 20 世纪 80 年代 | 百视达（Blockbuster），家得宝（Home Depot），英特尔（Intel），戴尔（Dell） |
| 20 世纪 90 年代 | 西南航空（Southwest Airlines），奈飞（Netflix），易贝（eBay），亚马逊（Amazon. com）和星巴克咖啡（Starbucks） |

1）提供全新的产品或服务，开创新的产业领域，或以新的方式提供已有的产品或服务。

2）商业模式至少有多个要素明显不同于其他企业，而非少量的差异。

3）有良好的业绩表现，体现在成本、盈利能力、独特的竞争优势等方面。

同时，相对于传统的创新类型，商业模式创新有以下明显的特点。

1）商业模式创新更注重从客户的角度，从根本上思考设计企业的行为，视角更为外向和开放，更注重企业经济方面的因素。

2）商业模式创新表现得更为系统和根本，它不是单一因素的变化。

3）从绩效表现看，商业模式创新如果提供全新的产品或服务，那么它可能开创了一个全新的可盈利产业领域，即便只提供已有的产品或服务，也能给企业带来更持久的盈利能力和更大的竞争优势。

### 7.4.2　业务流程创新

企业是通过若干业务流程运作的，业务流程是指为完成某一目标（任务）而进行的一系列逻辑相关活动的有序集合。业务流程创新思想最早由美国麻省理工学院信息科技专家米歇尔·哈默（Michael Hammer）于 1990 年在《哈佛商业评论》中提出的，伴随 1993 年米歇尔·哈默与剑桥的 CSC 索引咨询集团董事长詹姆斯·钱皮（James Champy）合著的《改革公司：企业革命的宣言书》一书的出版，业务流程创新逐渐成为 20 世纪 90 年代以来企业管理的主流，在工业发达国家乃至全球工商管理界掀起了一场业务流程创新热潮。

按照米歇尔·哈默和詹姆斯·钱皮所下的定义：业务流程创新是对业务流程从根本上重新思考，并彻底重新设计业务流程，以期望在衡量企业表现的关键指标如成本、质量、服务、速度等方面获得巨大改善。

从概念上看，业务流程创新具有以下本质特性。

1）业务流程创新的出发点——客户的需求。

2）业务流程创新的对象——企业的业务流程。

3）业务流程创新的主要任务——对企业业务流程进行根本性的反省、彻底的再设计。

4）业务流程创新的目标——绩效的巨大飞跃。

### 7.4.3　技术创新

约瑟夫·熊彼特继1912年德文版《经济发展理论》发表后，在1939年出版的《商业周期》（Business Cycles）一书中又率先提出"技术创新"一词，然而并没有对技术创新直接进行严格定义。学术界普遍认为，约瑟夫·熊彼特在1912年提出的创新概念过于强调从经济角度来考察创新。技术创新不仅包括经济学意义上的新产品、新过程、新系统和新装备等形式，还应包括与技术应用有直接联系的基础研究和市场行为。这扩展和延伸了约瑟夫·熊彼特所定义的"创新"内涵。在当前"创新力经济"时代，技术创新是创新的核心甚至全部，因此可以认为，"技术创新"与"创新"基于同一概念。要理解"技术创新"这一概念的特定内涵，应抓住以下要点。

1）技术创新是科技活动过程中的一个特殊阶段，即技术领域与经济领域之间的技术经济领域，其核心是知识商业化。国家大力度的科技投入，为基础研究、技术发明和技术前沿攻关，使其投入转化为知识或成果；而企业的技术创新，则是使这些知识或成果实现商业价值。

2）技术创新是受双向作用的动态过程。技术创新始于综合科学技术发明成果与市场需求双向作用所产生的技术创新构想，通过技术开发，使发明成果首次实现商业价值。

3）衡量技术创新成功的唯一标志是技术成果首次实现其商业价值。技术创新是以市场为导向、以效益为中心，而不是以学科为导向和以学术水平为中心。这就表明，具有创造性和取得市场成功是技术创新的基本特征。同时，技术创新的目的不仅仅是推动技术进步和生产发展，主要在于"实现社会商业价值"。

4）企业是技术创新的主体，企业家是企业技术创新的灵魂。美国经济学家曼斯菲尔德（Edwin Mansfield）认为：当一项发明可以应用时，方可称之为"技术创新"。澳大利亚学者唐纳德·瓦茨（Donald Watts）认为：技术创新是企业对发明成果进行开发并最后通过销售而创造利润的过程。

### 7.4.4　产品创新

产品创新是指开发出满足客户需求，提升客户体验，甚至创造客户需求的新产品。

根据创新产品进入市场的先后，产品创新模式可分为率先创新和模仿创新。率先创新是指依靠自身的努力和探索，产生核心概念或核心技术的突破，并在此基础上完成创新的后续环节，率先实现技术的商品化和市场开拓，向市场推出全新产品。模仿创新是指企业通过学习、模仿率先创新者的创新思路和创新行为，吸取率先创新者的成功经验和失败教训，引进和购买率先创新者的核心技术和核心秘密，并在此基础上改进完善，以进一步开发。

产品创新源于市场需求，源于市场对企业的产品技术需求，即技术创新活动以市场需求为出发点，明确产品技术的研究方向，通过技术创新活动，创造出适合这一需求的适销产品，使市场需求得以满足。在现实的企业中，产品创新总是在技术、需求两维之中，根据本行业、本企业的特点，将市场需求和本企业的技术能力相匹配，寻求风险收益的最佳结合点。产品创新动力从根本上说是技术推进和需求拉引共同作用的结果。

企业发展有一个长期的战略，产品创新在该战略中起关键的作用。产品创新也是一个系统工程，对这个系统工程的全方位战略部署是产品创新的战略，包括选择创新产品、确定创新模式和方式，以及与技术创新其他方面协调等。

### 7.4.5 服务创新

20 世纪 90 年代以来，全世界的生产制造商为了实现持续的利润增长，在自身工业产品的基础上，不断提升工业服务含量来提高企业竞争力。当前社会经济发展的驱动力由传统的物质产品生产转变为面向客户需求的产品服务生产，工业服务在企业利润中的比重不断提高。同时，制造企业的管理模式也从面向生产制造过程的管理转变为面向产品服务系统的管理。即在产品创新的同时，借助产品的服务增值，实施适合自身的服务创新战略，促进传统制造业向现代服务业转型。

服务创新的根本是针对产品服务价值创造相关的研究，主要围绕对产品服务价值创造所涉及的重要概念、体系、网络、机理、流程等方面展开更加深入的讨论。首先对服务价值创造相关重要概念进行标准化的定义，彻底分析工业产品服务价值创造体系，随后详细研究产品服务价值创造体系的价值创造网络和价值创造机理，构建面向通用产品服务的价值创造流程。

使用产品服务的价值创造理论为制造商的服务转型提供新的思路，从价值角度分析服务型制造企业的生产活动，并让客户真正参与到价值创造的活动中，实现产品服务的价值创造。广泛应用产品服务价值创造流程，从客户需求的价值识别入手，依据客户的价值需求，确定满足客户个性化需求的价值主张，通过优化后的价值交付流程，把产品服务交付给客户，提高客户的满意度水平，并通过价值评价，反馈产品服务价值创造过程中发现的绩效不足与能力不足，形成一个封闭的价值创造体系，从而形成了一种良性的产品服务演化循环。

服务创新的关键技术包括产品服务商业模式设计技术、服务需求的识别分析技术、服务需求的转化技术、服务模块的创建技术、服务方案配置优化技术、服务交付设计技术等。

### 7.4.6 品牌创新

品牌创新是指随着企业经营环境的变化和消费者需求的变化，品牌的内涵和表现形式也要不断变化和发展。纵观世界知名品牌，特别是一些百年品牌，如可口可乐、杜邦等，其品牌能长盛不衰的原因之一就是不断进行品牌和产品创新。

品牌是时代的标签，无论是品牌形式，如名称、标志等，还是品牌的内涵，如品牌的个性、品牌形象等，都是特定客观社会经济环境条件下的特殊产物，并作为一种人的意志体现。社会的变化、时代的发展要求品牌的内涵和形式不断变化，经营品牌从某种意义上说就是从商业、经济和社会文化的角度对这种变化的认知。如果一个品牌缺乏创新，必然会给人以落伍和死气沉沉的感觉，并可能承担其品牌市场份额被其他品牌侵占的风险。所以说，品牌创新是品牌自我发展的必然要求，是克服品牌老化、品牌生命得以延长的唯一途径。

一般来说，品牌创新的动因主要有两个：①消费者需求的变化激发品牌创新；②新的竞争环境需要品牌定位的修正与形象的更新。

品牌是以产品为载体的，离开了高质量的产品，品牌也就成了无本之木，无源之水。品牌创新最重要的是依靠技术创新，技术创新必然带来产品创新。同时品牌策略的合理利用也是品牌创新的一种方式，包括品牌延伸策略、副品牌策略，另外，还可以通过更改品牌名称、变换品牌标志、创新广告形式、与消费者进行互动沟通等方式更新品牌形象。

## 7.5 创新分类的价值

创新分类的价值体现在以下几个方面。

1）使创新上升为一门科学。

2）使创新过程具体化、流程化。

3）有助于创新者认识自己的思维方式。

4）使创新者有意识地去培养创新技能（包括观察力、发现问题能力、操作能力、系统分析和系统决策能力、信息能力等），促进创新思维的提升。

5）指导各个学科的科学研究，为促进创新成果的产生提供坚实的基础。

6）指导设计和生产，创造社会价值。

# 第 8 章　常用创新方法

## 8.1 常用创新方法概述

常用创新方法是建立在认识规律基础上的创新心理、创新思维方法的技巧和手段，是实现创新的中介。大部分以逻辑思维为主的创新方法，如演绎法、归纳法，是人们从长期科研和创新的实践过程中总结和提炼出来的，有系统的公理支持，形成了较完整的理论和方法学，而大部分以非逻辑思维为主的创新方法目前尚处于初生阶段。要想获得技术创新的突破，首先要靠创新方法的突破。

有关资料表明，自 20 世纪 30 年代亚历克斯·费克尼·奥斯本（Alex Faickney Osborn）创立第一种创新方法——智力激励法（也叫“头脑风暴法”）以来，全世界涌现出有案可查的创新方法 1000 余种，常用的有数十种。将创新方法进行合理分类，有助于人们更好地认识和掌握方法。然而，面对种类繁多的创新方法，要把它们逐一分类是一件比较困难的事情，因为多数创新方法都是研究者根据自己的实践经验和研究方法总结出来的，各种方法之间不存在科学的逻辑关系，没有一个公认的标准，难以形成统一的、科学的体系，各种方法之间存在彼此重复、界限模糊的情况。

通常，创新方法有以下几种分类方法。

**1. 按照思维的主要形式划分**

按照思维的主要形式可将创新方法分为两类：①以逻辑思维形式为主的方法，如演绎法、归纳法、类比法；②以非逻辑思维形式为主的方法，如智力激励法、联想法、形象思维法、缺点列举法等。

运用创新方法解决发明问题的过程中，创新者的思维形式往往是通过逻辑思维和非逻辑思维组合、互补的形式发挥作用的，因此必须强调：只能按某种方法的主要思维形式分类，而不是把它们绝对化，否则分类工作将难以开展。

**2. 按照方法本身的内在联系和层次的高低划分**

按照方法本身的内在联系和层次高低，可以将创新方法分为联想法、类比法、组合法。

1）联想法是以丰富的联想为主导的创新方法，其代表性的方法是亚历克斯·奥斯本提出的智力激励法，提出“自由思考和禁止批判的原则”，是为创新主体抛弃束缚的关键措施，为创新者开放思维空间、展开大胆联想和群体协同创造了条件。联想法是创新方法的初级层次。

2）类比法比联想法层次更高，是以大量联想为基础，以不同事物间的相同或相似点为切入口，充分运用想象思维，把已知事物和创新对象联系起来进行技术创新，其代表性的方法是综摄类比法，这一方法的中心部分是拟人类比、直接类比、象征类比、幻想类比等思维技巧问题。

3）组合法是把表面看似不相关的多个事物有机组合在一起，产生奇妙、新颖的创造结果。与类比法相比，组合法不是仅仅停留在对象的相似点上，而是把它们组合起来，产生意想不到的效果，因此，组合法比类比法层次更高，其代表性的方法是异类组合法，即将不同的事物在功能或在形式上进行组合，创造出新形象。

## 8.2　逻辑推理型技法

### 8.2.1　移植法

移植法是将某个学科、领域中的原理、技术和方法等，应用或渗透到其他学科、领域中，为解决某一问题提供启迪和帮助的创新思维方法。移植法的原理是各种理论和技术相互之间的转移，一般是把已成熟的成果转移到新的领域，用来解决新问题，因此，它是现有成果在新情境下的延伸、拓展和再创造。移植法的基本构成如图 8-1 所示。

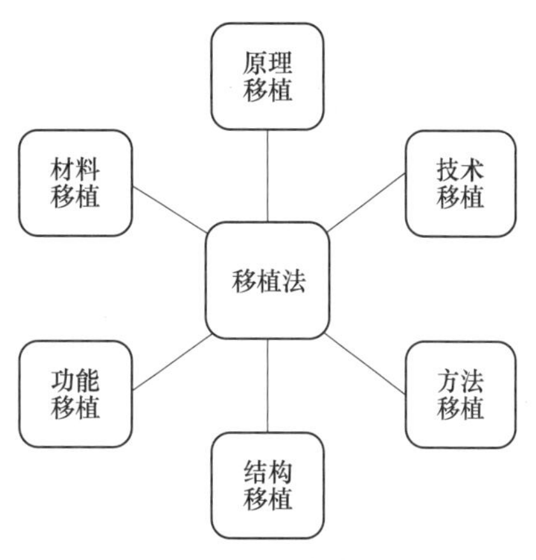


图 8-1　移植法的基本构成

（1）原理移植　原理移植即把某一学科中的科学原理应用于解决其他学科中的问题。例如，电子语音合成技术最初用在贺年卡上，后来就把它用到了倒车提示器上，又有人把它用到了玩具上，出现会哭、会笑、会说话、会唱歌、会奏乐的玩具，当然它还可以用在其他方面。

（2）技术移植　技术移植即把某一领域中的技术运用于解决其他领域中的问题。例如，生物中的一些结构被人们移植到工程领域，产生出许多发明创造。一位法国园艺师家中经常有人来参观花园，导致他家的花坛常被踩坏，他希望能将花坛修建得更坚固。他发现花盆里的花死后，从花盆里倒出的土很结实，不容易碎。观察发现，这是由于植物根须的作用。他模仿这种结构，用铁丝做骨架，用水泥砌花坛，效果非常好。这位对建筑技术一窍不通的法国园艺师发明了钢筋混凝土。

（3）方法移植　方法移植即把某一学科、领域中的方法应用于解决其他学科、领域中的问题。例如，中国香港中旅（集团）有限公司时任总经理马志民赴欧洲考察，参观了融入荷兰全国景点的“小人国”，回来后就把荷兰“小人国”的微缩处理方法移植到深圳，融华夏自然风光、人文景观于一炉，集千种风物、万般锦绣于一园，建成了具有中国特色和现代意味的崭新名胜“锦绣中华”，开业以来游人如织，十分红火。

（4）结构移植　结构移植即将某种事物的结构形式或结构特征，部分或整体地运用于另外的某种产品的设计与制造中。例如，缝衣服的线移植到手术中，出现了专用的手术线；用在衣服鞋帽上的拉链移植到手术中，完全取代用线缝合的传统技术，“手术拉链”比针线缝合快 10 倍，且不需要拆线，大大减轻了病人的痛苦。

（5）功能移植　功能移植即通过使某一事物的某种功能也为另一事物所具有而解决某个问题。比如，超导技术具有能提高强磁场、大电流、无热耗的独特功能，可以移植到许多领域：移植到计算机领域，可以研制成无功耗的超导计算机；移植到交通领域，可以研制磁悬浮列车；移植到航海领域，可以制成超导轮船；移植到医疗领域，可以制成核磁共振扫描仪等。

(6) 材料移植　材料移植即将材料转用到新的载体上，以产生新的成果。例如，用纸造房屋，经济耐用；用塑料和玻璃纤维取代钢来制造坦克的外壳，不但减轻了坦克的重量，而且具有避开雷达的隐形功能。

### 8.2.2　类比法

类比法是指不同事物或现象在一定关系上的部分相同或相似，通过对两个对象之间某些方面相同或相似之点进行比较分析，从而推出这两个对象在其他方面相同或相似的方法。

(1) 拟人类比　进行创造活动时，人们常将创造的对象“拟人化”。挖掘机可以模拟人体手臂的动作来进行设计。它的主臂如同人的上下臂，可以左右上下弯曲，挖掘斗似人的手掌，可以插入土中，将土挖起。在机械设计中，采用这种“拟人化”的设计，可以从人体某一部分的动作中得到启发，常收到意想不到的效果。现在，这种拟人类比法还被大量应用在科学管理中。

(2) 直接类比　直接类比即从自然界或已有的成果中找寻与创造对象类似的东西。例如，设计一种水上汽艇的控制系统，人们可以将它同汽车相类比。汽车上的操纵机构、车灯、扬声器、制动机构等都可以经过适当改装，运用到汽艇上，这样比凭空想象设计一种东西更容易获得成功。再如运用仿生学设计飞机、潜艇等，也都是一种直接类比的方法。又如，类比裙子的造型设计出可口可乐的玻璃瓶（图 8-2a），类比树木的外形设计出电视信号塔（图 8-2b）等。

(3) 象征类比　所谓象征，是一种用具体事物来表示某种抽象概念或思想感情的表现手法。在创造性活动中，人们有时也可以赋予创造对象一定的象征性，使它们具有独特的风格，这叫象征类比。象征类比较多地应用于建筑设计中。例如，设计纪念碑、纪念馆，需要赋予它们“宏伟”“庄严”“典雅”的象征格调。相反，设计咖啡馆、茶楼、音乐厅，就需要赋予它们“艺术”“优雅”的象征格调。历史上许多名垂千秋的建筑，就在于它们的格调迥异，具有各自的象征意义。

(4) 幻想类比　幻想类比也称空想类比或狂想类比，它是变已知为未知的主要机制，但无明确定义。美国麻省理工学院的威廉·戈顿教授认为，为了摆脱自我和超自我的束缚，发掘潜意识的本我优势，最好的办法是“有意识的自我欺骗”，而幻想类比就能发挥“有意识的自我欺骗”作用。简言之，就是利用幻想来启迪思路，古代神话、童话、故事中的许多幻想，在技术逐步发展之后很多已变为现实。

### 8.2.3　KJ 法

KJ 法又称 A 型图解法、亲和图法（Affinity Diagram）。KJ 法是将未知的问题、未曾接触过领域问题的相关事实、意见或设想之类的语言文字资料收集起来，并利用其内在的相互关系做成归类合并图，以便从复杂的现象中整理出思路，抓住实质，找出解决问题的途径的一种方法。KJ 法的实质是在智力激励法的基础上，通过信息收集、整理、评价加以完善。

KJ 法所用的工具是 A 型图解。而 A 型图解就是把收集到的某一特定主题的大量事实、意见或构思语言资料，根据它们相互间的关系进行分类综合的一种方法。把人们的不同意见、想法和经验，不加取舍与选择地统统收集起来，并利用这些资料间的相互关系予以归类

图 8-2　运用直接类比法进行的创新设计

整理，利于打破现状，进行创造性思维，从而采取协同行动，求得问题的解决。KJ 法常用于认识事实、形成构思、打破现状、彻底更新、筹划组织工作、彻底贯彻方针等方面。

图 8-3 所示为应用 KJ 法进行服装产品滞销原因分析。

### 8.2.4　自然现象和科学效应探索法

大自然为人类提供了无穷的智慧和宝藏，通过创造者自身感官或借助科学仪器对大自然进行认真考察，为创造新事物开创思路。

在长期的科学研究中，人们发现了许多自然想象中深层次的奥秘，总结出了上万条科学原理，在当今科技大发展、知识大爆炸的年代，产品创新需要更多跨学科的知识和更完善的创新理论支撑。科学效应是由于某种原因产生的一种特定的科学现象，包括物理效应、化学效应、生物效应和几何效应等，它们由各种科学原理组成，是构成各种领域知识的基本科学知识，科学效应在创新中起重要作用，每一个效应都可能形成创新问题的解决方案，可能产生新颖的创新方案。图 8-4 所示为某种新型润滑剂的发明过程。

到目前为止，研究人员已经总结出了大概 10000 多个效应，但常用的只有 1400 多个。研究表明，工程师自身掌握并应用的效应相当有限，一位普通的工程师所能知道的效应一般

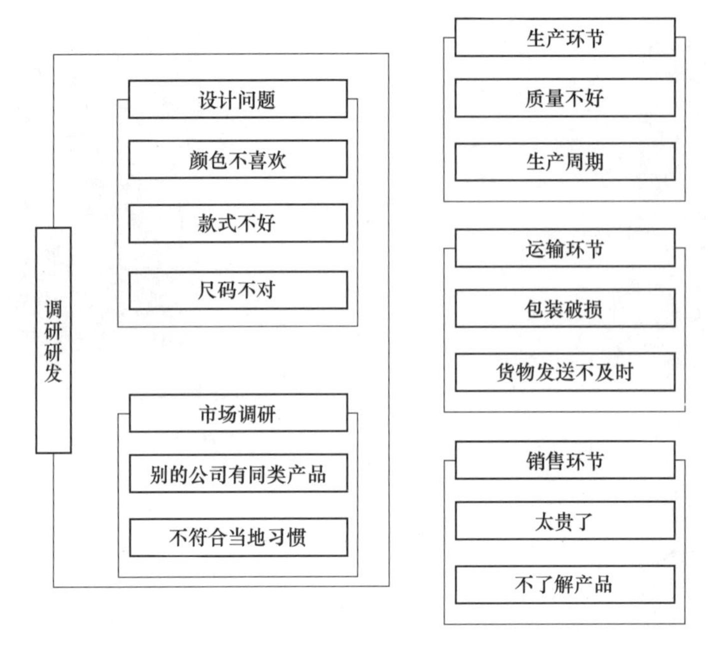


图 8-3　应用 KJ 法进行服装产品滞销原因分析

图 8-4　某种新型润滑剂的发明

有 20 多个，专家可能熟悉有 100~200 个。要让普通的技术人员都来认识和掌握各个工程领域的科学原理和效应极其困难。根里奇 · S. 阿奇舒勒（Genrich S. Altshuler）通过“从技术目标到实现方法”的转换，根据功能要求重新组织效应知识，组成效应知识库。它是 TRIZ 理论提供的重要工具之一，它将各个领域的效应知识集合起来，并包括效应应用的工程实例，用以指导创新者有效地应用效应进行各种创新活动。目前计算机辅助创新设计的工具已经把效应知识库作为主要功能模块之一。

### 8.2.5　TRIZ 技术创新法

党的二十大报告指出“必须坚持科技是第一生产力、人才是第一资源、创新是第一动力，深入实施科教兴国战略、人才强国战略、创新驱动发展战略”，我国已经进入创新型国家，必须把提高自主创新能力作为科技发展的首要任务，以创新文化激励科技进步和创新。

随着全球经济的不断发展，企业面临的市场竞争日益激烈。而企业的竞争主要取决于企业的人才和技术的竞争，如果企业拥有掌握先进技术和具有创造能力、创新意识的员工，那么，企业就会在竞争中立于不败之地。

实际生产工作中，人们经常会遇到各种各样的技术问题，但是，由于每个人的知识、经验、阅历的不同，致使同样的问题有的人很容易就解决，而另一些人不能解决或费很大的精力才能解决。因此，许多科学家研究是否有某种理论或方法能让人经过学习或锻炼，更轻松地解决遇到的问题呢？能否用启发的方式、类推的方法有效地帮助人们解决问题呢？研究成果表明，人们的发明创造能力、创新意识的高低强弱，不完全取决人的遗传特性，它不是天生的或依靠灵感产生的，而是可以借助于某些理论或方法，通过学习后天培养和锻炼出来的。每个人都有发明创造、创新的潜能，只不过是没有充分地被挖掘出来。如果每个人的创造潜能都能被挖掘和激发出来，那么人人都能成为发明家，都可以开展发明创造活动来解决技术难题，实现技术创新。

由苏联的根里奇·S. 阿奇舒勒发明的“TRIZ”发明问题解决理论（TRIZ 是拉丁文的 Teoriya Resheniya Izobretatel skikh Zadatch 首字母缩写，英文是 Theory of Inventive Problem Solving）恰恰可以帮助人们解决上面遇到的问题。这种理论可以有效地帮助人们挖掘和开发自己的创造潜能，使每个人都能提高创新意识，成为解决问题的行家里手。

到目前为止，发明问题解决理论被认为是最全面、系统地论述解决发明创造、实现技术创新的新理论，它被美国及欧洲等国家称为“超发明术”。阿奇舒勒以技术系统进化原理为核心，丰富和发展了哲学的三大定律，构建了具有辨证思想的解决发明创造问题、实现技术创新的理论体系。该理论非常适合企业解决技术矛盾或冲突，以实现技术创新。

**1. TRIZ 理论的诞生**

（1）TRIZ 之父　TRIZ 之父阿奇舒勒于 1926 年 10 月出生于苏联城市塔什干，今乌兹别克斯坦共和国首都。由于卓越的发明才能，阿奇舒勒进入了海军的专利评审机构，进行专利的评审工作。在研究成千上万项发明专利后，他于 1946 年总结归纳提出发明背后所隐藏的规律，为 TRIZ 理论的建立打下了基础。为了检验自己的理论，他做了很多项军事发明，获得了苏联发明专利。

阿奇舒勒于 1956 年发表了第一篇有关 TRIZ 理论的论文，1961 年出版了第一本有关 TRIZ 理论的著作《怎样学会发明创造》。1970 年创办了一所进行 TRIZ 理论研究和推广的学校，后来培养了很多 TRIZ 应用方面的专家。从 1985 年开始，早期的 TRIZ 专家中的一部分人移居到欧美国家，他们将 TRIZ 理论与当时先进的计算机信息技术相结合，促进了 TRIZ 在全世界范围内的传播。1989 年，阿奇舒勒集合了当时世界上数十位 TRIZ 专家，在彼得罗扎沃茨克建立了国际 TRIZ 协会，阿奇舒勒担任首届主席。国际 TRIZ 协会自建立以来一直是 TRIZ 理论最权威的学术研究机构，目前它在全球 10 多个国家和地区拥有 30 余个成员组织，共拥有数千名 TRIZ 专家。

（2）TRIZ 理论的提出　TRIZ 的提出源于以下认识：大量发明面临的基本问题和矛盾（TRIZ 称之为技术冲突和物理冲突）是相同的，只是技术领域不同而已。同样的技术发明和相应的解决方案在后来发明中被重新使用。将这些有关的知识进行提炼和重新组织，形成一种系统化的理论知识，就可以指导后来者的发明创造和创新。TRIZ 理论体系正是基于这一思路提出的，它打破了人们思考问题的惰性和片面的制约，避免了创新过程中的盲目性和局限性，明确指出了解决问题的方法和途径。

1946 年，以阿奇舒勒为首的专家经过几十年的搜集整理归纳提炼，发现技术系统的开发创新是有规律可循的，并在此基础上建立了一整套体系化、实用的解决发明创造问题的方法，可以说TRIZ理论是人类已有科技知识与创新思维规律、方法的完美结合，它是对人类创新活动、规律和原理更深入和系统的揭示，为更好地创新提供了坚实的理论和方法基础，是认识和推动人类创新活动的一个突破性成果，TRIZ是基于知识的、面向人的解决发明问题的系统化方法学。

（3）TRIZ理论的重要发现　在技术发展的历史长河中，人类已完成了许多产品的发明创造，设计人员或发明家已经积累了很多发明创造的经验。阿奇舒勒研究发现：①在以往不同领域的发明中所用到的原理（方法）并不多；不同时代的发明，不同领域的发明，应用的原理（方法）被反复利用；②每条发明原理（方法）并不限定应用于某一特殊领域，而是融合了物理、化学和几何学领域的原理，这些原理适用于不同领域的发明创造和创新；③类似的冲突或问题与该问题的解决原理在不同的工业及科学领域交替出现；④技术系统进化的模式（规律或路线）在不同的工程及科学领域交替出现；⑤创新所依据的科学原理往往属于其他领域。

（4）TRIZ理论的核心思想　TRIZ理论的核心思想是技术进化原理，主要体现在三个方面：①无论是一个简单产品还是复杂的技术系统，其核心技术的发展都是遵循着客观规律发展演变的，即具有客观的进化规律和模式；②各种技术冲突、难题或矛盾的不断解决是推动这种进化过程的原动力；③技术系统发展的理想状态是用尽量少的资源实现尽可能多的功能。

**2. TRIZ理论的主要内容**

创新从最通俗的意义上讲就是创造性地发现问题和创造性地解决问题的过程，TRIZ理论的强大作用正在于它为人们创造性地发现问题和解决问题提供了系统的理论、方法和工具。TRIZ理论体系主要包括以下几个方面。

（1）发明问题的情境分析方法　TRIZ理论中提供了如何系统分析问题的科学方法，如发明问题的情境分析、资源利用、理想化方法、多屏幕法等；而对于复杂问题的分析，则包含了科学的问题分析建模方法——物-场分析法，它可以帮助快速确认核心问题，发现根本矛盾所在，从源头上发现、分析和解决问题。

（2）技术系统进化法则　针对技术系统进化演变规律，在大量专利分析的基础上，TRIZ理论总结提炼出技术成熟度预测方法以及8个基本进化法则。利用这些方法和进化法则，可以分析确认当前产品的技术状态，从原理和核心技术层面上实现突破，开发富有竞争力的新产品，并预测未来产品或技术的可能发展趋势。

（3）物理冲突和技术冲突解决原理　不同的发明创造往往遵循共同的解决问题的规律。TRIZ理论将这些共同的规律归纳成40个发明创造原理，并针对具体的物理冲突或技术冲突，可以基于这些发明创造原理，运用冲突矩阵等方法，结合工程实际快速有效地寻求具体的问题解决方案（概念解）。

（4）发明问题标准解法　构建系统的物-场模型使创新问题模型化。针对具体物-场模型的特征，分别对应有标准的发明问题模型解决方法，包括模型的修整、转换、物质与场的添加等。TRIZ理论提出了针对物-场模型的解决方案，即76种标准解。

（5）发明问题解决的程序　发明问题解决的程序是指人们解决发明问题时应遵循的思想、方法，依据的计划和步骤等。它主要是针对复杂的问题、冲突及相关部件不明确的技术系统。它是一个对初始问题进行一系列变形及再定义等非计算性的逻辑分析过程，实现对问题的逐步深入分析、问题转化，直至问题的解决。

（6）效应知识库　基于物理、化学、几何学等领域的原理和数百万项发明专利的分析结果而构建的效应知识库，可以为技术创新提供丰富的方案来源。

TRIZ 理论是解决发明创造问题强有力的方法学，是一套有科学依据、行之有效的解决发明创造问题的工具。TRIZ 理论犹如一个导航系统，引导和控制发明创造的方向和过程，通过提供一系列的普适解，锁定技术突破的方向，快速找到可能的概念解或原理解，大大缩小探求和搜索的范围，避免试错法带来的浪费和低效。TRIZ 理论体系如图 8-5 所示。

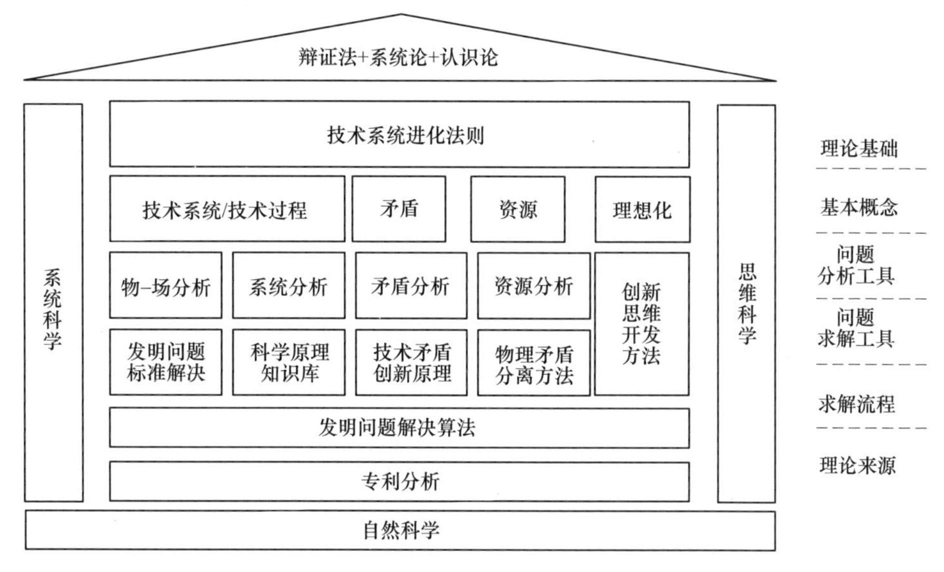


图 8-5　TRIZ 理论体系

**3. TRIZ 理论的作用**

TRIZ 理论源于技术领域，并广泛应用于工程技术领域，90%以上的世界 500 强企业应用 TRIZ 理论解决遇到的各种技术冲突。TRIZ 理论可以培养创新能力、提高创新意识、增加竞争潜力。针对企业技术方面的具体问题，TRIZ 理论可以实现：①树立全员创新理念，克服传统的思维定势；②使新产品研发在原理、工艺、材料等方面的新突破；③使研发的新产品避开竞争对手的专利，获得能增加市场占有率的专利，在自己现有技术范围内，创建专利保护伞；④产品的技术成熟度预测，预测下一代产品的技术发展方向，提升产品的技术等级；⑤缩短研发时间和降低成本。

罗克韦尔（Rockwell Automotive）公司针对某型号汽车的制动系统，应用 TRIZ 理论进行了创新设计。通过 TRIZ 理论的应用，制动系统发生了重要的变化，由原来的 12 个零件缩减为 4 个，成本减少 50%，但制动系统的功能却没有受到影响。

福特（Ford Motor）公司遇到了推力轴承在大负荷时出现偏移的问题，通过应用 TRIZ 理论，产生了 28 个新的概念解（冲突的解决方案），其中一个非常吸引人的新概念解是利用小热胀系数的材料制造这种轴承，最后很好地解决了上述问题。

TRIZ 理论目前也已逐步向其他领域渗透和扩展，由原来擅长的工程技术领域分别向自然科学、社会科学、管理科学、生物科学等领域发展。现已总结出了40条发明创造原理在工业、建筑、微电子、化学、生物学、社会学、医疗、食品、商业、教育应用的实例，用于指导解决各领域遇到的问题。

在俄罗斯，TRIZ 理论的培训已扩展到小学生、中学生和大学生。中学生正在改变他们思考问题的方法，他们的创造力迅猛提高，能用相对容易的方法处理和解决比较难的问题，一些小学生也受到了训练。美国的莱昂纳多·达芬奇（Leonardo da Vinci）研究院正在研制应用于小学和中学的 TRIZ 教学手册。

摩尔多瓦国家在1995—1996年总统竞选的过程中两个总统候选人聘请了 TRIZ 专家作为自己的竞选顾问，并把 TRIZ 理论应用到具体的竞选事宜中，取得了非常好的效果，其中一位成功登上总统宝座。

TRIZ 理论试图揭示并告诉我们创新不是灵感和灵光一现的作用，创新是人与技术依据某些规律相互作用的结果，可通过 TRIZ 理论、方法和工具的应用把创新过程逐步细化和具体化，遵循相关步骤或规律，每个人都能利用创新原理解决遇到的问题。创新是一种人类与生俱来的先天的能力，它随着年龄的增加而逐渐被埋没，但却又能在后天被重新激发。而 TRIZ 理论恰恰可以调动和激发人的创造能力，是被实践所证明的最行之有效的工具。总之，创新是有规律可循的，掌握了这些规律就可以快速有效地解决问题，立于不败之地。

## 8.3 联想型创新技法

### 8.3.1 智力激励法

智力激励法，又称头脑风暴法，《韦氏国际英语词典》将其定义为：一组人员通过开会方式对某一些问题出谋划策，群策群力解决问题。头脑风暴法如图8-6所示。它是1939年美国纽约 BBDO 广告公司前副经理奥斯本创立的，起初用于广告的创新构思，1953年汇编成书，是世界上最早传播的一种创新方法，其特点是以丰富的联想为主导，从心理上激励群体创新活动。

图8-6 头脑风暴法

奥斯本在提出此方法时，借用了一个精神病学术语“Brain Storming”（头脑风暴）作为该方法的名称。“头脑风暴”是指精神病人在失控状态下的胡思乱想，奥斯本借此描绘创造性思维自由奔放、打破常规、无拘无束，创造设想如狂风暴雨般倾盆而下。

奥斯本在研究人的创造力时发现，正常人都有创新能力，并可通过群体相互激励的方式来实现，因此创新方法学的群体原理是该创新方法的理论基础。科学测试证实，群体联想时，成年人的自由联想可以提高50%或更多。外国人对此智力激励法提出的4356个设想进行分析，结果表明，其中1400个设想是在别人的启发下获得的。

实施智力激励法的精华和核心在于它的四项原则，这四项原则具体如下：

（1）自由思考　自由思考即要求与会者尽可能地解放思想，无拘无束地思考问题并畅所欲言，不必顾虑自己的想法或说法是否“离经叛道”或“荒唐可笑”。

（2）延迟评判　延迟评判即要求与会者在会上不对他人的设想品头论足，不发表“这主意好极了！”“这种想法太离谱了！”之类的“捧杀句”或“扼杀句”。至于对设想的评判，留在会后组织专人考虑。

（3）以量求质　以量求质鼓励与会者尽可能多而广地提出设想，以大量的设想来保证质量较高的设想地存在。

（4）结合改善　结合改善即鼓励与会者积极进行智力互补，增加自己提出的设想的同时，注意思考如何把两个或更多的设想结合成另一个更完善的设想。

### 8.3.2　联想法

联想法，就是在创造过程中，对不同事物运用其概念、方法、模式、形象、机理等的相似性来激活想象机制，从而产生新颖独特设想的一种创新方法。通常，联想法主要包括接近联想法、相似联想法、对比联想法、自由联想法以及定向联想法等。

一般来说，人们在长期的科学研究和生产实践中获得的知识、经验和方法都存储在大脑的巨大记忆库里，虽然经时光消磨，记忆会逐渐远离记忆系统而进入记忆库底层，日渐淡薄、模糊甚至散失，但通过外界刺激-联想可以唤醒沉睡在记忆库底层的记忆，从而把当前事物与过去事物有机地联系起来，产生新设想和方案。事实上，底层记忆在很大程度上已转化为人的潜意识，所以通过联想使潜意识发挥作用，对人们开展创新活动有很大的帮助。联想是发明创造活动中的一种心理中介，它具有由此及彼、触类旁通的特性，常常会将人们的思维引向深化，导致创造性想象的形成以及直觉和顿悟的发生。

由于事物之间的关系错综复杂，联想类型也必然多种多样，可以是概念和概念之间的联想，也可以是形象和形象之间的联想；可以是像桌子和椅子这样两个客观存在物体之间的联想，也可以是牛郎和织女这样两个传说中的、虚构人物的联想。此外，联想还可以在已有的和未知的、真实的和虚假的事物之间进行。

### 8.3.3　逆向构思法

逆向构思法又称反面求索法。逆向思维和正向思维是两种相反的思考方法。正向思维是按既定的目标，一步一步向前推进的思维形式；逆向思维是针对既定的结论进行反向思考，提出相反的结论。逆向构思法也是TRIZ理论中40个发明原理之一。

逆向思维的创造性主要通过“逆向思考”“相反相成”和“相辅相成”三个方面体现出来。“逆向思考”是指人们有意识、有计划地按照事物对立面去发现新概念、产生新创意。法国微生物学家巴斯德（Louis Pasteur）发明了高温灭菌法，为酿造业和医学做出了重要贡献；英国科学家约瑟夫·约翰·汤姆逊（Joseph John Thomson）以相反的条件去思考，创造了低温消毒法，达到了同样的目的。所谓“相反相成”，是指人们将两个或多个对立面联系在一起时，能够发现它们之间有时不仅不起破坏作用，反而起促进作用，在它们相互补充和相互融合的作用下，可以发现事物新的功能和作用。所谓“相辅相成”，是指将对立面置于一个统一体系下，保持相互间一种必要的引力、融合，而且能够适时发挥作用，使事物同时具有两种对立的性质，能在两种对立的条件和状态下相继发挥作用。按这种思路进行科学研究、技术发明和系统管理，能创造出新的、科学的理论体系，可持续发展的概念、技术方法和设计方案。例如，将两种膨胀系数不同的金属片压合在一起，可用于测量温度和制造温敏开关。

创新实践表明，人们可以用具有挑战性、批判性和新奇性的逆向思维去开拓思路、启发思考，因为这种从事物对立、颠倒、相反角度去考虑问题的方式，往往能帮助人们有效地破除思维定势，克服经验思维、习惯思维或僵化思维所造成的认知障碍，为发明创造开路。

## 8.4 列举型创新技法

### 8.4.1 缺点列举法

缺点列举法是让人们用挑剔的眼光，有意识地列举、分析现有事物的缺点，再提出克服缺点的方向和改进设想的一种创新方法。由于它的针对性强，常可取得较好的效果，因此被广泛应用。

缺点列举法之所以对创新活动具有积极作用，主要是因为它有助于直接选题，帮助创新者获得新的目标。创新的第一步就是要提出问题，许多有志于创新的人，虽有强烈的愿望，却无法获得目标，面临错综复杂的研究对象不知从何下手。对现有事物的缺点进行列举，在平常认为没有问题的地方发现问题，在平常看不到缺点的时候找到缺点，利用事物存在缺点和人们期望尽善尽美间的矛盾，形成创新者的创新动力和目标。长柄弯把雨伞设计（图 8-7）中的缺点列举：①雨伞太长，不便于携带；②弯把手太大，会钩住别人的口袋；③打开和收拢不方便；④伞尖容易伤人；⑤太重，长时间打伞手会疼；⑥伞面遮挡视线，容易发生事故；⑦雨伞湿后不易放置；⑧抗风能力差；⑨骑自行车时，打伞容易出事故；⑩伞布上的雨水难以排除；⑪长时间打伞走路太无聊；⑫两个人使用时挡不住雨；⑬手中东西多时，无法打伞，无法收拢；⑭夏天在太阳下打伞太热。

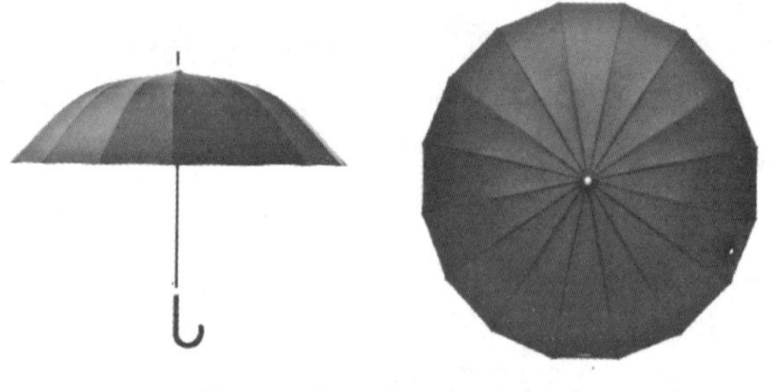

图 8-7　长柄弯把雨伞设计

### 8.4.2 希望点列举法

希望点列举法是从人们的理想和需要出发，通过列举希望来形成创新目标和新的创意，进而产生趋于理想化的创新产品。与缺点列举法不同，希望点列举法是从正面、积极的因素出发去考虑问题，凭借丰富的想象力、美好的理想大胆地提出希望点。实际上，许多产品正是根据人们的希望研制出来的。例如，人们希望使用洗衣机时更省心、更健康，于是就发明了全自动智能洗衣机；人们希望走路时能听音乐，于是就发明了“随身听”；人们希望上楼不用爬楼梯，于是就发明了电梯；人们希望像鸟一样在天空翱翔，于是就发明了飞机；人们希望像鱼一样在水中遨游，于是就发明了潜水艇；人们希望冬暖夏凉，于是就发明了空调等。古今中外的许多发明创造，都是按照人们的希望而产生的科学结晶。

在电话刚面市时，美国创造学家罗素·L. 艾可夫（Russell L. Ackoff）对理想的电话罗列了下列希望点：①只要想用电话，就能在任何场合使用它（手机）；②知道电话是从何处打来的，可以不去接那些不想接的电话（来电号码自动显示）；③如果拨电话给某人，遇到占线，待对方通话完毕后即可自动接上；④当无暇接电话时，可以告知对方在电话里留言（录音或发短信）；⑤能够三个人同时通话（会议电话）；⑥可以选择使用声音和画面（可视电话，如图8-8所示）。事实上，我们现今所用的电话，正是当年罗素·艾可夫所希望的电话。

图8-8 可视电话

希望点列举法主要运用理想化的原理，采用发散思维和收敛思维，促使人们全面感知事物，对希望点加以合理地分类、归纳，在重视消费者内在希望的同时，对现实希望、长远希望、一般希望和特殊希望区别对待，审时度势，做出科学的决策。功能颇多、能伸到几米外的假肢，并不一定得到残障人士的青睐，因为残障人士内心只是希望能够像正常人一样走路。希望点列举法不宜用于较复杂的项目，也不能达到最终解决问题的目的，应与其他方法结合应用。

### 8.4.3 特征点列举法

特征点列举法是美国内布拉斯加卫理公会大学新闻学家克劳福德（R. P. Crawford）发明的创新方法，即以任何事物都具有一定的特征为基础，通过对发明对象的特性进行详细分析和逐一列举，激发创造性思维，从而产生创造性设想，使每类特性中的具体性能得以改进或扩展。所以，该法也称为分析创新方法。

特征点列举法的应用程序如下：

1）将对象的特征或属性全部罗列出来，犹如把一架机器拆分成许多零件，将每个零件具有何种功能和特性、与整体的关系如何等全面列举出来，并做详细记录。

2）分门别类，加以整理，主要从以下几个方面考虑：①名词特性（性质、材料、整体和部分制造方法等）；②形容词特性（颜色、形状和感觉等）；③动词特性（有关机能及作用的特性，特别是那些使事物具有存在意义的功能）。

3）在各项目下设想从材料、结构、功能等方面加以改进，试用可替代的各种属性加以配置，引出独创性方案。其关键是要尽可能详尽地分析每一特性，提出问题，找出缺陷。

4）方案提出后还要进行评价和讨论，使产品更能满足人们的需求。譬如，要改良一只烧水用的水壶，使用特征点列举法可先把水壶的构造及性能按照要求予以列出，然后注意检查每一项特征可以加以改进之处，问题便迎刃而解。

（1）名词特性

1）整体：水壶。

2）部分：壶嘴、壶把手、壶盖子、壶身、壶底。

3）材料：铝、不锈钢、搪瓷、铜等。

4）制作方法：冲压、拉深、焊接、铸造等。

通过以上特征分析便可提醒人们有许多可改进之处，例如，壶嘴会不会太长，壶的把手可不可以改用塑料，壶盖可否采用冲压的方法以避免焊接加工的麻烦等。

（2）形容词特性　水壶的颜色有黄色、银白色等；重量有轻、重；形状有方形、圆形和椭圆；图案更有多种。水壶的高低、大小均有不同。

由此也可以发现许多可改良之处，对于造型、图案，人们的眼光各不相同，可以用仿生学原理制作各种果实形状和动物形状的壶；也可以从节能、美观等方面考虑，设计出有现代感的水壶。

（3）动词特性　功能方面的特性，如冲水、盛水、加热、保温等，从中可以发现许多可改良之处，例如，可将水壶改为双层并采用保温材料，给壶嘴或壶盖加上鸣笛装置，当水开时可以发出鸣叫，电热壶在水烧开后自动断电等。人们非常重视产品的实用性，如果能在功能上多想些点子，肯定有助于提高产品的市场份额。

## 8.5 形象思维型技法

### 8.5.1 形象思维法

形象思维法是指将思维可视化，即将思维画成图形。有人说，21 世纪是人们读图的时代，即在思考问题时，必须充分利用图形。大家都有这样的体会，当我们演算一个较复杂的数学或物理习题时，如果能画出示意图，根据图形找到事物间的关系，更便于问题的解决。创新设计过程中，若能借助于图形、符号、模型、实物等形象进行思考，对于提高创造性思考效率大有好处。

用形象思维法进行创造性思考的过程中，要注意两点：①借助参考形象；②创造新形象。参考形象就是思考时把被参考的东西形象化；创造新形象就是把创新的各种方案形象化。例如，要发明一种水陆两用汽车，首先必须参考已有的陆用汽车、船舶、潜艇、水陆两用汽车或某些水生动物的形象，然后充分想象各种水陆两用汽车的方案，并及时将它们形象化地描绘成各种图形、符号、模型等，以便进一步创造新形象。形象思维，特别是想象，是创造性思考非常重要的手段和必不可少的过程，想象能力是创新者必备的重要能力。

### 8.5.2 灵感启示法

灵感启示法是指人们依靠灵感的启示作用，对那些在创新过程中百思不得其解的关键问题，在时间上、空间上、方法上、认识上得到突破并获得解决。它是人们对事物本质特性的突然领悟和对事物发展规律的飞跃认识。

灵感这个词人们并不陌生，它是人脑过量思考、超常思索后的一种心理反应，是人的一种思维状态。只有当人们长期探求和过量思考某一问题时，才为灵感的产生创造了必要条件。

灵感是以人们丰富的想象和大胆地猜测为基础的。人们在长期的探求和艰苦思索中，运用想象和猜测这种思维武器，在全方位和多层次上寻求解决问题的突破口。灵感又是以人们接触到的偶然思维为出发点。人们在长期的探求和思索中，总会找到一些片段的、暂时的、个别的练习，这些看起来不太引人注目的练习，一旦受到某种启迪，便会产生神奇的催化作用和黏合作用，就能有机地串接在一起，架起思维的桥梁。如图 8-9 所示，凯库勒长期思考苯的分子结构，有一天他在睡梦中看到碳链似乎“活”了起来，变成了一条蛇咬住了自己的尾巴，形成了一个环，凯库勒猛然惊醒，明白了苯分子是一个六角形环状结构。

图 8-9　凯库勒与苯环结构的发现

## 8.5.3　大胆设想法

大胆设想法就是彻底冲破现有事物的约束，对现在尚没有，但有可能产生的事物进行大胆设想的方法，其目的是最终产生理想的概念和创新方案。人们应该从技术进化的方向去设想，并运用发明原理、知识效应库、标准解等多种工具去大胆设想。如图 8-10 所示，将一些超现实主义的设计元素融入汽车、飞船及建筑的概念设计中，可以对未来的发展提供参考及方向指导。

图 8-10　现代的一些大胆设想的概念设计

以下列举一些常用的大胆设想做法：

1）摆脱现有技术和事物的约束，深入研究技术的发展规律，不能认为现有的技术和事物已能满足人们的需求；更不能认为现有的技术和事物经过多年的发展已完整无缺到了顶峰，再也无法提高和突破；也不要迷信权威和经典。人的需求永无止境，这是人的本能，当一种需求得到满足时，又会产生更高级的需求。

2）必须有大胆怀疑的精神，对现有的事物、技术、经典理论、权威都可以怀疑，同时要进行认真分析，如它们是什么时候、什么情况下、为什么需求而产生的？它们应用的是什么原理？使用价值如何？要怀疑它们有问题，有不能满足需求的地方，有不理想的地方，甚至怀疑它们有根本性的、原则性的错误，考虑能否将它们取消或用别的东西来代替，至少要考虑它们能否改进。

3）对已经熟悉的事物、产品、技术有意识地以陌生的姿态对待，其做法是对某一老事物、老产品或老技术的结构、方法或原理有意识地避而不管，而当成一件被重新设计的新事物，根据其应有的功能，应用自己所具有的知识经验和创新方法，结合最新出现的技术重新进行创新思考。经认真思考创造出的该类事物，一般都会与原来的事物有一定的区别或根本性的区别，有区别的地方往往是应改进或创新的部分。

4）要海阔天空地想。人的思维活动有无限广阔的天地，犹如万马奔腾，凡是能想到的领域或方面都可以去想。哪怕是看起来很荒唐的想法，例如，可以设想不用洗的衣服，找一个机器人来做朋友等。

5）要别出心裁。当人们的基本需求得到充分满足后，他们的需求将由对功能的需求转向心理的需求，例如，现在人们穿衣服已不再只是为了防寒、防晒和遮体，而主要是出自美的心理需求，更喜欢追求时尚。成功的别出心裁往往能有效地激发人们的需求。

6）大胆设想。创意的威力之所以强大，就在于它能促使人们对未来进行创造性思考。例如，当人们提出将现代电子技术如何应用到手表时，就出现了电子表；随着汽车的不断增多，当撞车事故频发时，人们就产生了汽车防撞装置和自动驾驶的创意。因此，大胆创意是激发人们从事创新的源头。托夫勒（Alvin Toffler）构思的人类“第四次产业革命”或“第三次浪潮”创意，不但激荡了整个美国社会，而且引起了全世界的重视和反响，我国也在积极探索对策。

## 8.6 组合型技法

### 8.6.1 组合法

组合法是指组合或者合并空间上、时间上同类或相邻的物体或操作的创新方法。当今技术的飞速发展，起主导作用的已不是单一的技术，而是由信息技术、生物技术、新材料技术、先进制造技术、海洋技术、空间技术、环境技术等通过相互联系、渗透、集成和重组而形成的技术群，这种技术群在发展过程中，又会出现相互交叉、融合的技术领域，并产生一批新的学科和技术。由此，把握技术交叉组合的趋势，探索跨学科、跨领域的研究开发机制，大力推进组合创新，是企业、地区乃至整个国家创新制胜的基石。组合法也是 TRIZ 理论中40个发明原理之一。组合法常用的有主体附加法、异类组合法、同物自组法和重组组合法等方法。

组合法原理体现在以下两个方面：

1）合并空间上的同类或相邻的物体或操作，如个人计算机、并行处理计算机中的多个微处理器、集多种工具于一体的瑞士军刀、合并两部电梯来提升一个宽大的物件等。多核处理器与瑞士军刀如图8-11所示。

图8-11　多核处理器与瑞士军刀

2）组合时间上的同类或相邻的物体或操作，如冷热水混水器。

### 8.6.2　分解法

分解法的原意是将一个整体分解成若干部分或者分出某部分，它也是TRIZ理论中40个发明原理之一。创造学中的分解法是指将一个整体事物进行分解，使分解出来的那部分经过改进完善，成为一个单独的整体，形成一个新产物或新事物。

分解的具体方法有两种：一种是“分解成若干部分”仍然是“一个整体”，但有了新的功能，这是一种分解而不分立的创新；另一种是从“一个整体”中分出某个组成部分或某几个组成部分，由此构成功能独立的新实体，这是一种既分解又分立的创新。

分解法绝不是把组合创造的成果再分离成组合前的状况，首要环节是选择和确定分解的对象，通过分解创造，使事物的局部结构或局部功能产生相互独立的变化或脱离整体的变化。对于任何一个整体，只要能分解成异于原先的状态、异于原先的功能或者分解出新的事物，就具有进行分解创新的意义和价值。

分解创新不仅是创新的一种方法，也是认识事物的重要途径，可以使人们深入事物内部，进行系统的观察和周密的思考。通过对事物的分解，可以看到很多巧妙的结构形态，认识各层次的结构功能，学到许多结构设计的方法，从而受到创新启迪，使我们发现更多的创新对象，有助于更多的创新设想和成果的产生。

分解法和组合法虽然是不同的创新方法，但它们出自同一思路，均是以现有事物的功能为前提，以改变现有功能为目的，同时保留需要的原功能，增添新功能。

### 8.6.3　形态分析法

形态分析法是一种系统化构思和程式化解题的发明创新方法，也是常用的方法之一，广泛应用于自然科学、社会科学以及技术预测、方案决策等领域，由美国加利福尼亚理工学院教授弗里茨·兹维基（Fritz Zwicky）和美籍瑞士矿物学家P. 里哥尼（P. Nigeni）合作创建。它是一种探求全方位的组合方法，其核心是把需解决的问题首先分解成若干个彼此独立的要素，然后用网络图解的方式进行排列组合，以产生解决问题的系统方案或设想。

在形态分析法中，因素和形态是两个非常重要的基本概念。因素是指构成某种实物各种功能的特性因子；形态是指实现实物各种功能的技术手段。以某种工业产品为例，反映该产品特定用途或特定功能的性能指标可作为其基本因素，而实现该产品特点用途或特定功能的技术手段可作为其基本形态。例如，若将某产品“时间控制”功能作为其基本因素，那么“手工控制”“机械控制”“计算机控制”“智能控制”等技术手段，都可视为该基本因素所对应的基本形态。

从本质上看，形态分析法是先将研究对象视为一个系统，将其分成若干结构上或功能上专有的形态因素，即将系统分成人们借以解决问题和实现基本目的的因素，然后加以重新排列组合，借以产生新的观念和创意。如将物品从某一位置搬运到另一个位置，可以应用形态分析法进行分析，详见表 8-1。

表 8-1　形态分析法

| 形　态 | 要　素 | | |
|---|---|---|---|
| | 1. 装运形式 | 2. 输送方式 | 3. 动力来源 |
| 1 | 车辆式 | 水 | 蒸汽 |
| 2 | 输送带式 | 油 | 电动机 |
| 3 | 容器式 | 空气 | 压缩空气 |
| 4 | 吊包式 | 轨道 | 电磁力 |
| 5 | | 滚轴 | 内燃机 |
| 6 | | 滑面 | 原子能 |
| 7 | | 管道 | 蓄电池 |

对上述各形态进行排列组合，能得到 196（4×7×7 = 196）种方案可供选择。例如，采用容器装载、轨道运输、压缩空气作为动力；采用吊包装载、滑面运输、电磁力作为动力；采用容器装载、水作为运输方式、内燃机作为动力等。

形态分析法的突出特点体现在以下两个方面：

1）所得总构思方案具有全方位的性质，即只要将研究对象的全部因素及各因素所有可能形态都排列出来，组合方案将包罗万象。

2）所得总构思方案具有程式化的性质，并且这些构思方案的产生，主要依靠人们所进行的认真、细致、严密的分析工作，而不是依靠人们的直觉、灵感或想象。

由于形态分析法采用系统化构思和程式化解题，因此只要运用得当，此法可以产生大量设想，包括各种独创性、实用性、创新程度比较高的设想，可以使发明创造过程中的各种构思方案比较直观地显示出来。

### 8.6.4　横向思考法

人的思维方向或路线可以形象地分为纵向思维和横向思维两种。纵向思考可看成是沿着单一、专业方向，往纵深方向探索。横向思考就是为了提高创新成功的机会，广泛地获取一切领域的信息和技术，全方位地进行思考和探索。例如，机械加工中的高能成形法就是以炸药、高压放电、高压气体等作为动力的高速高压成形方法，具有模具简单、设备少、工序少、表面粗糙度值小和精度高的特点，简单有效解决了用普通冲压设备无法成形的复杂零件的加工问题。又如静电除尘器（图 8-12），它是应用电学原理来有效完成除尘的。

每当构思某一问题时，一般来说，首先是从自己熟悉的专业知识范围内进行思考，当达到一定的深度而仍找不出解决方法时，就应及时停止这种纵向思考，转而进行横向思考。

尽管目前已经取得了众多创新成果，但很多创新实质上是横向领域技术在工程上的全新应用。如果在面对某一具体问题时能及时了解不同学科领域解决此类问题的有效办法，尤其是其他领域所不熟悉的技术，将会有极大的启发。

图 8-12 静电除尘器的应用

在人类的发明创造史上，有不少重大创新是用其他领域的知识解决本专业领域的重大问题，也有不少重大发明根本就不是本专业人员完成的，这些都验证了开展横向思考的重大意义。苏联发明家阿奇舒勒明确指出，解决发明问题所寻求的科学原理和法则是客观存在的，同样的技术创新原理和相应的解决方案，会在后来一次次发明中被重复应用，只是被使用的技术领域不同而已。例如，在 TRIZ 理论中提出的第 28 个发明原理——替代机械系统原理，各行各业都应用了这一原理开发出无数的新产品，如以交流变频技术代替传统的变速器；以各种电、磁、光传感器代替机械测量；利用光、电控制替代机械控制开发出上万种光机电一体化产品等。

横向思考的具体方法有很多，首先要养成遇到问题就能纵横交叉思考的习惯，其次是需要有一定的知识储备，知识面越广越好。运用计算机辅助创新技术学习和掌握效应知识库，是促使人们扩展知识范围的得力工具。

## 8.7 有序思维型创造技法

### 8.7.1 奥斯本检核表法

检核表法是根据研究对象的特点列出有关问题，形成检核表，然后一个一个地进行核对讨论，从而发掘出解决问题的大量设想。它引导人们根据检核项目的一条条思路来求解问题，以力求比较周密的思考。

奥斯本的检核表是针对某种特定要求制订的检核表，主要用于新产品的研制开发。奥斯本检核表法是指以该技法的发明者奥斯本命名、引导主体在创造过程中对照 9 个方面的问题（能否他用、能否借用、能否改变、能否扩大、能否缩小、能否替代、能否调整、能否颠倒、能否组合）进行思考，以便启迪思路，开拓想象的空间，促使人们产生新设想、新方案的方法。

奥斯本检核表法是一种产生创意的方法。在众多的创造技法中，这种方法是一种效果比较理想的技法，由于它突出的效果，被誉为创造之母。人们运用这种方法，产生了很多杰出的创意以及大量的发明创造。奥斯本检核表法在手电筒创新设计中的应用见表 8-2。

表 8-2 奥斯本检核表法在手电筒创新设计中的应用

| 序号 | 检核项目 | 引出的发明 |
|---|---|---|
| 1 | 能否他用 | 其他用途：信号灯、装饰灯 |
| 2 | 能否借用 | 增加功能：加大反光罩，增加灯泡亮度 |
| 3 | 能否改变 | 改一改：改灯罩、改小电珠和用彩色电珠等 |
| 4 | 能否扩大 | 延长使用寿命：节电、降低电压 |
| 5 | 能否缩小 | 缩小体积：1 号电池→2 号电池→5 号电池→7 号电池→8 号电池→纽扣电池 |
| 6 | 能否替代 | 代用：用发光二极管替代小电珠 |
| 7 | 能否调整 | 换型号：两节电池直排、横排、改变样式 |
| 8 | 能否颠倒 | 反过来想：不用干电池的手电筒，用磁电机发电 |
| 9 | 能否组合 | 与其他的组合：带手电收音机、带手电的钟等 |

奥斯本检核表法有利于提高创新的成功率。检核表法的设计特点之一是多向思维，用多条提示引导你去发散思考。奥斯本检核表法使人们突破了不愿提问或不善提问的心理障碍，逐项检核时，强迫人们扩展思维，突破旧的思维框架，开拓创新的思路。

利用奥斯本检核表法，可以产生大量的原始思路和原始创意，它对人们的发散思维有很大的启发作用。当然，运用此方法时，还要注意几个问题：①它还要和具体的知识经验相结合。奥斯本只是提示了思考的一般角度和思路，思路的拓展还要依赖人们的具体思考；②它还要结合改进对象（方案或产品）来进行思考；③它还可以自行设计大量的问题，提出的问题越新颖，得到的主意越有创意。

### 8.7.2 5W1H 法

5W1H 分析法也叫六何分析法，是一种思考方法，可以说是一种创造技法，是对选定的项目、工序或操作，都要从为什么（何因，Why）、对象（何事，What）、场所（何地，Where）、时间（何时，When）、人员（何人，Who）、方法（何法，How）六个方面提出问题进行思考。这种看似很可笑、很天真的问话和思考办法，可使思考的内容深化、科学化。具体如下：

1）对象（What）。例如，公司生产什么产品？车间生产什么零配件？为什么要生产这个产品？能不能生产别的？我到底应该生产什么？例如，如果现在这个产品不挣钱，换个利润高点的好不好？

2）场所（Where）。例如，生产在哪里进行？为什么要在这个地方进行？换个地方行不行？到底应该在什么地方进行？这是选择工作场所应该考虑的。

3）时间和程序（When）。例如，现在这道工序或零部件是在什么时候生产的？为什么要在这个时候生产？能不能在其他时候生产？把后道工序提到前面行不行？到底应该在什么时间生产？

4）人员（Who）。例如，现在这个事情是谁在干？为什么要让他干？如果他既不负责任，脾气又很大，是不是可以换人？有时候换一个人，整个生产就有起色了。

5）为什么（Why）。例如，为什么采用这个技术参数？为什么不能有振动？为什么不能使用？为什么变成红色？为什么要做成这个形状？为什么采用机器代替人力？为什么非做不可？

6）方法（How）。手段也就是工艺方法，例如，现在我们是怎样干的？为什么用这种方法来干？有没有别的方法？到底应该怎么干？有时候方法一改，全局就会改变。

### 8.7.3　和田十二法

和田十二法，又叫“和田创新法则”（和田创新十二法），即人们在观察、认识事物时，可以考虑是否可以：

1）加一加。加高、加厚、加多、组合等。

2）减一减。减轻、减少、省略等。

3）扩一扩。放大、扩大、提高功效等。

4）变一变。变形状、变颜色、变气味、变音响、变次序等。

5）改一改。改缺点、改不便、改不足之处。

6）缩一缩。压缩、缩小、微型化。

7）联一联。原因和结果有何联系，把某些东西联系起来。

8）学一学。模仿形状、结构、方法，学习先进。

9）代一代。用别的材料代替，用别的方法代替。

10）搬一搬。移作他用。

11）反一反。能否颠倒一下。

12）定一定。定个界限、标准，能提高工作效率。

如果按这十二个“一”的顺序进行核对和思考，就能从中得到启发，诱导人们的创造性设想。所以，和田十二法、奥斯本检核表法都是打开人们的创造思路，从而获得创造性设想的“思路提示法”。

和田十二法是我国学者许立言、张福奎在奥斯本检核表法的基础上，借用其基本原理，加以创造而提出的一种思维技法。它既是对奥斯本检核表法的一种继承，又是一种大胆的创新。比如，其中的“联一联”“定一定”等，就是一种新发展。同时，这些技法更通俗易懂，简便易行，便于推广。

# 第 9 章　流程化创新方法

## 9.1　流程化创新过程

通常认为，创新是一种非逻辑思维、灵感思维，难以用系统和流程化的方法实现创新。其实创新的流程也可以相对固定下来，有了流程后不仅不会僵化，而且可以实现流程化的思维，搜索式地找到各种可能的创新方案。当今世界，要成为世界级的创新型企业，必须拥有系统化和流程化的创新流程，具备创新型的企业行为准则。

流程化创新的作用：①包含企业长期最好的创新实践经验；②共享企业资源；③推行共同的语言，流程一致便于交流，加大各部门之间的紧密协同；④统一管理创新流程项目。

流程化创新过程如图 9-1 所示，由八个步骤组成。

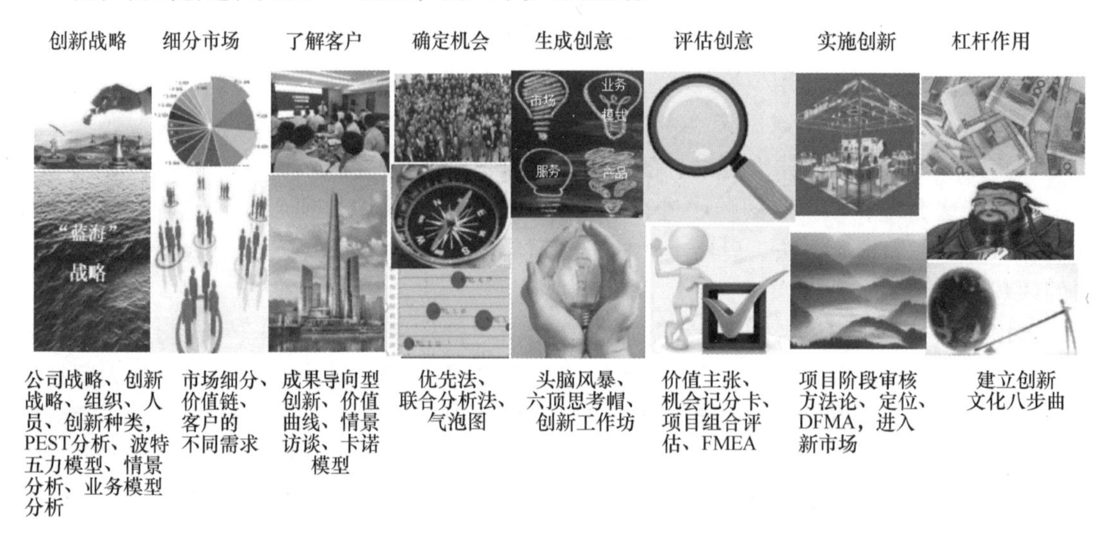


图 9-1　流程化创新过程

（1）创新战略　创新事业的战略导向——明确企业创新发展战略；创新结构的战略导向——明确创新组织的职能；创新内容的战略导向——集约的创新探索演进。

（2）细分市场　锁定目标，细分市场。通过对客户需求差异予以定位，进行价值识别与创造，以取得较大的经济效益。

（3）了解客户　创新过程中，只有准确地了解客户对产品、服务、价格等方面的需求，才能有针对性地提出合理的创新方案。

（4）确定机会　识别产品创新机会，确认可行性、潜在市场需求和各种技术指标等。

（5）生成创意　产生各种满足客户需求的创意。

（6）评估创意　从生成的创意中发掘有价值并行之有效的创意。

（7）实施创新　将创新转化为产品，满足客户需求。

（8）杠杆作用　建立创新文化，促进持续创新。

## 9.2 创新战略

战略本是一个军事术语，意指军事将领指挥军队作战的谋略。后来，这个词被引申至政治和经济领域，含义演变为统领性的、全局性的、左右胜败的谋略、方案和对策。战略不是办公室里的高谈阔论，而是要基于现实环境，根据自己的优势和劣势以及同行的策略，制订出一整套可执行的方案，并把这个方案变成现实。创新战略是企业战略的关键组成部分，应该与企业战略总体保持一致。创新战略还应服务于企业总体战略，同时创新战略对企业总体战略有能动作用。

### 9.2.1 战略三要素

战略就是设计用来开发核心竞争力、获取竞争优势的一系列综合、协调的约定和行动。如果选择了一种战略，公司即在不同的竞争方式中做出了选择。从这个意义上来说，战略选择表明了企业打算做什么以及不做什么。

有效战略包含三个关键要素：企业目标、企业范围和企业优势。

（1）企业目标　企业目标界定了企业的经营方向、远景目标，明确了企业的经营方针和行动指南，并筹划了实现目标的发展轨迹及指导性的措施、对策，在企业经营管理活动中起导向作用。

（2）企业范围　企业范围包括三个方面：客户或产品、地理位置以及纵向整合。这三个方面的界限明确界定后，管理者应该十分清楚需重点关注哪些运营活动，而且更为重要的是，不应涉足哪些运营活动。

（3）企业优势　竞争优势是企业的战略之本，企业将如何做到与众不同或比他人做得更好，决定了企业实现既定目标所要采取的首要手段。企业需进行内外环境分析，明确自身的资源优势和核心能力等，通过设计适宜的经营模式，形成特色经营，增强企业的对抗性和战斗力，推动企业长远、健康发展。

### 9.2.2 创新战略分析方法

**1. PEST 分析方法**

PEST 分析方法是指对宏观环境进行的一种分析方法，其中，P 指代政治（Politics），E 指代经济（Economy），S 指代社会（Society），T 指代技术（Technology），如图 9-2 所示。考量企业所处的外部环境时，通常通过这四个因素来进行分析。

**2. 波特五力模型**

使用波特五力模型（图 9-3），可以有效地分析客户的竞争环境。这五种力量分别是供应商的议价能力、购买者的议价能力、潜在进入者的威胁、替代品的威胁以及同一行业内企业间的竞争。波特五力模型将大量不同的因素汇集在一个简便的模型中，以此分析一个行业的基本竞争态势。一种可行战略的提出首先应包括确认并评价这五种力量，不同力量的特性和重要性因行业和企业的不同而有所变化。

（1）供应商的议价能力　供应商主要依靠其提高投入要素价格与降低单位价值质量的

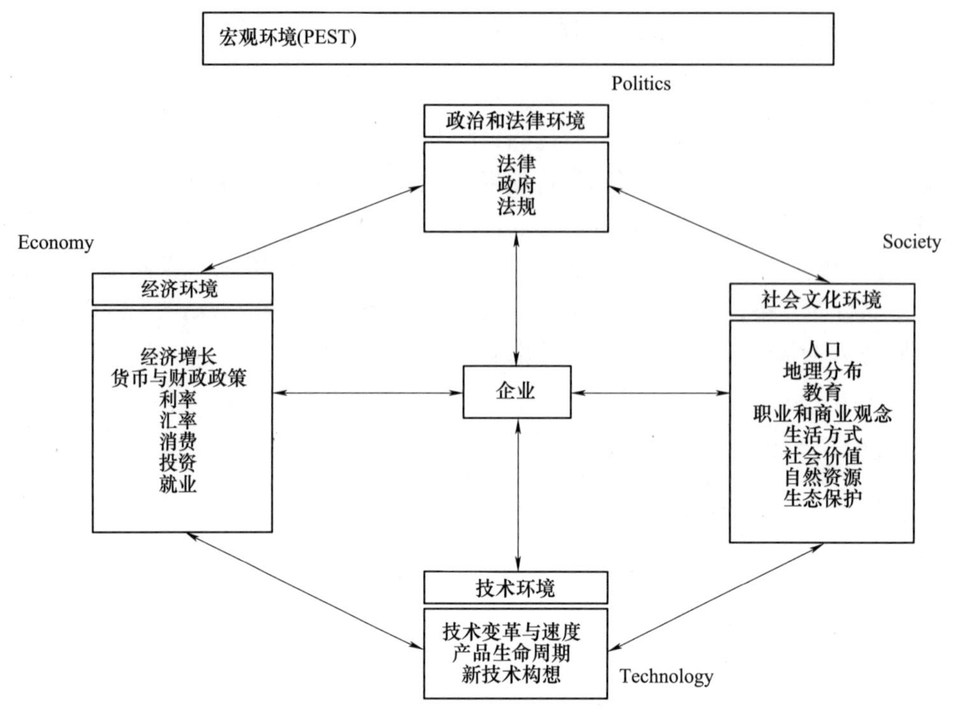


图 9-2 PEST 分析方法

能力，来影响行业中现有企业的盈利能力与产品竞争力。供应商力量的强弱主要取决于他们所提供给买主的是什么投入要素，当供方提供的投入要素的价值占买主产品总成本的较大比例，且对买主产品生产过程非常重要或者严重影响买主产品的质量时，供应商对于买主的潜在议价能力就大大增强。

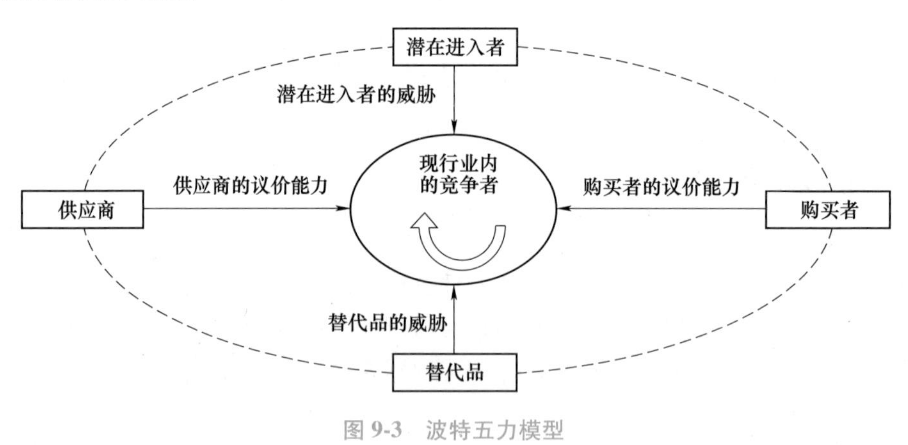


图 9-3 波特五力模型

（2）购买者的议价能力 购买者主要依靠其压价与要求提供较高质量的产品或服务的能力，以影响行业中现有企业的盈利能力。

（3）潜在进入者的威胁 新进入者给行业带来新生产能力、新资源的同时，希望在已被现有企业瓜分完毕的市场中赢得一席之地，这就有可能会与现有企业发生原材料与市场份额的竞争，最终导致行业中现有企业盈利水平降低，严重的话还有可能危及这些企业的生存。潜在进入者威胁的严重程度取决于两方面的因素，即进入新领域的障碍大小与预期现有企业对于进入者的反应情况。

（4）替代品的威胁　两个处于同行业或不同行业中的企业，可能会由于所生产的产品互为替代品，从而在它们之间产生相互竞争的行为，这种源自于替代品的竞争会以各种形式影响行业中现有企业的竞争战略：①现有企业产品售价以及获利潜力的提高，将由于存在能被用户方便接受的替代品而受到限制；②替代品生产者的侵入使得现有企业必须提高产品质量，或降低成本来降低售价，或使其产品具有特色，否则其销量与利润增长的目标就有可能受挫；③源自替代品生产者的竞争强度，受产品买主转换成本高低的影响。

（5）同一行业内企业间的竞争　大部分行业中的企业，相互之间的利益都是紧密联系在一起的，作为企业整体战略一部分的企业竞争战略，其目标都在于使企业获得相对竞争优势，所以，在战略实施过程中就必然会产生冲突与对抗，这些冲突与对抗就构成了现有企业之间的竞争。现有企业之间的竞争常表现在价格、广告、产品介绍、售后服务等方面，其竞争强度与许多因素有关。

**3.“蓝海”战略**

“蓝海”战略，就是企业突破“红海”的残酷竞争，不把主要精力放在打败竞争对手上，而主要放在全力为买方与企业自身创造价值飞跃上，由此开创新的“无人竞争”的市场空间，彻底摆脱竞争，开创属于自己的一片“蓝海”。其核心观点就是谁能够率先发现市场空间，谁就能够在产品与消费者之间创造一个彼此都满意的价值链，谁就能在市场竞争中占得先机。如图9-4所示，通过“红海”与“蓝海”的对比，通过实施“蓝海”战略可使企业获得巨大的成长空间。

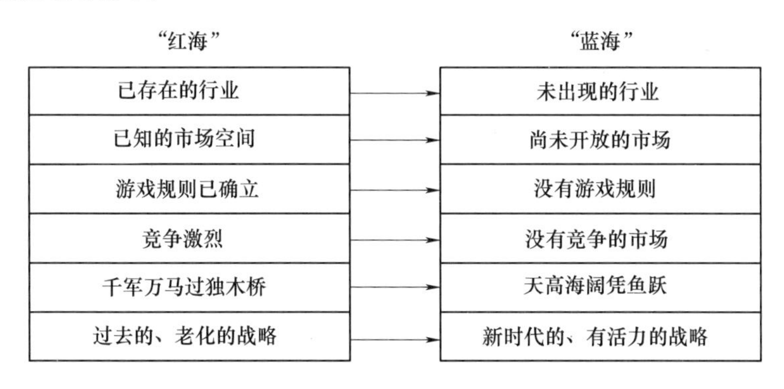


图9-4　“蓝海”与“红海”的对比

“红海”是竞争极其激烈的市场，但“蓝海”也不是一个没有竞争的领域，而是一个通过差异化手段得到崭新的市场领域。在这里，企业凭借其创新能力获得更快的增长和更高的利润。

“蓝海”战略要求企业突破传统的血腥竞争所形成的“红海”，拓展新的非竞争性的市场空间。与已有的、通常呈收缩趋势的竞争市场需求不同，“蓝海”战略考虑的是如何创造需求、突破竞争。其目标是在当前的已知市场空间的“红海”竞争之外，构筑系统性、可操作的“蓝海”战略，并加以执行。只有这样，企业才能以明智和负责的方式拓展“蓝海”领域，同时实现机会最大化和风险最小化。

构思“蓝海”的战略布局需回答四个问题，可归结为四步动作框架，包括剔除、减少、增加和创造，如图 9-5 所示。

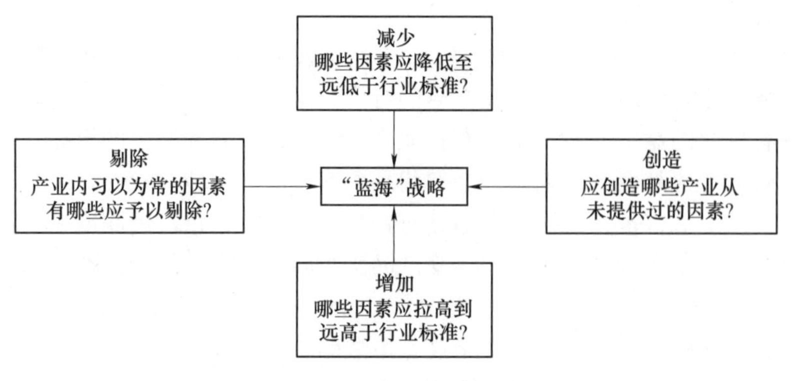


图 9-5　四步动作框架

## 9.3　市场细分

市场细分，就是企业通过市场调研，根据消费者对商品的不同欲望与需求、不同的购买行为与购买习惯，把消费者整体市场划分为具有相似性的若干群体——子市场，使企业可以从中认定其目标市场的过程和策略。企业进行市场细分的目的是通过对客户需求差异予以定位，创造竞争优势，以取得较大的经济效益。市场细分的作用是：有利于巩固现有的市场阵地；有利于企业发现新的市场机会，选择新的目标市场；有利于企业的产品适销对路；有利于企业制订适当的营销战略和策略。

### 9.3.1　市场细分的意义

市场细分的意义如下：

1）有利于企业分析、发掘新的市场机会，制订最佳营销策略。

2）有利于中小企业开发市场，在大企业的夹缝中求生存。

3）有利于选择目标市场，制订和调整市场营销组合策略。

4）有利于合理运用企业资源，提高企业的竞争能力。

任何企业，即使是大型企业，人力、物力、财力和技术资源终究是有限的，都不可能有效满足所有消费者不同的需要。企业只有把有限的资源和精力集中在目标市场上，做到有的放矢，才能取得较好的经营效益。

### 9.3.2　市场细分的步骤

市场细分的步骤如下：

1）正确选择市场范围。

2）列出市场范围内所有潜在客户的需求情况。

3）分析潜在客户的不同需求，初步划分市场。

4）筛选。

5）为细分市场定名。

6）复核。

7）决定细分市场的规模，选定目标市场。

经过以上步骤，企业便完成了市场细分的工作，就要根据自身的实际情况来确定目标市场并采取相应的目标市场策略。

美国曾有人运用利益细分法研究钟表市场，发现手表购买者分为三类：①大约23%的购买者侧重价格低廉；②大约46%的购买者侧重耐用性及一般质量；③大约31%的购买者侧重品牌声望。当时美国各著名钟表公司大多都把注意力集中于第三类细分市场，从而制造出豪华昂贵手表并通过珠宝店销售。唯有TIMEX公司独具慧眼，选定第一、第二类细分市场作为目标市场，全力推出一种物美价廉的“天美时"牌手表，并通过一般钟表店或某些大型综合商店出售。该公司后来发展成为世界一流的钟表公司。

## 9.4 了解客户

客户需求可分为显性需求和隐性需求。显性需求是指客户有明确的期望，知道自己要什么。隐性需求是指客户并没有意识到或不能用言语做出具体描述的需求。了解客户的目的就是明确客户的真正需求，并提供专业的解决方案；收集详尽的客户信息，建立准确的客户档案；在客户心中建立专业的形象。准确了解客户的需求在创新过程中具有重要的意义，因为只有满足客户需求的创新才是有价值的创新。它使创新过程更加具有针对性，更有效率。

### 9.4.1 客户需求调研流程

客户需求调研的步骤如下：

1）完全倾听客户的心声。找一个合适的地点，与客户面对面地沟通和交流，完全倾听客户的心声，随时记录客户所说的一切，每一次调研完后要对所有的记录进行整理，形成文档，下一次调研开始时对上次的总结进行确认。

2）整理客户的需求。

3）引导客户的需求。引导客户的需求除应做到描述用户的常规需求，还应发掘用户的潜在需求，争取提出用户的兴奋需求。

4）编制客户需求调研报告。

5）编写用户需求说明书。

### 9.4.2 关键的客户调研工具（方法）

**1. 情景访谈**

情景访谈是一种以用户为中心的访谈方式，它要求访问者走进用户的现实环境，了解用户的工作方式及生活环境，从而更好地收集来自用户的需求和要求。客户购买产品或服务是为了帮助他们完成某项工作或职能。情景访谈的目标就是找出尚未得到满足的客户需求。因此，在大多数情况下，按优先顺序编排的客户需求清单是一个访谈项目的输出。

启动一个情景访谈项目的步骤如下：

1）阐明任务。

2）为访谈设定目标。

3）选择客户。

4）准备工作队。

5）制订和讨论观察指南。

6）面试。

7）分析和报告数据。

**2. 机会图**

机会图（图 9-6）可以帮助识别机遇，横轴为重要度，纵轴为满意度。满意度与重要度的分值包含 10 个等级（1~10），分值可通过需求调研获得。机会值=重要度+max（重要度-满意度，0），左上角为重要度低但满意度高的区域，说明相关的创新被过度满足，具有成熟或潜在的变革，采用降低成本或减少功能等手段进行创新；右下角为重要度高但满意度低的区域，说明有非常大的改进空间，具有最大的创新机会。

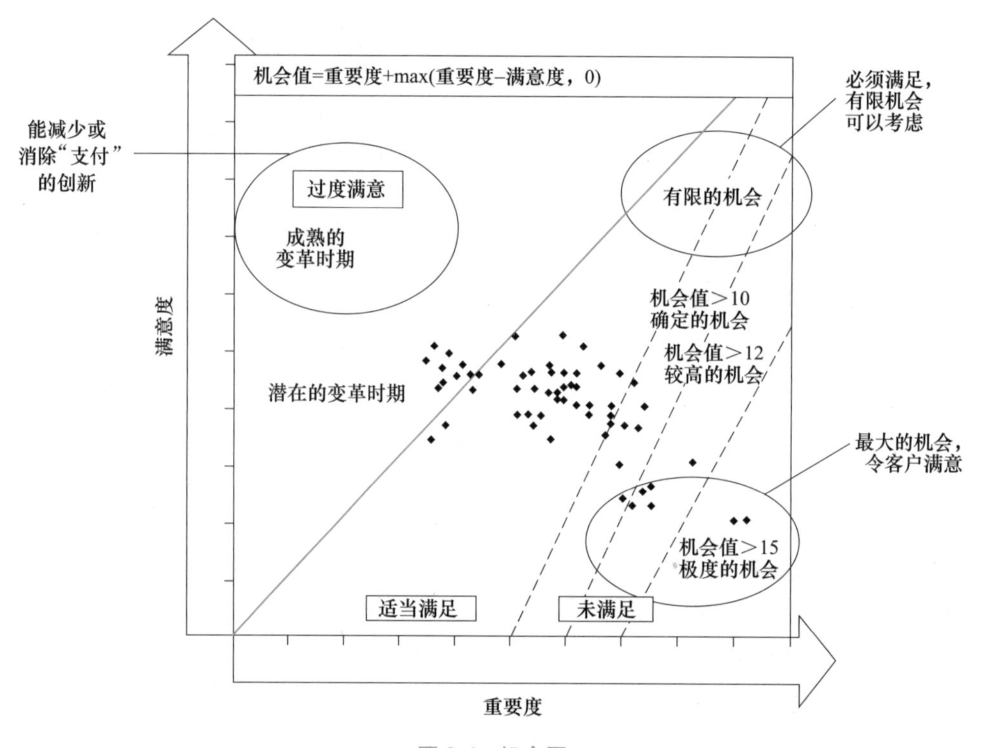


图 9-6 机会图

**3. 卡诺模型**

卡诺模型（图 9-7）由日本的卡诺（Noriaki Kano）博士提出的，卡诺模型的目的是通过对客户的不同需求进行区分处理，帮助企业找到提高客户满意度的切入点。卡诺模型定义了三个层次的客户需求：基本型需求、期望型需求和兴奋型需求。

（1）基本型需求 基本型需求是指客户认为产品“必须有”的属性或功能。在特性充足（满足客户需求）的情况下，无所谓满意与不满意，客户充其量是满意，若这些特性不充足（不能满足客户需求），则客户会很不满意；即使在特性充足（能满足客户需求）的情况下，客户也不一定会因此而表现出满意。对于基本型需求，即使超过了客户的期望，客户充其量达到满意，不会对此表现出更多的好感。可是一旦稍有疏忽，未达到客户的期望，则客户满意度将直线下降。对于客户，这些需求是最基本的，是必须满足的。例如冰箱，如果家中的冰箱正常制冷，客户不会因为冰箱能够运行并且制冷而感到满意；反之，一旦冰箱在制冷过程中出现问题，那么客户对该品牌冰箱的满意度会明显下降，投诉、抱怨随之而来。

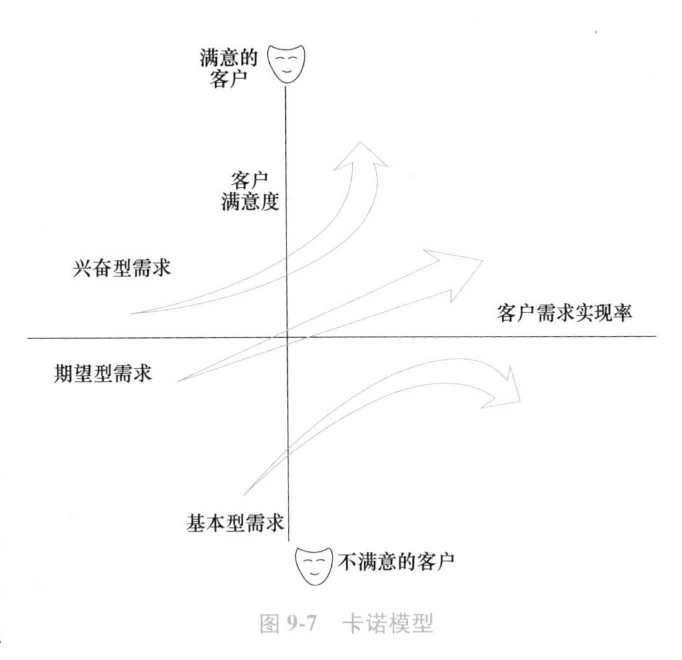

图 9-7　卡诺模型

（2）期望型需求　期望型需求是指客户的满意状况与需求的满足程度成比例关系的需求。此类需求得到满足或表现良好，客户满意度会显著提高；此类需求得不到满足或表现不好，客户的不满也会显著提高。企业提供的产品或服务水平超出客户期望越多，客户的满意状况越好，反之亦然。

（3）兴奋型需求　兴奋型需求是指完全出乎客户意料的属性或功能。兴奋型需求一旦得到满足，客户表现出的满意状况非常高。对于兴奋型需求，随着满足客户期望程度的增加，客户满意也急剧上升；反之，即使在期望不满足时，客户也不会因此表现出明显的不满意。这要求企业提供给客户一些完全出乎意料的产品属性或服务行为，给客户惊喜。客户对一些产品或服务没有表达出明确的需求，当这些产品或服务提供给客户时，客户就会表现出非常满意，从而提高客户的忠诚度。

实际操作中，企业首先要全力以赴地满足客户的基本型需求，保证客户提出的问题能得到认真的解决，重视客户认为企业有义务做到的事情，尽量为客户提供方便，以满足客户最基本的需求。然后，企业应尽力去满足客户的期望型需求，这是质量的竞争性因素。提供客户喜爱的额外服务或产品功能，使其产品和服务优于竞争对手并有所不同，引导客户提升对本企业的良好印象，使客户满意。最后争取满足客户的兴奋型需求，为企业建立最忠实的客户群。因此，利用卡诺模型准确分析客户需求可对企业的产品创新和产品设计提供很好的依据，对企业发展具有重大的意义。

## 9.5　确定机会

随着科技、市场和政策环境的不断变化，创新机会不断涌现，但是产生的创新机会蕴含在各种形式的信息中，需要创新决策者通过分析才能得到认知。为了及时、有效地认知创新机会，要求创新决策者具有一定的认知能力并能够采用一些方法，在机会窗口打开时迅速捕捉到创新良机。

### 9.5.1 联合分析法

市场研究中一个经常遇到的问题是：在研究的产品或服务中，具有哪些特征的产品最能得到消费者的欢迎。联合分析法就是针对这些需求而产生的一种市场分析方法。联合分析法是对人们购买决策的一种现实模拟。在实际的购买决策过程中，因为价格等原因，人们要对产品的多个特征综合考虑，往往要在满足一些要求的前提下，牺牲部分其他特性，这是一种对特征的权衡与折中（Trade-off）。通过联合分析，可以模拟出人们的抉择行为，预测不同类型的人群抉择的结果。因此，通过联合分析法，可以了解消费者对产品各特征的重视程度，并利用这些信息开发出具有竞争力的产品。

联合分析法的主要步骤如下：

（1）确定产品特征与特征水平　联合分析法首先识别产品或服务的特征。确定特征之后，还应该确定这些特征需要达到的水平。

（2）产品模拟　联合分析法将产品的所有特征与特征水平通盘考虑，并采用正交设计的方法将这些特征与特征水平进行组合，生成一系列虚拟产品。

（3）数据收集　请受访者对虚拟产品进行评价，通过打分、排序等方法调查受访者对虚拟产品的喜好、购买的可能性等。

（4）计算特征的效用　从收集的信息中剥离出消费者对每一个特征，以及特征水平的偏好值，这些偏好值也就是该特征的“效用”。

（5）市场预测　利用效用值来预测消费者如何在不同的产品中进行选择，从而决定应该采取的措施。

### 9.5.2 优选法

优选法是根据生产和科研中的不同问题，以数学原理为指导，合理安排试验点，减少试验次数，以求迅速找到最佳点的一种科学方法。

许多人认为客户不愿意做有很多问题的需求调研，那是因为那些问题不是客户关心的，对他不重要。如果在做需求调研时能够聚焦于客户的真正关注点，客户不仅愿意做需求调研，更会认真地去完成它。因此，可以采用优选法，排除一些需求，找出对客户最为重要的需求，从而筛选出最能满足客户需求的创新机会。

## 9.6 生成创意

创新流程包括创意生成、创意评估和创意执行三个阶段，如图 9-8 所示。创意生成阶段（图 9-9）主要是突破定势或权威的束缚，在创新过程中生成创意。创意评估阶段主要是对生成的良莠不齐的创意进行分类评估。创意执行阶段是将创新转变为产品，最终形成有价值的创新。

创造性的想法——创意，不是发明创造，创造是无中生有，而创意是将一些司空见惯的元素以意想不到的方式将最终产品的形式推送到消费者面前。

在无数的创意中，只有少数可以最终转变成市场上的成功。例如，杜邦公司的一份研究报告显示：3000 个创意只会出现一个能在市场上产生有影响的创意。创意取决于你的目标，

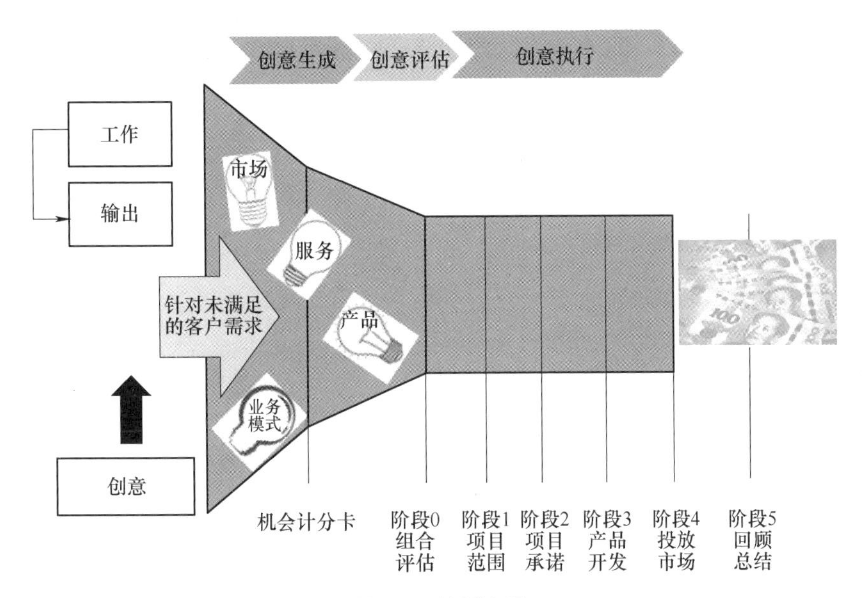


图 9-8　创新流程

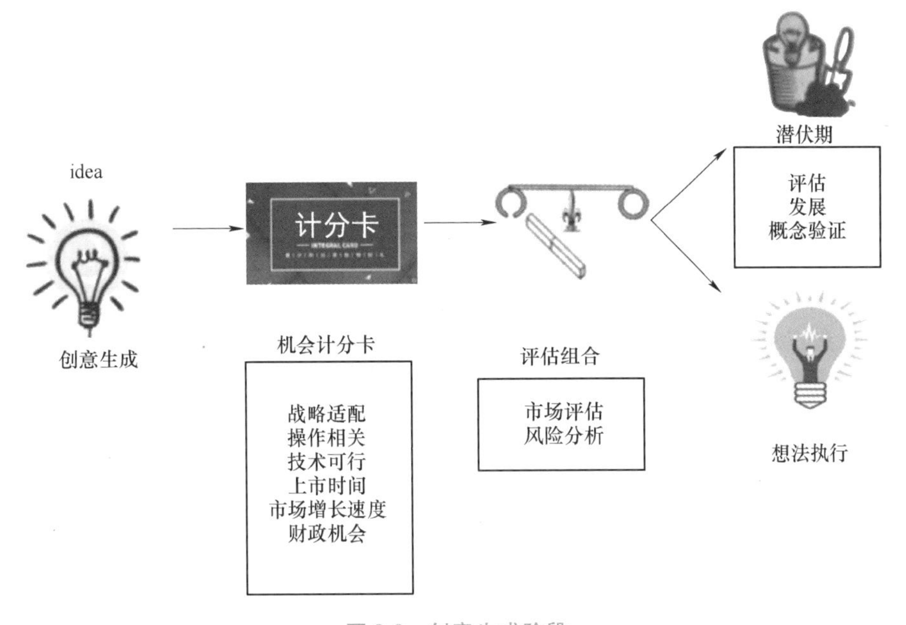


图 9-9　创意生成阶段

可以对市场有重大影响，可以产生一个新的发明，激发数百人产生其他伟大的创意，或者本身就是一个优秀的创意。

### 9.6.1　创意生成方法

产生创意的方法可以归纳为以下三类：

（1）提问　发现可行的创新机会是探寻和产生创意最常用的工具。

（2）追踪潮流（趋势）　主要通过追踪竞争者信息、做出市场预测和市场分析报告以及聘请外部顾问团等方式获得，能够使参与者全程参与探索过程，全面了解影响未来的关键趋势和可能面临的挑战，进而产生大量的创意。

（3）寻找创意　主要通过客户调研、SWOT 分析、六顶思考帽、头脑风暴、TRIZ、DFSS、鱼骨图以及学习型探索等方式获得。

### 9.6.2　创意的管理

创意生成之后，需要对每个创意进行分类管理，首先需描述每个创意，并将它们输入可搜索的数据库，避免多次提出相同的创意。

对创意的管理分为以下三个步骤：

（1）创意分类　将一个创意转化为概念，添加描述及相关信息，便于后续研究和开发。

（2）比较创意　每个创意都需要有一定的关键字，便于寻找和比较。

（3）检验创意的意图　检验创意是否与公司的战略意图相吻合。

## 9.7　评估创意

企业创新过程中会涌现许多创意，但这些创意良莠不齐，即使实力雄厚的大公司，也不可能执行所有的创意。因此，必须构建创意的评估和决策机制，对所有的创意进行分类评估。只有这样，才能优化组合出有价值的创意，做到高效创新、成功创新。

### 9.7.1　机会计分卡与组合评估

机会计分卡是创意评估的一种方式。在机会计分卡中，评分者对每个创意从以下方面进行评分：战略适应、运营相关、技术可行、上市时间、市场增长速度和财务机会。最后针对企业对每一方面的重视程度，对各项评分加权平均，得出每个创意的最后计分。其中，每项评分详细、具体的数值应根据企业的具体情况及创意类别做出相应调整。

进行创意评估时，可以总结出图 9-10 所示的创意评估公式。

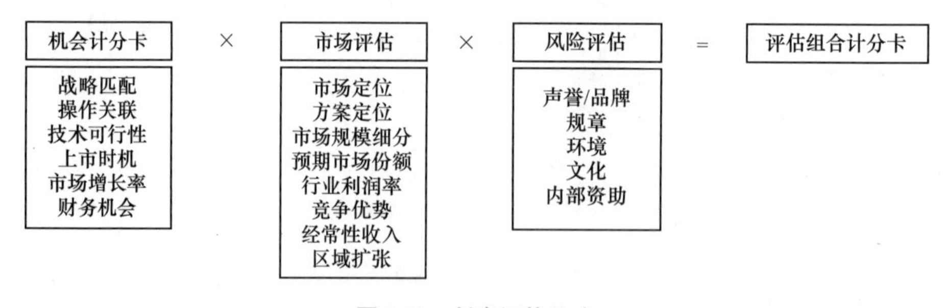


图 9-10　创意评估公式

### 9.7.2　优先化创新组合

气泡图用来为各个不同的创新机会/战略的比较提供可视化参考图形，为做出权衡和重新平衡创新机会的决定提供有力的支持。

气泡图是一种特殊类型的散点图，它是 *XY* 散点图的扩展，相当于在 *XY* 散点图的基础上增加第三个变量，即气泡的面积大小，其变量相应的数值越大，则气泡越大；相反，数值越小，则气泡越小。所以气泡图可用于分析更加复杂的数据关系。除了描述两个变量之间的关系，还可以描述数据本身的另一个变量关系。对三个变量赋予不同的意义，分析数据点在图中的位置，得出相应的结论。

气泡图的四个维度分别是气泡的大小、气泡的颜色、纵坐标以及两个横坐标。每个维度代表的内容可以根据需要，设置成企业决策者关心的各种业务决策准则。

在企业创新活动中，四个维度可做如下设置：

（1）气泡的大小　它可以代表创新机会的成本大小、利润大小、平衡计分卡得分的高低等。

（2）气泡的颜色　它代表创新机会元素的健康状况；而健康的具体含义也是可以定制的，它可以代表平衡计分卡的评分等级、进度或成本的偏差范围、当前出现问题的严重程度等。

（3）纵坐标　它可以是投资回报率（ROI）、创新机会元素优先级、成本或利润的高低等。

（4）横坐标　它可以是创新机会的状态、类别，当前预见问题的数量和元素属性等。

通过使用气泡图，将创意的评分结果以清晰的方式呈现出来，可以帮助决策者优化创新组合。

根据创新机会计分结果，可以绘制创新组合风险评级—机会计分气泡图，把各个创新机会表现在一个图中。其中，每个气泡代表一个机会，气泡半径由财务机会决定，预期盈利越多，半径越大，气泡也越大。创新组合风险评级—机会计分气泡图如图 9-11 所示。

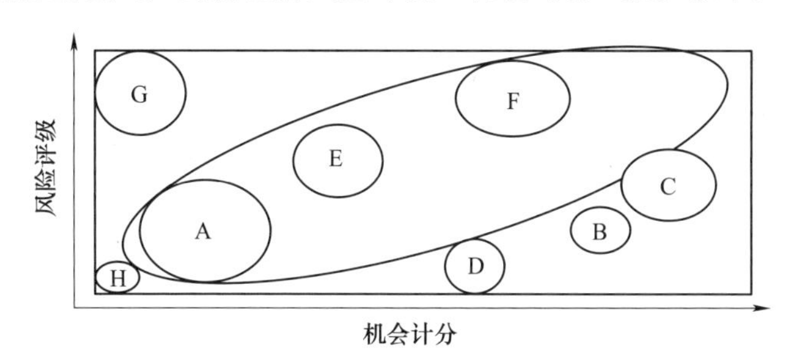


图 9-11　创新组合风险评级—机会计分气泡图

这个简单的例子展示了创新气泡图的直观性和实用性。例如，创新组合经理会更愿意启用机会 A（低风险和低盈利机会）或者机会 F（高风险和高盈利机会），而不会启用创新机会 G，因为其风险等级过高，而且盈利机会偏低。

## 9.8　实施创新

产生的创新只有通过实施，将其转变为产品投放市场并最终满足客户需求，才是有价值的创新，而创新的实施也是有流程可循的，具体有以下几个阶段。

（1）阶段 1：确定项目范围　创新实施的第一个阶段是确定创新项目的范围，确定机会吸引力及项目可行性。在这个阶段，创新机会被进一步开发和检验，开始关注项目的范围、可行性、盈利和风险。该阶段的可交付成果为项目可行性分析、市场定义、初步的业务计划等。许多机会将在该阶段被终止，另外一些更好的机会也有可能被创造出来。

（2）阶段2：制订执行计划　该阶段的目的是建立执行商业机会的计划。在该阶段，每个职能部门需制订一个详细的执行方案和完备的商业策划。在该阶段，已经具有相当多的资源，用以实施创意。值得注意的是，也有一些创意项目会在该阶段被取消，因为如果一个项目进入下一阶段，那么除非出现不可预期的情况，否则该项目必须被执行。

（3）阶段3：实施开发，提出完备的开发方案　这是创新项目真正启动的一个阶段，该阶段的重点是得到一个能满足客户需求的完整解决方案。该阶段需开发人员付出许多努力以及各个部门之间有效协调合作。

（4）阶段4：执行的最后准备　该阶段作为执行创新方案之前的准备阶段，决定是否启动前一阶段开发出的解决方案。

（5）阶段5：执行创新方案　该阶段便是将创新商业机会投放市场并评估商业绩效。最终经过评估市场投放计划，并将实际结果与当初计划进行比较，从而将资源过渡到下一个项目，进行可持续创新。

## 9.9 杠杆作用——建设创新文化

所谓企业创新文化，是指在一定的社会历史条件下，企业在创新及创新管理活动中所创造和形成的具有本企业特色的创新精神财富以及创新物质形态的综合，包括创新价值观、创新准则、创新制度和规范、创新物质文化环境等。创新文化是一种培育创新的文化，这种文化具有巨大的潜力，能够激发创新组织的热情，唤起主动性和责任感，以帮助组织完成很高的目标。创新文化能引发几十种思考方式和行为方式，在公司内创造、发展和建立价值观和态度，能够唤起涉及公司效率与职能发展进步方面的观点和变化，并且使这种观点与变化得到接受和支持，即使这些变化可能意味着会引起与常规和传统行为的冲突。

由此可见，创新文化是一种宏观战略层面的变革文化，任何一种文化的塑造都离不开组织自上而下正确、有效地引导。

以下为建立创新文化八步曲：

（1）设定目标　明确企业的创新目标，并筹划实现目标的发展轨迹及具有指导性的措施、对策，在企业持续创新活动中起导向的作用。

（2）突出重点　在企业创新目标中可选取3～5个收入类别，设定为创新收入的重点目标。

（3）流程方法　基于创意生成、创意评估和创意执行的创新全流程。

（4）组织架构　有着成功和充满活力的创新文化的创新工厂具有网络化的组织架构，它的成员由组织内部的成员和包括客户、供应商甚至竞争者等在内的外部成员组成。

（5）专家指导　建立创新顾问团，邀请外部专家帮助建立创新文化。

（6）全员创新　最佳创意往往来自员工，而非高层管理者。因此，要创建让全体员工共同构建和评估创意的氛围，且广泛听取各层员工的意见。

（7）客户驱动　建立客户需求驱动创新的机制，可以降低创新风险和成本，节约时间。

（8）不断实践　只有实践和践行才能完善和丰富创新文化，使创新持续不断。

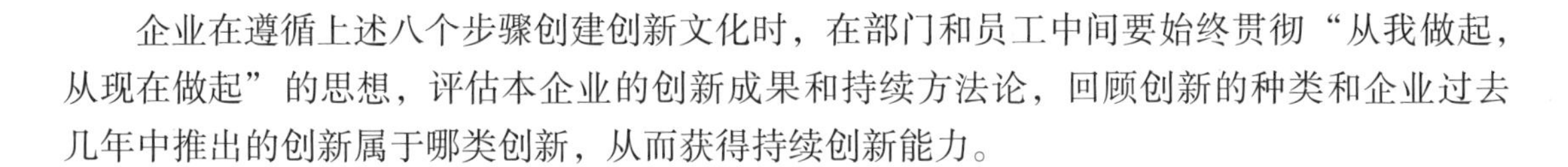

企业在遵循上述八个步骤创建创新文化时，在部门和员工中间要始终贯彻“从我做起，从现在做起”的思想，评估本企业的创新成果和持续方法论，回顾创新的种类和企业过去几年中推出的创新属于哪类创新，从而获得持续创新能力。

## 9.10 海尔的创新

海尔集团创立于1984年，海尔集团是由濒临倒闭的两个集体小厂合并成立的“青岛电冰箱总厂”。1984年12月，张瑞敏调任担任厂长，企业已经亏损147万元，资不抵债，濒临倒闭。面对这样的旧摊子，张瑞敏重新整顿队伍，从德国引进了当时世界上最先进的利勃海尔电冰箱生产技术，开始创业。20多年后，海尔已经从名不见经传的小厂，成长为中国家电第一品牌，成为海内外享有较高美誉的大型国际化企业集团。产品从1984年的单一冰箱发展到包括白色家电、黑色家电、米色家电在内的96大门类、15100多个规格的产品群，并出口到世界160多个国家和地区。2023年，海尔集团持续聚焦战略主赛道，业绩持续稳定增长：全球收入3718亿元，增长6%，全球利润总额267亿元，增长6%；连续15年蝉连全球大型家电品牌零售量第一。

近年来，随着企业创新理论和实践的进一步发展，一些创新领先的企业逐步发现：技术创新的最终绩效越来越取决于企业整体各部门、各要素的创新及要素间的有效协同。企业不仅需要技术创新，而且需要以此为中心，全面、系统、持续地进行创新。大量研究表明，许多技术创新项目无法实现持续性成功，其中重要的一个原因，就是绝大多数的技术创新与组织、文化、战略等非技术因素方面缺少协同和匹配，背后的原因是缺乏在先进的创新管理理念下进行科学有效的创新管理，导致技术创新缺乏系统性和全面性。海尔的成功恰好证明了企业创新是一个系统工程。海尔的创新模式也越来越多地受到理论研究与企业界的关注，对于企业创新发展具有很强的现实指导意义。

海尔创新模式可以概括为：以价值增加为目标，以培育和增强核心能力、提高核心竞争力为中心，以战略为导向，以各创新要素（如技术、组织、市场、战略、管理、文化、制度等）的协同创新为手段，通过有效的创新管理机制、方法和工具，力求做到人人创新、事事创新、时时创新、处处创新。海尔创新模式的系统内涵包括三层含义：

1）企业全方位创新，包括文化创新、技术创新、管理创新和市场服务创新等。

2）企业各部门和全体员工人人参与创新，即全员创新所体现的持续创新。

3）以组织创新为内容的全流程再造体系的创新。

海尔创新模式与传统创新观的显著区别是突破了以往仅由研发部门孤立进行创新格局，并使创新内容与时空范围大大扩展，集中体现为三个“全"，即全员创新、全流程创新和全方位创新。三层含义的有机统一，完整构成了海尔创新模式。

### 9.10.1 海尔的全方位创新

海尔以其独树一帜的管理方式、卓越的企业创新氛围、适时的创新技术以及完善的优质服务，构成了海尔的内在要素创新体系，如图9-12所示。实现了以管理创新为基础、以观念与文化创新为先导，以技术创新为核心、以市场创新为途径的全方位整合。

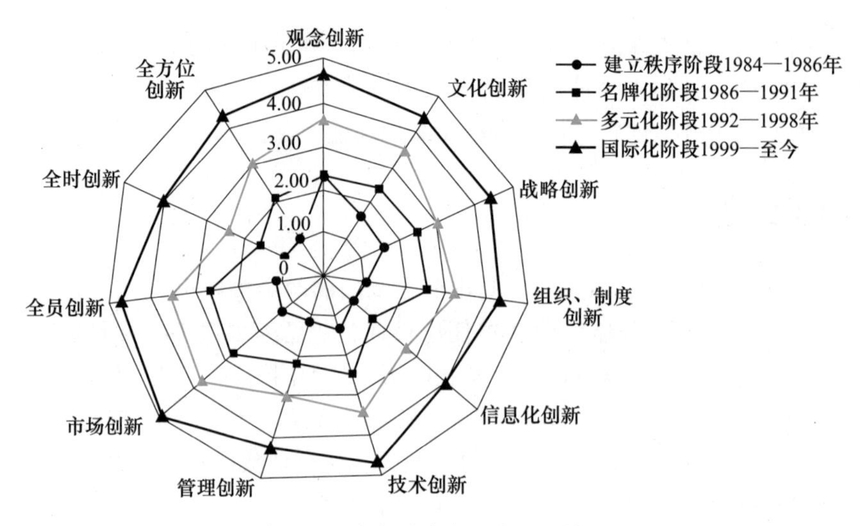


图 9-12 海尔的内在要素创新体系

## 9.10.2 海尔的全员创新

海尔创新活力来自海尔的全员创新，海尔的全员创新保持了海尔创新的持续性，海尔员工的创新活力来自把市场经济中的利益调节机制引入企业内部，使得人人面对市场，从制度上激发了每一个员工的创造力，使人人成为创新的 SBU（策略事业单位），如图 9-13 所示。

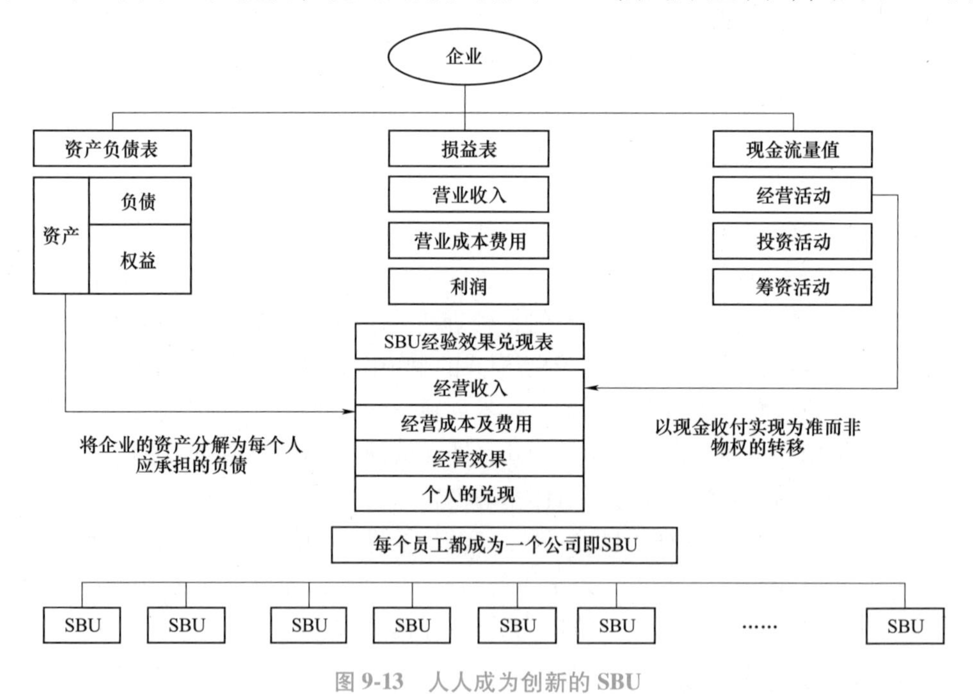


图 9-13 人人成为创新的 SBU

## 9.10.3 海尔全流程创新

海尔企业流程再造创新体系（图 9-14）是指海尔利用新思维、新的理论体系作为指导，创造一种新的更有效业务流程的组织方法和程序，并建立一套与之适应的新规制的企业组织创新体系。海尔的创新体系是保证企业流程再造能否实现的关键。

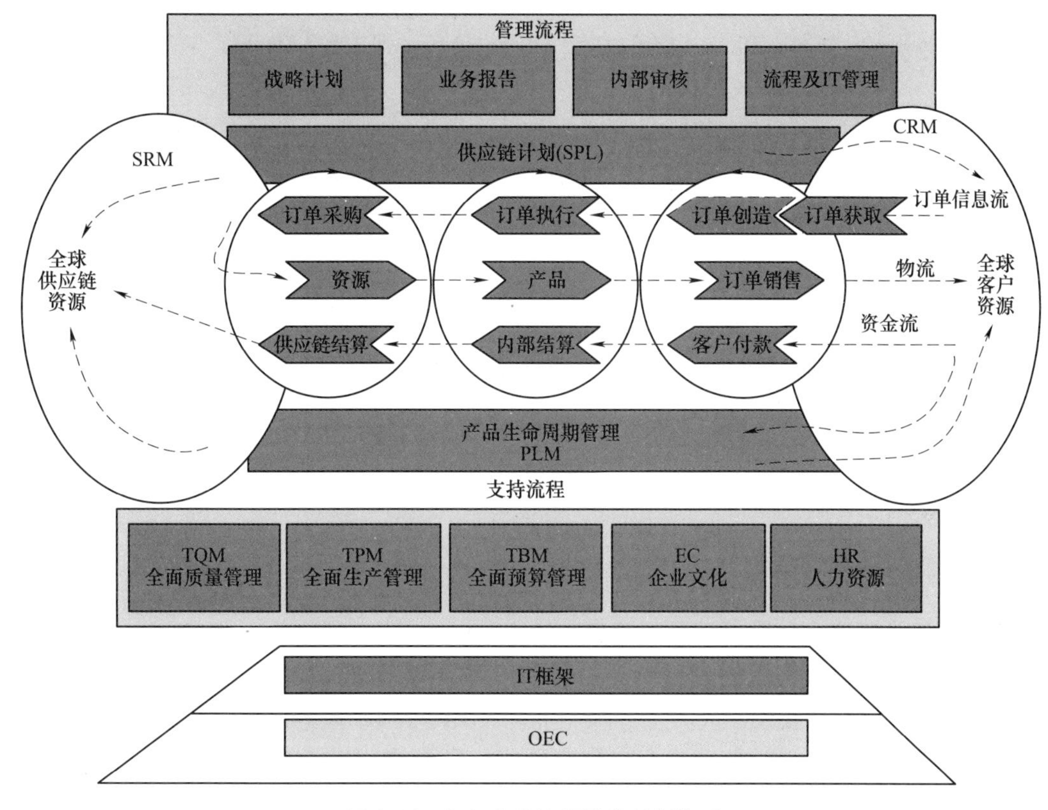


图 9-14 海尔企业流程再造创新体系

企业是通过各种流程在运作的，所谓流程就是企业活动的有序结合，流程效率在很大程度上决定了企业活动的效率。随着市场竞争的日益激烈，企业越来越认识到流程再造的重要性，而整个流程再造的实现，则离不开流程再造创新体系的支撑。

海尔互联网战略，从“传统的经济管理模式”转化为“互联网时代的管理模式”。在海尔看来，网络化企业发展战略的实施路径主要体现在三个方面：企业无边界、管理无领导和供应链无尺度。企业需要打破原有的边界，成为一个开放的平台型企业，可以根据用户需求迅速整合资源；同时，为了跟上用户单击鼠标的速度，企业需要颠覆传统的层级关系，组建一个个直接对接用户的自主经营体；在此基础上，去探索按需设计、按需制造、按需配送的供需链体系。

1）企业无边界体现的是开放交互。开放交互体现为观念的改变：从原来封闭的体系，变成一个开放的体系；从原来与企业内外各方面进行博弈的关系，变成一个交互的关系。

2）管理无领导体现的就是人人创客，让员工创客化。所谓创客，像美国作家克里斯·安德森（Chris Anderson）在其著作《创客》中定义的，就是使数字制造和个性制造结合、合作，即“创客运动”。

3）供应链无尺度体现的是用户的个性化。由供应链无尺度来驱动企业的改变，有了用户的个性化需求，企业必须改变，企业的结构必须从层级化变成网络化、平台化。

海尔作为中国制造业走向国际市场的先行者，努力探寻发展创新，为中国企业做了有益、成功的尝试，海尔经验值得我国企业借鉴。

## 9.11 华为创新案例——创新是华为发展的不竭动力

在中国企业界，华为就是一部活的创新教材，华为的成功，离不开其对科技创新的重视。华为从成立之初的通信核心网络技术的研究和开发公司，到如今成为世界顶尖的技术引领者，都离不开华为的技术创新理念。华为自始至终以实现客户的价值观为经营管理的理念，围绕这个中心，为提升企业核心竞争力，进行不懈地开展技术创新和管理创新。华为创始人任正非讲道："只有不断地创新，才能持续提高企业的核心竞争力；只有提高核心竞争力，才能在技术日新月异、竞争日趋激烈的社会中生存下去。"

满足客户需求的技术创新和积极响应世界科学进步的不懈探索，推动公司的进步。华为通过自我否定、使用自我批判的工具，勇敢拥抱颠覆性创新。允许部分颠覆性创新可以引领未来以做好技术储备，华为创始人任正非说道：聚焦主航道，以延续性创新为主，允许小部分力量有边界地去颠覆性创新。

### 9.11.1 创新以客户为中心

**1. 客户需求是产品和服务创新的源泉和动力**

在与行业巨头竞争交流的过程中，正是以"客户为中心"的创新才让华为活了下来，并且让自己变得越来越强大，成为世界级企业。正是坚持以"基于客户的持续创新"为核心，坚持"以客户为中心"持续为客户创造价值，华为才获得了高速增长。客户是指引华为创新到达彼岸的一座航标。

**2. 客户需求导向优先于技术导向**

华为研发的宗旨是以新的技术手段满足客户需求。创新动力源自客户的需求，在创新实践中必须坚持以客户为导向。从最初阶段的研发就考虑到市场，甚至考虑到后期客户如何维护等问题。华为为此建立了一套具有特色的"战略与市场营销"体系，分析、理解客户需求，并基于客户需求确定产品投资计划和开发计划，确保以客户需求来驱动华为公司战略的实施。

**3. 客户需求和技术创新双轮驱动**

（1）基于客户的持续创新　华为开启了专利和标准两种模式竞争。专利和标准是华为基于客户技术创新的一个载体，同时也是通信产业最高层次的战略竞争，是一个企业核心竞争力的具体体现，这两种模式竞争决定着通信产业的发展方向乃至话语权。

（2）基于客户需求的开放式创新　时任华为技术有限公司副总裁、首任法务官宋柳平认为："华为的自主创新是站在巨人的肩膀上，基于客户需求的开放式创新。"华为将每年不少于10%的销售收入投入研发，将研发费用的10%投入新技术预研，持续构建产品和解决方案的竞争优势。

（3）研发管理规范技术创新流程　完善的研发管理是指导企业创新的一个重要举措，研发管理规范了华为的技术创新流程，保证了以客户需求为导向的技术创新，让华为的技术创新在准确理解客户需求之后，再将客户需求准确传递，然后根据市场需求，准确进行创新取舍评判，并且保证了人力、能力的全面支持。华为从立项到开发，到将产品推向市场，再到量产的项目管理，都实现了公司范围内的跨部门协作。此举为华为在技术研发和产品上的成功打下了坚实基础，让华为的创新之路越走越远。

### 9.11.2 无处不在的创新

**1. 技术创新**

（1）创新决策：从跟踪开发到领先开发　在华为的早期发展阶段，技术研发是以跟踪开发为主，以学习、借鉴跨国企业已经成熟的技术作为突破点。积累一定的核心技术，在一些关键技术方面拉近了与国际先进水平的差距后，跨国企业无疑把华为视为直接的竞争对手，封锁和打压华为就成为跨国企业一项重要任务。在这样的背景下，跟踪型的研发之路自然走不通。要想在与跨国企业的竞争中拥有自己的核心优势，领先型的研发成为必走之路。

（2）创新研究与发展　技术创新中，企业经营者往往把创新的研究与发展战略作为企业技术创新决策的一个必要参考依据。

一般，企业技术创新的研究与发展，通常以自身的研究与开发为基础，借助外部的成果引进与技术合作，从开发研究与设计，到样品、样机的研制，直至通过中间试验的一整套战术方案的制订过程。

有效的研发管理模式是华为保证技术创新能力的关键。1999 年初，华为与 IBM 合作，全面采用世界领先企业的产品开发理念，建立了科学高效的 IPD（集成产品开发）流程。

IPD 主要适用于研发管理，华为从项目形成到最终研发都严格按照该管理系统进行，以提高研发效率。IPD 是产品开发（从产品概念产生到产品发布的全过程）的一种理念和方法，它强调以市场和客户需求作为产品开发的驱动力，在产品设计中就构建产品质量、成本、可制造性和可服务性等方面的优势。更为重要的是，IPD 将产品开发作为一项投资进行管理。在产品开发的每一个重要阶段，都从商业的角度而不只是从技术的角度进行评估，以确保产品投资回报的实现或尽可能减少投资失败所造成的损失。

1）自身高投入的研究与开发。包括资金与研究人员的投入。不可否认的是，对于任何一个企业，自主创新都是资金密集型的投资活动，离开资金投入，自主创新就成为空中楼阁。基于此，华为有关文件明确规定：我们保证按销售额的 10%拨付研发经费，有必要且可能时还将加大拨付的比例。

查阅华为的相关研发投入数据发现，华为每年的研发投入不仅比很多国内企业（不足 1% 的比例）高出许多，有些年份甚至比一些跨国公司还要高。

2）外部的成果引用与技术合作。华为人在坚持自主研发时，同时也坚持外部的成果引用与技术合作，华为人习惯性地把跨国企业竞争对手视为“友商”。

（3）创新的实现机制　对于任何一家企业，技术创新往往是通过积极的销售活动和售后服务实现的。企业通过投放创新产品，迅速进入某个市场，占有、巩固并不断扩大该市场，以获得经济效益。

当然，创新的实现机制必须建立在健全生产、销售、服务机构的基础上。比如华为，在深圳设市场总部，下设市场策划、交换系统、传输系统、接入网、多媒体、电源、终端、数据通信、海外市场、营销工程、用户服务中心等十多个部门，统筹国内外市场拓展工作。在全国设立了 33 个市场销售办事处，负责投标、竞标和向用户进行推广工作以拓展市场。设

35个用户服务中心，为全国各地用户提供及时快速的售后服务和三级技术支持。为了快速占领市场，把成熟产品转向各地生产，成立了四川华为通信有限公司、天津华为通信有限公司、北京北方华为通信有限公司，与国内177个电信局和专网共同参股组建华为通信股份有限公司，与俄罗斯贝托公司合资成立贝托华为合资公司。

（4）技术创新的激励机制　为了激发员工的活力，华为从选拔、招聘创新型人才着手，以优厚的待遇吸引优秀科技人员加盟，获取对技术创新极为重要的人才资源。

华为在招聘员工时，主要通过两种渠道：①社会招聘；②校园招聘。华为每年通过校园招聘，聘用海量的高校毕业生。

不仅如此，为了提高研发人员的水平，华为还采取多种方式培训，甚至还形成自身独具特色的培训体系，拥有自己的培训学校和培训基地。在华为，所有员工都必须经过培训，只有培训合格的员工才可以上岗。华为还创建了自己的网上学校，可以在线为分布在全世界各个地方的华为人进行培训。

在华为，每年为员工支付的培训费用就高达数亿元。当然，作为军人出身的任正非深知，不仅要培训，还要注意员工的实践磨炼，鼓励员工到一线特别是海外一线工作，奖励向一线倾斜，选拔在一线和海外艰苦地区工作的员工进入干部后备队伍培养。

这样的人才培养为华为积累了大量的实干型人才，同时也为华为的技术创新有效性打下坚实的基础。众所周知，任何技术创新的目的都是产生有市场竞争力的技术和产品。

需求是技术创新之母，技术创新必须符合用户需要，创新产品必须具有市场价值。这就要求创新者必须有较强的市场洞察力，超前把握市场与用户的潜在需求，这是技术创新成功的关键。

因此，华为把客户满意度作为考核从总裁到各级干部的一个重要指标。任正非在华为多次讲话中都强调客户需求导向和为客户服务蕴含在干部、员工招聘、选拔、培训教育和考核评价的整个过程，并固化到干部、员工选拔培养的素质模型，并固化到招聘面试的模板中。

华为注重以薪酬待遇激励人才。华为作为中国当今高科技企业的佼佼者，是员工收入最高的公司之一。华为的高薪使得优秀的人才聚集华为，另外一方面也激励了人才积极性。近来华为在国内各大名牌大学招聘到大量优秀毕业生，完全归于“杀手锏”——起薪点高，即华为所说的有竞争力的薪酬。

为了激励员工的创新动力，任正非在内部讲话中说道：我们崇尚雷锋、焦裕禄精神，并在公司的价值评价及价值分配体系中体现，绝不让雷锋、焦裕禄们吃亏，奉献者定当得到合理的回报。

不仅如此，华为还注重对员工的精神激励，华为成立了一个荣誉部，专门负责对员工进行考核、评奖。华为的荣誉奖主要有两个特点：①华为员工很多，所以员工很容易在毫无察觉的情况下得知自己获得了公司的某种奖励；②物质激励和精神激励紧密结合起来。

不仅如此，华为非常重视员工的职业发展，这为技术创新人才的职业发展提供了畅通的道路。在华为，员工职业发展通道有两条：①向管理者走；②向技术专家走。同等任职的管理者和技术专家能享受同等待遇。

**2. “工者有其股”的制度创新**

公开资料显示，作为世界500强的华为，其股东实际有两个：一个是华为公司工会，代表员工持股98.99%；另一个是任正非，持股1.01%。

所谓“虚拟受限股”，简单地说就是华为员工持股实际上是一种虚拟股，员工并非真实意义上的股东。持股的华为员工，并不是华为直接的股东，只享有分红权和股份增值权。尽管如此，华为大规模员工持股，不仅是华为公司的治理模式，更是一种创新，除了员工激励，这也是华为的内部融资行为。

第一阶段：1990 年——探索阶段。创业初期的任正非，为了提升华为的竞争优势，一种潜意识、自发形成的分享意愿，已成为他日后员工持股计划的雏形。

第二阶段：1997 年——规范阶段。基本特征是工会代持。

第三阶段：2001 年——重新设计阶段。在此阶段，虚拟受限股由创始人与工会共持。2001 年改为虚拟受限股以前，华为员工持股的基本做法是：凡是工作一年以上的员工均可购买公司的股份；购买数量的多少取决于员工的级别（13~23 级）、绩效、可持续贡献等，一般是公司在年底通知员工可以购买的股份数：员工以工资、年终奖金出资购买股份，资金不够的，公司协助贷款（“个人助业贷款”）；购买价格为每股一元，与公司净资产不挂钩。员工购买股份后，主要收益来自公司分红，分红情况与公司效益挂钩。员工离职时，公司按照员工原来的购买价格即每股一元回购；除 1995 年和 1996 年公司曾给员工持股证明外，其他年份就不再给员工持股证明，但员工可以在公司查询并记录自己持股量；工会（下面有持股委员会）代表员工管理持有的股份，是公司真正的股东，员工自身并没有公司法上的股东完整的权利。

第四阶段：2011 年——股权包下放阶段。在此阶段，华为的股权包下放到基层，员工是否符合配股的条件以及配股多少，都是由其直接主管进行决定的。

在中国的标杆企业中，华为是一个较为独特的企业，特别是激励员工方面，任正非的创新做法引领着中国企业的管理模式。

为了激励员工，任正非坚决不让华为上市，宁可选择把利润分享给员工，甚至把 98.99%的华为股权开放地分派给员工，而作为创始人的任正非，只拥有公司 1.01% 的股权。除了不能表决、出售、拥有股票外，股东不仅可以享受因华为高速增长带来的分红与股票增值的利润，同时还可以获得每年所赚取的净利。

《华为基本法》中详细阐释了华为员工持股计划的宗旨：华为主张在客户、员工与合作者之间结成利益共同体。努力探索按生产要素分配的内部动力机制。我们决不让雷锋吃亏，奉献者定当得到合理的回报。以客户为核心，以奋斗者为本，长期坚持艰苦奋斗。我们是用转化为资本的这种形式，使劳动、知识以及企业家的管理和风险的累积贡献得到体现和报偿；利用股权的安排，形成公司的中坚力量和保持对公司的有效控制，使公司可持续成长；知识资本化与适应技术和社会变化的有活力的产权制度，是我们不断探索的方向；实行员工持股制度。一方面，普惠认同华为的模范员工，结成公司与员工的利益与命运共同体。另一方面，不断使最有责任心与才能的人进入公司的中坚层；实行按劳分配与按资分配相结合的分配方式。

**3. 产品微创新**

一位网友留言称：跟其他友商一味拼配置不同，华为每次的发布会都会有一些小创新，如三防、红外、天际通、指纹、双眼、墨水屏、智灵键等。华为走得很谨慎，每次放一点，好点、适用的就保留，不适用的放弃。就像一个战略高手，步步为营，又步步进逼。每次都不起眼，但慢慢地你就发现很难离开它了。华为确实是个长跑高手，在慢慢吞吞的节奏中把对手拖垮。比如说三防，对于普通用户，用处不是太大，可能一辈子都用不上，所以我不会因为有没有三防选一台手机，所以三防就没有在华为和荣耀系列中传承。

华为不仅坚持“小改进，大奖励”，而且还把它作为长期坚持不懈的改良方针。华为在小改进的基础上，不断归纳，综合分析，研究其与公司总体目标流程是否符合，与周边流程是否和谐，要简化、优化再固化。这个流程是否先进，要以贡献率的提高来评价。

所谓微创新，是指站在用户体验的角度来改善其使用的体验感，对产品的功能和使用进行部分改进。

其实，微创新作为一种采用或者完善创新性产品模型、商业模式的方法，并不是今天才有，由来已久。时任谷歌副总裁、创新工厂创始人的李开复在接受美国“硅谷龙”创始人丽贝卡·范宁的采访时就提及过微创新。

周鸿祎解释称：你的产品可以不完美，但是只要能打动用户心里最甜的那个点，把一个问题解决好，有时候就是四两拨千斤，这种单点突破就叫“微创新”。尤其对于小公司，因为大公司对于这一点有优势，创业者没什么可抱怨的，这就是现状，唯一要抱怨的就是自己没有创新。要做出“微创新”，就要钻进用户的心里，把自己当成一个老大妈、大婶那样的普通用户去体验产品。模仿可以照猫画虎，但肯定抓不住用户体验的精髓。

**4. 客户管理创新——“深淘滩，低作堰”**

“深淘滩”就是不断挖掘内部潜力，降低运作成本，为客户提供更有价值的服务。客户决不肯为你的光鲜以及高额的福利，多付出一分钱。任何渴望除了努力工作获得外，别指望天上掉馅饼。公司短期不理智的福利政策，就是饮鸩止渴。

“低作堰”就是节制自己的贪欲，自己留存的利润低一些，多一些让利给客户，以及善待上游供应商。将来的竞争就是一条产业链与一条产业链的竞争。从上游到下游的产业链的整体强健，就是华为生存之本。

**5. 企业文化创新——狼性华为**

商业世界里，团队精神较强的企业往往会赢得竞争的胜利。华为在拓展国际市场时也不例外，由于时刻强调团队精神，时刻强调华为的整体性，形成了华为的“狼性文化”。

关于团队的力量，任正非在内部讲话上强调：一个人不管如何努力，永远也赶不上时代的步伐。只有组织起数十人、数百人、数千人一同奋斗，你站在这上面，才摸得到时代的脚。我放弃做专家，而是做组织者。我越来越不懂技术、越来越不懂财务，半懂不懂管理，如果不能充分发挥各路英雄的作用，我将一事无成。

《华为基本法》就把团队精神写进其中：华为始终是一个整体，倾听不同意见，团结一切可以团结的人。这句话包括三个方面：①强调华为的“整体性”；②华为允许“求同存异”，尊重每一个个体的意见；③营造“大团队”氛围。

《华为基本法》在“整体性”上有详细的规定，如强调“集体奋斗”，而“不迁就有功的员工”等。

《华为基本法》在“求同存异”上也有明确描述。如在“首长办公会”方面提出：各级首长办公会的讨论结果，以会议纪要的方式向上级呈报。报告上必须有三分之二以上的正式成员签名，报告中要特别注明讨论过程中的不同意见。

为使“大团队建设”更具竞争力，在《华为基本法》中这样写道：华为主张在客户、员工与合作者之间结成利益共同体。这样的理念在中国的民营企业里很少见，更令人惊叹的是，华为不仅停留在理念层面，实际工作中也确实按照这样的理念开展工作，团结一切可以团结的力量，打造了一个前所未有的强大的商业生物链。

**6. 干部培养创新——“宰相必起于州部，猛将必发于卒伍”**

华为的干部管理通常采用“选拔制”和“淘汰制”，而不是“培养制”。这与华为自身的选拔机制有关。

在华为，但凡提拔干部，必须从有成功实践经验的人才中去选拔。正所谓“宰相必起于州部，猛将必发于卒伍”。在华为，实践是干部选拔的最高标准。坚持从有成功实践经验的人才中选拔干部是保证华为生存与发展的重要因素。不仅如此，在华为的干部选拔中，一定要强调责任结果导向。任正非在内部讲话中阐述说：在责任结果导向的基础上，再按能力来选拔干部。强调要有基层实践经验，没有基层实践经验的机关人员，应叫职员，不能直接选拔为管理干部。如果要当行政干部，必须补好基层实践经验这堂课，否则只能是参谋。虽然西方在很多价值观的评价上不一定正确，但是西方的很多管理方法都是正确的，我们公司只要把住价值观这道关，西方的很多管理模型我们是可以用的。

在华为的干部提拔中，但凡机关干部，都必须到海外去锻炼。不仅如此，还必须身先士卒，完成全项目的工作之后才能返回华为总部。任正非的理由是：公司总部一定要从管控中心，转变成服务中心、支持中心，机关要精简副职及总编制，副职以下干部要转成职业经理人。拥有决策权的正职，必须来自一线，而且经常轮岗。以后总部不再从机关副职中选拔正职。公司强调干部的选拔，一定要有基层成功经验。什么叫指挥中心建在听得见炮响的地方？就是在这个项目或战役上的指挥调控权在前线，机关起服务作用，炮弹运不到就要处分机关的责任人，而不是推诿前方报表的问题。

### 9.11.3　允许小部分力量去颠覆性创新

**1. 允许小部分力量有边界地去颠覆性创新**

对于任何一家企业，其边界都是向外扩张，创新也同样如此。不过，创新必须聚焦主航道，以延续性创新为主，允许小部分力量有边界地去颠覆性创新。任正非的观点是：互联网总是说颠覆性创新，我们要坚持为世界创造价值，为价值而创新。我们还是以关注未来五至十年的社会需求为主，多数人不要关注太远。我们大多数产品还是重视延续性创新，这条路坚决走；同时允许有一小部分新生力量去颠覆性创新，探索性地“胡说八道”，想怎么颠覆都可以，但是要有边界。这种颠覆性创新是开放的，延续性创新可以去不断吸收能量，直到将来颠覆性创新长成大树也可以反向吸收延续性创新的能量。

对此，任正非在接受媒体记者采访时坦言：高科技领域最大的问题，是大家要沉得下心，没有理论基础的创新是不可能做成大产业的。“板凳要坐十年冷”，基础理论的板凳可能要坐更长时间。我们搞科研，人比设备重要。用简易的设备能做出复杂的科研成果来，而简易的人即使使用先进的设备也做不出什么。

**2. 防止盲目创新**

众所周知，华为在创新上投入了巨额的资金以及人力，尽管如此，华为创始人任正非深知，创新必须聚焦，必须反对盲目创新，必须反对为创新而创新。基于此，在创新上，华为推动的是有价值的创新。只有针对性的创新，才是赢得较量的关键。任正非告诫华为人：我们只允许员工在主航道上发挥主观能动性与创造性，不能盲目创新，分散了公司的投资与力量。非主航道的业务，还要认真向成功的公司学习，坚持稳定可靠运行，保持合理有效、尽可能简单的管理体系。要防止盲目创新，四面八方都喊响创新，就是我们的葬歌。

消费者业务应关注最佳用户体验，反对无价值的盲目创新。

企业家追求“极致”的用户体验，其目的是使企业更为长久地存续，即基业长青和永续经营。从这个意义上讲，产品的极致体验不仅关乎产品，更关乎哲学。

## 9.12 英格索兰创新案例——创新引领科技，远见开启未来

### 9.12.1 英格索兰的创新史

从19世纪70年代发明第一台蒸汽凿岩机，到第一架逃生装置问世，再到第一台冷冻肉类食品展示柜诞生，再到变频螺杆空压机Nirvana系列产品、保特酷制冷系统推出市场，英格索兰的百年历史也是不断创新的旅程。英格索兰的创新史涉及产品结构、品质技术、产能规模、品牌价值、业务模型等方面。而实际上，作为一家全球领先的多元化工业企业，英格索兰的业务就是围绕其核心价值观通过创新来展开，它的创新机制就是确保英格索兰的产品、服务和解决方案领先竞争对手的原动力。

### 9.12.2 创意生成方法的演进

在英格索兰，创新过程划分成三个主要阶段：创意生成、创意评估与创意执行。在每一个阶段，英格索兰都为之专门设计了一系列的方法、工具和流程，以减少创新过程中的不确定性与风险，增强创新结果的可预测性。发现商业机会并生成创意是三大步骤中的第一步，也是最关键的一步。

创新本身是一个极具动态的过程，长时间以来，人们都认为一个伟大的创意是建立在突变、失败和运气的基础上，创新过程毫无可遵循的程序和流程，3M公司（明尼苏达矿业制造公司）的首席执行官乔治·巴克尔曾经说过：发明从其本质上来说是一个混乱的过程。但是随着创新在经济发展与竞争中对企业的重要程度愈发显现，越来越多的企业与学者在思考，有没有一种方法和有效的工具来启发创新思维并规范创新过程，从而提高创新的成功率？到目前为止，比较典型的创意生成方法有试错法创新（技术导向型创新）、客户导向型创新和成果导向型创新。

**1. 试错法创新**

试错法创新，或称技术导向型创新，是靠经验和运气的方法，也是最传统的技术创新方法。20世纪80年代中期以前，很普遍的现象是企业的研发精英们沉迷于研发新的、完美的技术，然后再由市场销售部门为这项新技术寻找可以生根发芽的新市场。设想是美好的，但结果往往是残酷的，他们花了巨资研发、建立新的生产线，最后的营业额却可能很不理想。也只有此时，才有一个定论：他们的市场定位出了差错。

试错法创新的失败率非常高，接近90%，而且从产品开发到取得销售业绩成功的平均周期长达8年。研究开发费用高昂，难以望到边的预期回报时间无不告诉我们，是应该有一种新的创新方法产生了。

**2. 客户导向型创新**

企业开始思考技术创新方法失败的原因，越来越多的企业认识到客户需求才是推动创新的原动力，客户导向型创新方法随之产生。客户导向型创新，即根据客户反馈的“需求”来指导企业的创新活动。过去的20多年中，客户导向思维根深蒂固，已经成为企业界的口头禅，小组访谈、客户拜访、基于客户需求的市场细分、重要客户分析成了商业世界的重要工具。这种创新方法比试错法创新确实高明了许多，但不幸的是，客户导向的思想运行了20多年后，企业发现仍有50%~90%的产品或服务开发失败。

尽管相比试错法创新，客户导向型创新方法的确有了很多改进，但这种方法仍存在很多变异性和不可控性。究其原因，最关键的还在于所谓的“客户需求”到底是什么？当提到“需求”时，可能会联想到很多概念，如性能、功能、规格、价格、解决方案、期望、概念、交货期等。企业内的市场、销售、研发、生产等各个部门都有一套所谓的“客户需求”的定义。在这种情况下，企业收集客户需求时，客户只能用自己最熟练的语言讲出需求，企业也是按照自己熟练的语言描述客户需求，并利用这些可能是错误的、至少是不完整的信息开发新产品。

客户不是专家，他们通常所讲的需求通常只是对当前产品的一点改进，或者基于他们所知道的现有产品平台上的些许改善。福特公司的创始人亨利·福特（Henry Ford）曾经说过：如果我问我的客户需要什么，他们会告诉我他需要一匹跑得更快的马。所以，了解客户的想法并不是容易的事，要把它利用好并创造出效益就更难上加难。

客户导向型创新从理念上来讲并无过错，客户的声音到底有多重要？回答是“非常重要”。但公司必须超越倾听，进一步辨别什么是客户心中真正想要的东西，然后努力满足那些未能满足的需求，于是成果导向型创新呼之欲出，成果导向型创新有以下三条基本原则。

1）客户购买产品或服务是为了完成某项工作。这里的“工作”并不完全是我们平时理解的工作，而是客户真正想要完成的任务，他们会搜寻有用的产品或服务来帮助他们完成这些任务。比如，人们去健身房锻炼，其“工作”不是锻炼，而可能是保持健康、减肥；人们买矿泉水，其“工作”是解渴。本质上，所有的产品和服务都是为了完成某项工作而存在的。在成果导向型创新中，焦点不是客户本身，而是客户要完成的某项“工作”。如果一个企业能够帮助客户更快速、便捷、廉价地完成某项工作，那么客户没理由不喜欢他们的产品或服务。

2）客户有一套期望的成果（衡量指标体系）来判断一项工作完成得如何、一件产品的性能怎样。正如企业会用一定的指标来衡量一项业务过程的输出质量，客户也有他们自己的指标来衡量他们工作完成得如何。不同的是，客户的这套指标存在于他们的头脑中，而很少能够清楚地表达出来，企业更是很难捕捉到这种信息。我们把这些指标称为客户的期望成果，它们是一项具体工作执行的基本衡量指标。对于任何一项工作，客户都可以有50~150个指标对它的完成程度进行度量，只有所有指标都满足了，才能说客户可以完美地完成工作。

3）客户的预期成果使得系统地、可预见地进行产品和服务创新成为可能。获得正确的输入信息，企业就可以大大提高创新过程中下游活动的执行效率，包括确认增长机会，细分市场，进行竞争分析，生成并评估创意，与客户交流成果，测量客户满意度等。在成果导向型创新中，企业不再需要通过头脑风暴产生成千上万个创意，再艰难地判断出创意是否有价值。在这里，他们只要寻找出所有的客户预期成果中哪些是重要的且还没有被满足的，从而系统地生成一些创意来满足这些尚未实现的指标。比如，一个洗涤剂制造商了解到90%的家庭主妇正在试图缩减厨房厨具的清洗时间，他们也就知道了该把他们的创造力集中到哪里，更关键的是他们知道了他们花时间这么做会实现他们的追求目标。

**3. 成果导向型创新**

成果导向型创新由 Strategyn 咨询公司首创，几乎在所有行业都得到了持续应用。

成果导向型创新是将结构性、规范性和可预测性融入产品、服务的创新活动中，使创新不再只是一个空泛的概念，而变得有章可循、有理可依，从而为创新方法论提供了一个全新的视角和发展空间，并大大提高了创新项目的成功率。

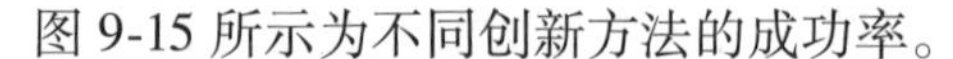

图 9-15 所示为不同创新方法的成功率。

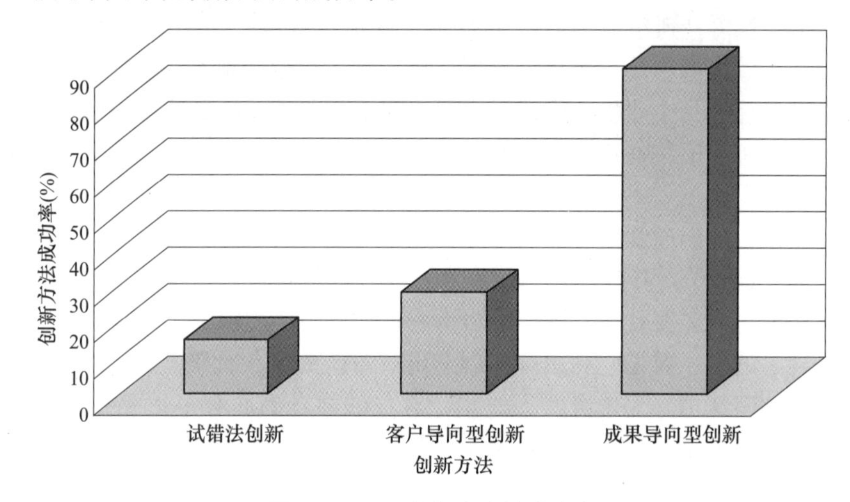


图 9-15　不同创新方法的成功率

## 9.12.3　英格索兰在创意生成领域的实践

英格索兰根据成果导向型创新方法，确立了一套创意生成的过程，该过程共有五步：明确创新战略、收集客户需求、确定市场机会、定义目标策略和生成突破创意，如图 9-16 所示。

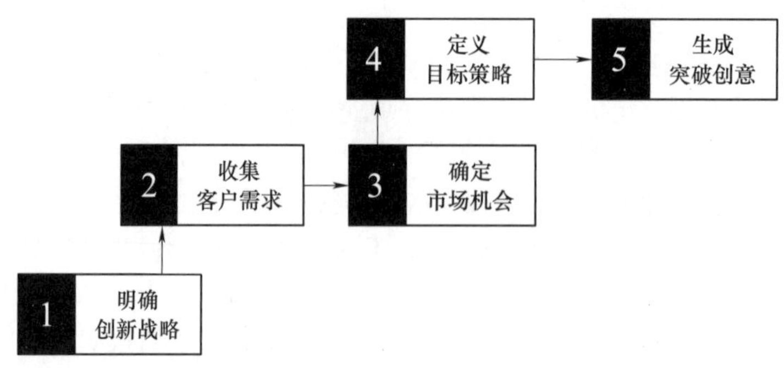


图 9-16　英格索兰工业技术的创意生成方法过程

**1. 第一步：明确创新战略**

（1）确定创新战略　明确创新战略是整个创意生成过程的第一步，其目的是确定创新项目的方向和项目的范围，企业必须在创新项目开始之初就明确进行什么类型的创新项目、什么样的发展路径更好、需要为客户价值链中的哪一个客户增加价值。这一步是整个创新过程中最重要也是最关键的一步，这一步的结果在很大程度上决定了未来整个创新过程的成败。总的来看，有四种类型的创新战略可供决策者们选择：发展核心市场、拓展相关市场、瓦解现有市场（破坏性创新，Disruptive Innovation）和发掘全新市场。四种创新战略如图 9-17 所示。

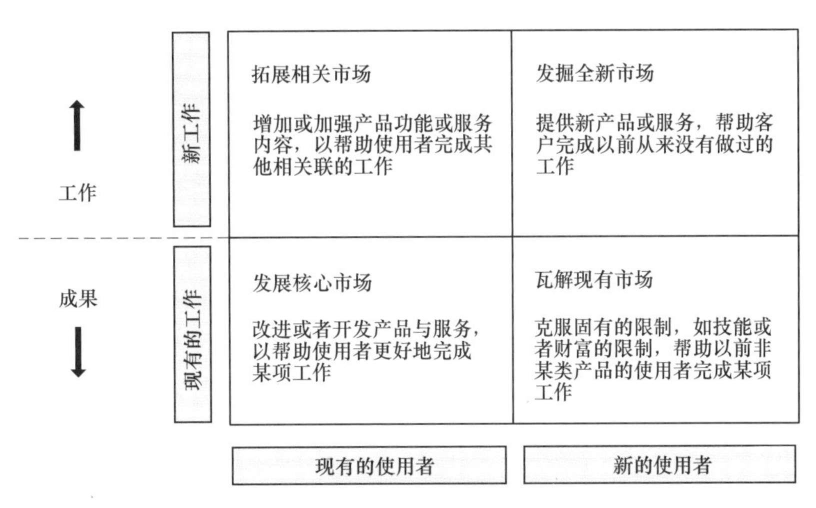


图 9-17 四种创新战略

（2）确定价值链以及关注的客户群　确定创新战略后，企业需确定其产品流转到最终使用者手上的价值链是怎样的，并且确定为价值链上的哪一类客户提供价值。工业企业在分析价值链并选定产品创新项目针对的客户时，需要注意并避免的一个误区是“选定渠道客户作为其创新项目针对的主要客户”。对于很多工业企业，其产品销售多采用渠道模式在其价值链上，渠道合作伙伴可能就成为该工业企业最重要的客户。但是如果仅仅将精力集中在“渠道客户”上，就会发现这类客户未被满足的需求总是降低价格、增加库存周转、缩短采购周期等。尽管这些需求也是非常重要的，但是如果企业仅停留在这个级别上的“客户需求”，就往往会错误地认为产品已经进入“货品”时代，价格成为唯一的竞争要素。从而使得企业无法真正了解最终使用者的意见和需求。

作为一家具有百年创新历史的多元化工业企业，英格索兰在创新的道路上不断进行探索和实践，已连续 8 年入选道琼斯可持续发展全球指数，其工业解决方案方面基于技术驱动下的卓越表现深受客户的信赖。

**2. 第二步：收集客户需求**

确定创新战略和针对的客户后，下一步的关键就在于如何正确地收集客户需求。收集客户需求的方法有电话访谈、面对面单个访谈、小组访谈等。成果导向型创新的客户访谈也同样使用类似的方法，不同的是，访谈要收集目的、范围，且收集的客户需求要更加清晰。

前文提到，成果导向型创新中，所谓的客户需求是客户想完成的一系列工作和成果，而成果是客户判断一项工作完成得如何、一件产品性能怎样的一套衡量指标体系。可以说，成果导向型创新方法中的客户需求是客户真正想要实现的东西，比传统方法中的客户需求更深入地反映了客户需求所指向的真正内容。比如，当客户提出他们希望产品的可靠性更高时，访谈者就要去发掘到底，可靠性对客户来说指的是什么，比如，当客户谈论流体传输产品时，所谓的可靠性可能指很多方面，如尽量避免因流体与流体传输系统发生反应而危害环境安全，如爆炸产生有害气体等、尽量避免流体传输过程产生的水分结冰无法排出，从而损害流体传输系统，如系统部件生锈、结冰，流体传输被堵塞等。因此，不难看出，相比传统方法收集到的客户需求，成果导向型创新所收集的客户需求能更深刻地反映客户真正的需要，对企业的新产品开发或产品改进更具有指导性和可操作性。

**3. 第三步：确定市场机会**

收集所有的客户需求后，企业就要确定产品创新的机会在什么地方。英格索兰对创新机会有着比较明确的定义，即那些在客户看来未被满足的需求。大多数的经理们都同意那些重要性很高但满意度较低的客户需求，就是未被满足的需求，这些未被满足的需求为企业指明了客户愿意看到产品在哪些方面有所改进。

机会分析可以提供给企业很多信息并帮助企业做很多事情（表 9-1）。如信息传播，或许现有的产品已经能够满足客户某些未被满足的需求，但是企业从来没有意识到产品的某些功能对客户非常重要，那么企业就可以制订沟通计划，重新向目标客户传达企业产品的优势。

表 9-1　机会分析可以做的事情

| 信息 | 详　情 |
|---|---|
| 市场细分 | 不同于一般的基于行业或者地域的市场细分，它是可以提供基于客户需求的市场细分 |
| 信息传播 | 根据机会分析，制订沟通计划，向目标客户沟通企业的优势 |
| 产品定位 | 帮助企业设定独特的和具有竞争优势的产品价值定位 |
| 品牌发展 | 制订品牌发展机会 |
| 辅助销售 | 将产品价值定位、品牌内涵等信息整合到销售战略中，并培训销售人员如何向目标客户阐述产品价值与品牌内涵 |
| 竞争情报 | 分析竞争优势与劣势 |
| 重新对产品开发机会排序 | 根据机会分析，重新评估产品开发机会中的哪些项目应该具有优先开发顺序，哪些项目可以被搁置甚至取消 |
| 概念生成 | 根据客户未被满足的需求，生成产品创意 |
| 概念评估 | 一种定量分析方法，分析生成的创意在多大程度上可以让客户的需求得到满足 |
| 设定产品的研发方向 | 根据客户需求，设定未来新技术的研发方向 |
| 兼并收购机会评估 | 用于分析有意收购的公司产品的竞争力 |
| 客户满意度分析 | 设定详细的行动机会，提高客户满意度 |

**4. 第四步与第五步：定义目标策略并生成突破创意**

分析市场机会后，企业首先要做的是确定目标策略，即针对哪些机会采取行动。随后的一个重要阶段就是生成突破创意。创意的生成在英格索兰包含三个层次：价值提供平台创意、业务模式创意和产品功能创意。所谓价值提供平台创意，指的是产品的特性和功能如何传递给客户，包含一系列的系统基础设施和子系统。比如，保持口腔清新类产品就有普通牙刷、电动牙刷、口香糖、漱口水等。业务模式创意指的是企业如何赚钱。而产品功能创意指的则是在价值提供平台上一系列有形和无形的特性，以满足客户的需求。

### 9.12.4　创新助力英格索兰创造新的辉煌

英格索兰的各个业务集团继承英格索兰创新的辉煌传统，开展了一系列的创新项目。英格索兰工业技术集团在全球范围内开展了多个创新项目，采用成果导向型创新方法并将其与英格索兰的实际相联系，了解客户真正的想法，寻找未被满足的客户需求或市场，从而为创新产品和市场提供先决条件。此外，从 2008 年年初开始，英格索兰工业技术集团亚太区成立了一个新的团队——战略市场部。该部门是整个工业技术部门创新活动的推动者和协调者。目前，一系列创新项目正在工业技术部门如火如荼地开展，“创新”的理念和氛围越来越深入人心。无论是这些全球性的创新项目，还是区域性的创新项目，都将帮助英格索兰深入了解客户需求，进而开发出为客户提供更多价值的产品与服务。

# 第4篇

# 知识产权与科技论文写作

4

## 第 10 章　知识产权和专利

### 10.1　知识产权概述

知识产权一词是从英文 Intellectual Property 或者 Intellectual Property Right 翻译过来的。我国在《中华人民共和国民法通则》颁布前曾普遍使用智力成果权这个概念，但现在知识产权的译法在我国已广泛应用。

产品开发环境中，知识产权一词是指受法律保护的与新产品相关的构想、概念、名称、设计和工艺等。知识产权可能是企业最具价值的资产之一。与实物产权不同，知识产权无法通过物理手段有效防止非法转移。因此，人们建立各种法律机制以保护知识产权拥有人的权利。这些机制的目的是激励和奖赏那些创造新的、有用发明的人，同时也为社会的长远利益而促进信息传播。

迄今为止，大多数国家的法理专著、法律乃至国际条约，都是从划定范围出发来明确知识产权这个概念，或给知识产权下定义。

#### 10.1.1　知识产权的范围

**1. 世界知识产权组织所划的范围**

1967 年，在斯德哥尔摩的外交会议上，缔结了《建立世界知识产权组织公约》（简称《世界知识产权组织公约》）。现在的世界知识产权组织（WIPO）就是根据这个公约成立的。我国于 1980 年加入了 WIPO，截至 2020 年 4 月，已经有 193 个国家成为该组织的成员国。

“世界知识产权组织公约”共有 21 条。其中，属于实体条款的仅有第二条第八款，即该公约为“知识产权”所下的定义。

按照这一定义，知识产权应包括下列权利：

1）与文学、艺术及科学作品有关的权利，这里指作者权或版权（著作权）。

2）与表演艺术家的表演活动、与录音制品及广播有关的权利，这里主要指一般所称的邻接权。

3）与人类创造性活动的一切领域内的发明有关的权利，这里主要指专利发明、实用新型及非专利发明享有的权利。

4）与科学发现有关的权利。

5）与工业品外观设计有关的权利。

6）与商品商标、服务商标、商号及其他商业标记有关的权利。

7）与防止不正当竞争有关的权利。

8）一切其他来自工业、科学及文学艺术领域的智力创作活动所产生的权利。

不过，近年有人提出，在数字技术广泛应用的今天及将来，“人的确认因素”（包括人的姓名、声音、形象、签字、风格等）可以作为一种知识产权被利用，它既不同于“阿童木”“三毛”等并非真人的名称或形象，也不同于名人被商品化之后的形象。至今“人的确认因素”究竟能不能列为知识产权，也还在讨论中。

**2. 世界贸易组织所划的知识产权范围**

1994年4月，在摩洛哥马拉喀什的关贸总协定乌拉圭回合会议上，缔结了《建立世界贸易组织协定》《简称“世界贸易组织协定》。

在《世界贸易组织（WTO）协定》文件中，有一份《与贸易有关的知识产权协定》（简称TRIPS），这个协议也构成《世界贸易组织协定》的一部分。

这里的“贸易”主要指有形货物的买卖。服务贸易也是一种贸易，但是从乌拉圭回合会议最后文件的分类看，《与贸易有关的知识产权协定》并不涉及服务贸易，而是另外由一个《服务贸易总协定》来规范服务贸易问题。

《与贸易有关的知识产权协定》中的知识产权自有它特定的范围，这一范围是由国际贸易实践中的需要确定的，知识产权的范围是：版权与邻接权；商标权；地理标志权；工业品外观设计权；专利权；集成电路布图设计（拓扑图）权；未披露过的信息专有权。

《与贸易有关的知识产权协定》是在美国的强烈要求下缔结的，明确规定作者的精神权利可以不予保护，这个协定偏向于版权，而不是作者权。

对于邻接权，协定中使用的最早是出自意大利与德国的用法，即有关权。有关权与邻接权这二者没有本质的不同，协定中所涉及的对未披露过的信息的保护，实际上主要指对商业秘密的保护。多年以来，知识产权的理论界以及司法界，关于商业秘密究竟能不能作为一种财产权来对待，一直是争论不休的。世界贸易组织的知识产权协定至少在国际贸易领域做了明确的答复，有效地为相关争论画上了句号。

### 10.1.2 知识产权的特点

**1. 无形财产权**

知识产权的第一个，也是最重要的特点就是无形。一台电视机，作为有形财产，所有人可行使权利去转卖它、出借它或出租它，标的均是电视机本身，即该有形物本身。一项专利权，作为无形财产，其所有人在行使权利转让它时，标的可能是制造某种专利产品的制造权，也可能是销售某种专利产品的销售权，却不是专利产品本身。

**2. 专有性**

专有性也称独占性，它是指专利权人对其发明创造所享有的独占性的制造、使用、销售、许诺销售和进口其专利产品的权利。此外，一项发明创造只能被授予一项专利权。

**3. 地域性**

地域性是指一个国家授予的专利权只在该国法律管辖范围内有效，对其他国家没有任何效力。

**4. 时间性**

时间性是指专利权只在法律规定的时间内有效，期限届满后，专利权即告终止，在专利权有效期内，若专利权人不按时缴纳专利年费或声明提前放弃专利权，则该专利权有效期终止。

**5. 可复制性**

由于知识产权是一种无形的精神财富，需借助于一定的载体才能体现出来。即它在表现形式上肯定是与所有人相分离的，因此，只要有合适的载体，它就可以被不断地表现出来，或者说被复制出来。这就意味着，知识产权可以同时被多人使用，而不会带来自然的损耗。换句话说，不论知识产权的所有者转让与否，他人都有可能通过一定的方式去复制它、使用它，因而法律上对知识财产的保护要比对有形财产的保护复杂得多。法律上对有形财产的保护只要确保它不被非法侵占、毁坏，而对知识财产的保护则要确保它不被非法复制、传播、剽窃、假冒、毁誉等，这显然要难得多。

### 10.1.3 知识产权的类型

**1. 专利权**

专利权是指一项发明创造，经申请人向代表国家的专利主管机关提出专利申请，审查合格后，由该主管机关向专利申请人授予的在规定时间内对该项发明创造享有的专有权。简而言之，专利权是发明创造的合法所有人依法对其发明创造所享有的独占权。

一般人常把专利和专利申请两个概念混淆使用。例如，有些人在专利申请尚未得到授权时就声称自己有专利。其实，专利申请在获得授权前，只能称为专利申请；只有最终获得授权才可以称为专利。可以很明显地看出，这两个概念所表达的含义存在显著差异。

**2. 商标权**

商标权是指商标所有人对法律确认并给予保护的商标所享有的权利，它主要指商标所有人对其注册商标所享有的专用权，也包括与此相联系的商标续展权、商标转让权和商标许可权等。商标专用权是商标权的核心，没有商标专用权，商标权也就失去了存在的意义。我国与世界上大多数国家一样，实行注册在先原则，即商标权的取得根据注册确定。《中华人民共和国商标法》第三条明确规定：“经商标局核准注册的商标为注册商标，包括商品商标、服务商标和集体商标、证明商标；商标注册人享有商标专用权，受法律保护。”可见，我国商标权实际上指的是注册商标专用权。

**3. 版权**

版权也称著作权，是指文学、艺术和科学作品的创作者对其创作的作品享有的权利。著作权是作者精神权利与经济权利的合一，其中的精神权利是与作者人身密切相关的权利，在绝大多数情况下都只能由作者本人享有和行使；经济权利可以让作者或其他权利人控制作品的使用，从而获得相应的经济利益。

## 10.2 如何申请专利

### 10.2.1 常用专利数据库

**1. 国家知识产权局**

国家知识产权局的官方网址是 http：//www. cnipa. gov. cn/。

国家知识产权局的官方网站中，有知识产权相关的信息发布、数据统计、政策文件、政府信息公开、专利申请服务、专利检索及分析系统、专利代理管理等。在其政务服务平台（图 10-1）中，有与专利相关的网上办事、信息服务、行政许可相关事务的链接，包括专利申请及手续办理、专利缴费服务、专利事务服务、专利检索及分析系统、中国及多国专利审查信息查询、专利代理师及专利代理机构查询等。

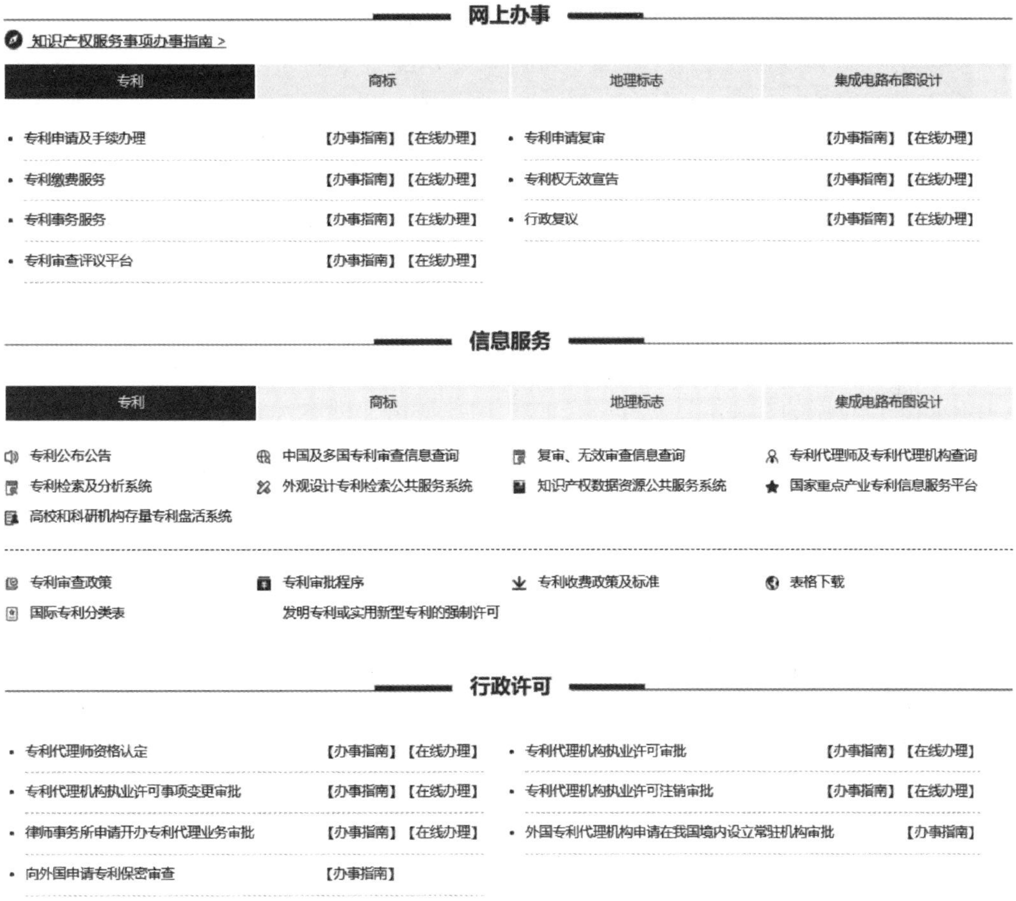

网上办事

知识产权服务事项办事指南 >

专利　商标　地理标志　集成电路布图设计

- 专利申请及手续办理【办事指南】【在线办理】
- 专利缴费服务【办事指南】【在线办理】
- 专利事务服务【办事指南】【在线办理】
- 专利审查评议平台【办事指南】【在线办理】
- 专利申请复审【办事指南】【在线办理】
- 专利权无效宣告【办事指南】【在线办理】
- 行政复议【办事指南】【在线办理】

信息服务

专利　商标　地理标志　集成电路布图设计

专利公布公告　中国及多国专利审查信息查询　复审、无效审查信息查询　专利代理师及专利代理机构查询
专利检索及分析系统　外观设计专利检索公共服务系统　知识产权数据资源公共服务系统　国家重点产业专利信息服务平台
高校和科研机构存量专利盘活系统

专利审查政策　专利审批程序　专利收费政策及标准　表格下载
国际专利分类表　发明专利或实用新型专利的强制许可

行政许可

- 专利代理师资格认定【办事指南】【在线办理】
- 专利代理机构执业许可事项变更审批【办事指南】【在线办理】
- 律师事务所申请开办专利代理业务审批【办事指南】【在线办理】
- 向外国申请专利保密审查【办事指南】
- 专利代理机构执业许可审批【办事指南】【在线办理】
- 专利代理机构执业许可注销审批【办事指南】【在线办理】
- 外国专利代理机构申请在我国境内设立常驻机构审批【办事指南】

图 10-1　国家知识产权局的政府服务平台

**2. 中国知识产权网**

中国知识产权局的官方网址是 http：//www. cnipr. com/,其官网首页如图 10-2 所示。

1999 年 6 月，国家知识产权局知识产权出版社为了方便公众检索阅览中国专利文献，创建了中国知识产权网，率先在中国实现了互联网上中国专利文献（按法定公开日）定期公开、检索、阅读和下载，极大方便了公众对专利文献的使用。新版网站于 2010 年 4 月 26 日，世界知识产权日之际，全新上线。网站既提供知识产权领域的新闻资讯、专业文章，也提供为实现专利转化而建立的展示平台，最具特点的是其提供的专利信息产品与服务以及功能强大的中外专利数据库服务平台。

在中国知识产权网站中，有知识产权相关的新闻资讯、专家访谈、通知公告、案例解读、专题专栏等内容模块。

图 10-2　中国知识产权局官网首页

中国知识产权网的专利信息服务平台如图 10-3 所示，可输入关键词检索专利信息，并根据申请年份、公布年份、当前权利状态等条件对所要查询的发明专利、实用新型专利或外观设计专利等进行筛选。

图 10-3　中国知识产权网的专利信息服务平台

**3. SooPAT 专利搜索引擎**

SooPAT 专利搜索引擎网址是 http：//www. Soopat. com/，其官网首页如图 10-4 所示。

SooPAT 中的 Soo 为“搜索”，Pat 为“patent”，SooPAT 即“搜索专利”。SooPAT 本身并不提供数据，而是将所有互联网上免费的专利数据库进行链接、整合，并加以人性化调整，使之更符合人们的一般检索习惯。

例如，SooPAT 中国专利数据的链接来自国家知识产权局互联网检索数据库，国外专利数据来自各个国家的官方网站。SooPAT 不用注册即可免费检索，并提供全文浏览和下载，尤其对中国专利全文提供了免费打包下载功能，且速度极快，如果选择注册成为 SooPat 的

图 10-4　SooPAT 专利搜索引擎官网首页

会员，还可以选择保存检索历史并进行个性化设定。

SooPAT 专利搜索引擎的首页分为中国专利和世界专利两个搜索区，可分别通过关键词进行常规检索，也可以通过表格检索、IPC 分类搜索和高级检索等方式检索。SooPAT 专利搜索引擎除了主页的搜索功能，还包含专利分析、论坛、法规、网址导航等功能栏目，可以方便地进行专利信息检索，如图 10-5 所示。

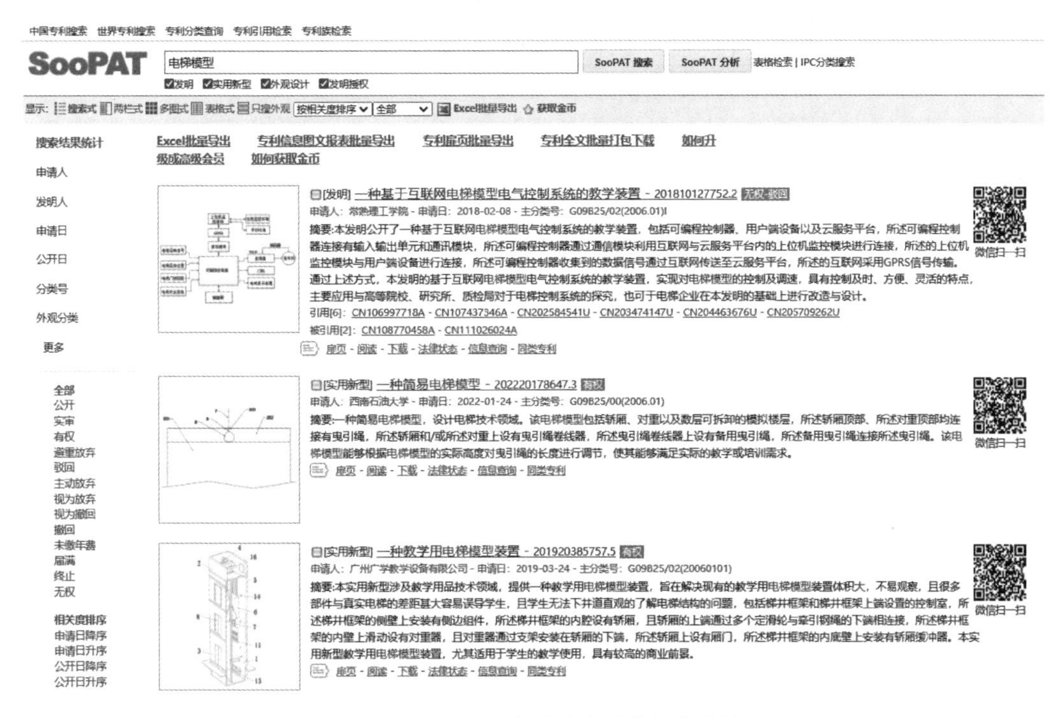


图 10-5　SooPAT 专利搜索引擎部分功能

**4. 专利之星检索系统**

专利之星检索系统的网址是 https：//cprs. patentstar. com. cn/，其官网首页如图 10-6 所示。

图 10-6 专利之星检索系统官网首页

专利之星（patentstar）是北京新发智信科技有限责任公司旗下专利产品的品牌名称，其中包含专利之星-专利检索系统、专利之星-图像检索系统、专利之星-机器翻译系统。其中专利之星-专利检索系统作为核心产品，以提供专利检索服务为主，结合统计分析、机器翻译、定制预警等功能为一体的综合性专利信息服务系统。

1）专利之星-专利检索系统包含中国及世界专利检索功能、专利下载功能、专利翻译功能、专利分析功能、专利定制及自定义专利库功能，以检索网站的模式对公众服务。

2）专利之星-图像检索系统包含多个国家、多种语言的专利图文，采用单/双屏方式显示检索输入和输出，按照图像的相似度排序，在界面上输出图像序列。

3）专利之星-机器翻译系统包含英汉翻译功能、汉英翻译功能及日汉翻译功能。

## 10. 2. 2 专利申请流程

**1. 制订策略和计划**

专利策略和计划的制订中，一个产品开发团队必须决定提交专利申请的时机、申请的类型以及申请的范围。

（1）专利申请的优先权原则 专利申请的国际优先权是指，如果专利人在一个国家已经申请了专利，那么在其他国家申请专利的话，可以按照从最开始的国家申请专利的时间来计算。但是这种优先权生效的前提是这些国家之间提前有过公约、双边或多边协定，如果有的国家没有参加过这些约定，不承认这种优先权，那么这样的原则就是无效的。

专利的国内优先权是指，有时候专利人可能在申请一个专利之后，在国家的专利局还没有批准这个专利的时候，想改动一下专利的具体内容，需要向专利局撤回专利申请，为防止在改动时间之内，专利权被其他人抢先申请，法律规定在一定时间内可以改动专利，并且保留申请的时间，在这个时期内重新提交专利，都按照最开始的专利申请时间来计算。

按照专利法的基本原则，对于同一个发明只能授予一个专利权。当出现两个以上的人就同一发明分别提出专利申请的情况时，有两种处理的原则：一种是先发明原则，另一种是先申请原则。先发明原则是指，同一发明如果有两个以上的人分别提出专利申请，应把专利权授予较先做出此项发明的人，而不问其提出专利申请时间的早晚。但由于在采取此项原则时，确定谁是较先发明人的问题上往往会遇到很多实际困难，因此，目前世界上只有少数国家采用这种专利申请原则。所谓先申请原则，是指当两个以上的人就同一发明分别提出申请时，不问其做出该项发明时间的先后，而按提出专利申请时间的先后为准，即把专利权授予较先提出申请的人，中国和世界上大多数国家都采用这一原则。

（2）专利申请类型

1）发明专利申请是针对产品、方法或者产品、方法的改进所提出的新的技术方案，可以申请发明专利；

2）实用新型专利申请是针对产品的形状、构造或结合所提出的适于实用的新技术方案，可以申请实用新型专利；

3）外观设计专利申请是针对产品形状、图案或者其结合以及色彩与形状、图案结合所作出的富有美感并适于工业应用的新设计，可以申请外观设计专利。

（3）专利申请范围　开发团队应该估计产品设计的总价值，并确定其中可能获得专利的要素，通常团队会做出列表，列出团队认为新颖和非易见的要素。开发团队可以重点考虑那些阻止竞争的实质性要素，它们通常体现了开发团队观念中针对类似问题无法公开知晓的实质改进要素。

复杂产品通常包含了多项发明。比如，一台打印机可能包含新颖的信号处理方法和送纸技术。有时这些发明在专利系统中属于彼此不同的类别，开发团队需提交对应相关发明类别的多个申请。对于简单的产品或者只包含一种发明的产品，一个专利申请通常就够了。在很难决定是否把一个申请分成多个部分时，最好咨询专利律师。然而，即使提交的是一件包含多种发明类别的专利申请，所有的知识产权都将保留。在这种情况下，专利局将告知发明人，其专利申请必须分开进行。

确定专利范围的同时，开发团队还要考虑谁是发明人。发明人是发明过程中具有实质性贡献的人。就专利法，发明人的定义是主观的。例如，一位仅进行试验的技师一般不会被列为发明人。但一位进行了试验并对装置中观察到的问题提出了解决办法的技师就可以考虑作为发明人。专利申请中，对列出发明人的数量是没有限制的。我们认为，产品的开发和发明通常是集体努力的结果，并且许多参与概念生成和后续设计活动的团队成员可以考虑列为发明人。不列出发明人的名字，可能导致专利被裁定为无效。

**2. 研究先前的发明**

研究先前发明，即所谓的先有技术，主要有三个原因。①通过研究先前的专利文献，开发团队可以获知一项发明是否侵害已有的未到期专利。虽然对侵害已有专利的发明申请专利并没有法律上的限制，但如果任何人在没有许可的情况下制造、销售或使用侵害了已有专利的产品，该专利的拥有人可以为遭受的损失提起诉论；②通过研究先有技术，发明人可以知道他们的发明与先前发明有多少相似性，从而估计获得专利的可能性有多大；③开发团队可以掌握背景知识，以便其成员起草新颖的权利要求。

**3. 概述权利要求**

撰写专利申请文件之前，我们建议开发团队概述其权利要求。此时不必顾虑法律上的精确性，开发团队可以进行列表，阐明开发团队认为其发明独特而有价值的特征，从而为发明应该对什么实物进行详细描述提供指导。

### 10.2.3 发明、实用新型专利申请文件概述

每一项需得到专利保护的发明或者实用新型，都必须由有权申请的人以国家知识产权局规定的形式向国家知识产权局提出申请，才有可能取得专利权，获得专利保护。按规定提交的一系列说明材料就是专利申请文件。专利申请文件的撰写对于能否获得专利保护起着重要的作用。大学生对于如何撰写专利申请文件往往知之甚少，本节主要介绍撰写发明、实用新型专利申请文件的基本内容、要点与规范。

**1. 专利申请文件的基本内容**

专利申请文件主要包括说明书和权利要求书两个最重要的部分。说明书和权利要求书的撰写将会直接影响能否获得专利权以及所获专利权保护范围的大小，也会影响专利局的审批速度。

《中华人民共和国专利法》及其实施细则中，有关条款对说明书撰写内容及格式给出了明确规定。如《中华人民共和国专利法（2020 年修正）》第二十六条第三款规定：“说明书应当对发明或者实用新型作出清楚、完整的说明，以所属技术领域的技术人员能够实现为准；必要时候，应当有附图。摘要应当简要说明发明或者实用新型的技术要点。”这里的“所属技术领域的技术人员”是一种假想的人员，指知晓在申请日前所属技术领域中所有的一般知识并能获得现有技术的一切情况，具备从事常规实验的手段和能力的人员。这里的“能够实现”是指所说明的发明或者实用新型能够在实践中实现。如果是一项产品，就必须依照说明的技术方案能够制造出来并达到所说的目的；如果是方法，则必须依照其说明的方法能达到所说之目的，在实践中能够使用。说明书必须提供为理解和实施该发明或者实用新型所必须的情报，以达到使所属技术领城的技术人员依照所公开的内容，而无须经过任何创造性的劳动就能实现该发明或者实用新型的标准，这也就是通常所简称的充分公开的含义。

**2. 说明书的具体组成部分**

专利说明书的撰写应符合《中华人民共和国专利法实施细则（2023 年修订）》第二十条的规定：发明或者实用新型专利申请的说明书应当写发明或者实用新型的名称，该名称应当与请求书中的名称一致。说明书应当包括下列内容：

1）技术领域：写明要求保护的技术方案所属的技术领域。

2）背景技术：写明对发明或者实用新型的理解、检索、审查有用的背景技术；有可能的，并引证反映这些背景技术的文件。

3）发明内容：写明发明或者实用新型所要解决的技术问题以及解决其技术问题应采用的技术方案，并对照现有技术写明发明或者实用新型的有益效果。

4）附图说明：说明书有附图的，对各幅附图作简略说明。

5）具体实施方式：详细写明申请人认为实现发明或者实用新型的优选方式；必要时，举例说明；有附图的，对照附图。

发明或者实用新型专利申请人应当按照前款规定的方式和顺序撰写说明书，并在说明书每一部分前面写明标题，除非其发明或实用新型的性质用其他方式或者顺序撰写能节约说明书的篇幅并使他人能够准确理解其发明或者实用新型。

一般来说，专利说明书都是按照《中华人民共和国专利法实施细则（2023 年修订）》所规定的五个部分的内容和顺序撰写的。

说明书首页正文部分上方应当以所属技术领域通用的技术术语，清楚简明地写明发明或者实用新型的主题名称。具体地说，发明或实用新型的名称应按照下列各项要求撰写。

1）清楚、简要、全面地反映发明或者实用新型要求保护的技术方案的主题名称以及发明的类型。

2）采用所属技术领域通用的技术术语，不要采用非技术术语或杜撰的技术名词。

3）最好与国际专利分类表中的类、组名相对应，利于专利申请的分类。

4）简单、明确，所用文字一般不超过 25 个字，特殊情况下，例如某些化学领域的发明，可增加到 40 个字。

5）不得使用人名、地名、商标、型号和商品名称等，也不得使用商业性宣传用语。

6）有特定用途和应用领域的，应在名称中体现。

7）尽量避免写入发明或实用新型的区别技术特征，否则独立权利要求的前序部分很可能写入了应当写入特征部分的区别技术特征。

**3. 权利要求书**

权利要求书是申请人以说明书为依据来确定发明或实用新型专利的保护范围的文件。通常情况下，需写清该项发明或者实用新型的基本组成部分及其构造原理。

权利要求书由权利要求组成，一份权利要求书至少要有一项权利要求。权利要求书应当说明该项发明或实用新型的技术特征，技术特征包括构成发明或实用新型技术方案的组成要素，或要素之间的相互关系。权利要求书是用技术特征的总和来表示发明或实用新型的技术方案，并限定发明或实用新型要求专利保护范围的法律性文件。发明或者实用新型专利的保护范围以其权利要求的内容为准，说明书及附图可以解释权利要求。由此可以看出，权利要求书在专利申请文件中的重要性。总体来说，权利要求书具有两方面的作用：①用技术特征的总和来表示发明或者实用新型，反映要求保护的技术方案与现有技术之间的联系和区别，作为判断发明或者实用新型申请的专利的依据；②确定发明或者实用新型专利保护范围的，可作为判断侵权或被侵权的依据。撰写权利要求书时，应当掌握以下所述《中华人民共和国专利法》及其实施细则有关权利要求书撰写条款规定的原则，以使所撰写的权利要求书不但符合法律要求，而且使申请人的权利得到最大化的保护。撰写权利要求书应掌握的原则包括：必须以说明书为依据；必须清楚、简要地表述请求保护的范围；必须记载必要的技术特征；必须按照法律规定的形式撰写。

（1）独立权利要求　《中华人民共和国专利法实施细则（2023 年修订）》第二十四条规定：发明或者实用新型的独立权利要求应当包括前序部分和特征部分，按照下列规定撰写：

1）前序部分：写明要求保护的发明或者实用新型技术方案的主题名称和发明或者实用新型主题与最接近的现有技术共有的必要技术特征。

2）特征部分：使用“其特征是……”或类似的用语，写明发明或者实用新型区别于最接近的现有技术的技术特征。这些特征和前序部分写明的特征合在一起，限定发明或者实用新型要求保护的范围。

发明或者实用新型的性质不适合用前款方式表达，独立权利要求可以用其他方式撰写。

一项发明或者实用新型应当只有一个独立权利要求，并写在同一发明或者实用新型的从属权利要求之前。

（2）从属权利要求　《中华人民共和国专利法实施细则（2023 年修订）》第二十五条规定：发明或者实用新型的从属权利要求应当包括引用部分和限定部分，按照下列规定撰写：

1）引用部分：写明引用权利要求的编号及其主题名称。

2）限定部分：写明发明或者实用新型附加的技术特征。

从属权利要求只能引用在前的权利要求。引用两项以上权利要求的多项从属权利要求，只能以择一方式引用在前的权利要求，并不得作为另一项多项从属权利要求的基础。

从属权利要求是从属于前面某个或几个权利要求的权利要求，是对所从属的权利要求中为达到发明或者实用新型技术任务的那些技术特征的进一步限定或具体化。

在权利要求书撰写的形式上还需要注意，每项权利要求只允许在结尾处使用句号。

**4. 说明书摘要**

《中华人民共和国专利法实施细则（2023 年修订）》第二十六条规定：说明书摘要应当写明发明或者实用新型专利申请所公开内容的概要，即写明发明或者实用新型的名称和所属技术领域，并清楚地反映所要解决的技术问题、解决该问题的技术方案的要点以及主要用途。

**5. 说明书附图**

说明书附图是说明书的一个组成部分，其作用是用图形补充说明书文字部分的描述，帮助所属技术领域的技术人员直观、形象化地理解发明或者实用新型每个技术特征和整体技术方案。

发明或者实用新型的说明书附图应注意：

1）实用新型的说明书必须有附图，在机械、电学、物理领域中涉及结构的产品发明说明书也应当有附图。

2）发明或者实用新型的说明书有几幅附图时，用阿拉伯数字顺序编号，且每幅附图编一个图号；几幅附图可以绘制在一张图纸上，按顺序排列，彼此应明显分开。

3）一份专利申请文件有多幅附图时，表示同一实施方式中的各幅图中，表示同一组成部分的附图标记应当一致，即使用相同的附图标记。说明书与附图中使用相同的附图标记应表示同一组成部分。

4）附图通常应竖直绘制，当零件横向尺寸明显大于竖向尺寸且必须水平布置时，应当将该图的顶部置于图纸的左边。同一页上各幅附图的布置应采用同一方式。

5）说明书文字部分中未提及的附图标记不得在附图中出现，说明书文字部分中出现的附图标记至少应在一幅附图中加以标注。

6）附图应当用包括计算机在内的制图工具和黑色墨水绘制，线条应均匀清晰、有足够的深度，不得着色和涂改，不得使用工程蓝图。附图的大小及清晰度应保证该图缩小原图的 2/3 时仍能清晰分辨出图中的各个细节。

7）附图中除必需的文字外，不得含有其他注释，但对于流程图、框图类的附图应当在其框内给出必要的文字或符号。

8）说明书附图应集中放在说明书文字部分之后。

### 10.2.4　外观设计专利申请文件概述

《中华人民共和国专利法（2020年修正）》第二十七条规定：申请外观设计专利的，应当提交请求书、该外观设计的图片或者照片以及对该外观设计的简要说明等文件。

申请人可通过直接提交或邮寄及电子申请的方式提交外观设计专利申请。以国务院专利行政部门收到专利申请的时间为申请日。其中，请求书应写明下列事项：外观设计的名称、申请人信息、发明人或者设计人姓名、代理机构信息（如果委托了代理机构）、在先申请日、在先申请号以及原受理机构（如果要求优先权）、申请人或者代理机构的签字或者盖章、申请文件清单、附加文件清单、其他需要写明的有关事项等。

我国外观设计产品名称有说明产品类别的作用，使用外观设计的产品名称应当与外观设计图片或者照片中表示的外观设计相符合，要准确、简明地表明要求保护产品的外观设计。含有人名、地名、概括不当、过于抽象、描述效果、内部构造的词语不允许作为外观设计的产品名称。

对于外观设计的图片形式，根据我国《专利审查指南（2023版）》的规定，申请人可以提交绘制视图、照片视图、计算机辅助制图。对于平面产品，要求必须提交设计要点所涉及面的正投影视图；对于立体产品，要求必须提交设计要点所涉及面的正投影视图和立体图。如果需要，也可以提交剖视图、展开图、局部放大图、使用状态参考图等。

简要说明是申请外观设计专利时必须提交的申请条件。简要说明至少应包括外观设计产品的名称、用途、设计要点以及指定用于公报出版的视图。简要说明的撰写方式可以分为两种，一种是分段式逐条撰写，另一种是一段式撰写。无论采用哪种方式，都必须明确地将简要说明中应包含的内容表达清楚。设计要点的描述是指与现有设计相区别产品的设计要素，如形状、图案或其结合，或者色彩与形状、图案的结合，或者设计要点所在部位，而并非对设计本身具体形状、结构等的描述，对其描述应简明扼要。

# 第 11 章　科技论文的写作

科技论文写作是科学研究创新过程中的重要环节，在现代信息时代尤其重要，并且也已经成为科技工作者人才素质的重要体现。科技工作者撰写学术论文或研究总结报告，是研究者创新能力的重要体现环节，对于初学者，更是培养自己创新思维不可忽视的阶段。科技论文的内容丰富多彩，但论文写作要求非常严格和规范，所以每个科技工作者都应该熟悉和了解科技论文写作，并且要不断实践写作，提高自己的写作能力，培养和提高自己的科学思维能力和研究创新能力。

## 11.1 科技论文的前置部分

### 11.1.1 题名

题名是反映论文最重要的特定内容和最恰当、最简明词语的逻辑组合。题名又称为文题、题目和标题。题名的确定应能明确表达论文所述内容的范围和主题。

**1. 题名的一般要求**

（1）准确得体　题名要准确表达文章的中心内容，恰如其分地反映研究成果的范围和深度，忌用笼统、泛指性强和华而不实的词语。常见的毛病有：

1）题名反映面太大，而内容面却很狭窄。即“帽子太大”，如：“新能源的利用研究”，改为“沼气的利用研究”。

2）题目一般化，不能反映文章的特点。即不切主题，如：“论机械化在我国农业现代化建设中的作用”，改为“机械化在我国农业现代化建设中作用的定量分析”。该文章是通过建立数学模型和一系列定量计算式，从而得到有关的结论。改变题目后使内容和题目相切，文章内容的特点在题目上也得到了点明。

3）不注意分寸，过分夸大或拔高。如研究内容的深度不大，却冠以“机理”“规律”之类的词语。题名要恰当，要留有余地。

（2）简短精练　题目简明，能使读者印象鲜明便于记忆和引用。标准规定，“标题字数一般不宜超过 20 个字”。题目中应尽可能地删除多余的字、词，避免同时使用同义词或近义词，如：“含 Bi 硅基孕育剂对铸态铁素体球铁的孕育作用及 Bi 对石墨形态影响的试验研究”改为“含 Bi 硅基孕育剂对铸态铁素体球铁的孕育作用”；“叶轮式增氧机叶轮受力分析研究探讨”改为“叶轮式增氧机叶轮受力分析”。

（3）便于检索　题目中一定要有反映文章内容的关键词，越多越好。有时还应注意写明论文的学科范围。如：“傅里叶变换的应用”，这里应点明在什么领域或什么方面的应用。

（4）容易认读　题名中应避免使用非共知和共用的缩略词、缩小词、字符和代号等。

（5）有些情况下可以用副标题　题目语意未尽，用副标题来补充说明文章的特定内容；或者一个研究工作用几篇文章来报道，内容上连续密切相关的，也可以加副标题。

**2. 题名的文字要求**

（1）结构应合理　习惯上不用动宾结构，常用名词（词组）为中心的偏正结构的词组，如：“研究一种制取苯乙醛的新方法”改为“一种制取苯乙醛的新方法”。若中心动词带状语，则仍可用动宾结构，如：“用机械共振法测定引力常数 G”“（试）论……”“（浅）谈……”等形式也属于动宾结构。注意选用定语词组的类型，如：“研究模糊关系数据库的几个基本理论问题”，原来的中心语为“几个基本理论问题”，但前面是动宾结构词组，容易使人误认为是“研究几个基本理论问题”，应改为“模糊关系数据库研究中的几个基本理论问题”。

（2）选词应准确　题目中的每一个字、词都应仔细推敲，特别是专业术语要符合标准或规范。

（3）详略应得当　要避免“的”的多用或漏用。语法规则要求，偏正词组、动宾词组等做定语时，中心语之前要用“的”。修辞规则又要求多项定语中的“的”字不宜多用，不用“的”时就不通顺，且容易误解的时候，应当用“的”，不能省。如：“专家系统结构的分析”，这里不用“的”则更简练又通顺；“高层建筑变水量供水电气控制系统”，该题目使人不容易理解、难以读懂，这时应该增加一个“的”字，改为“高层建筑变水量供水的电气控制系统”；“荧光光度法测定微量汞”，不该省的词被省掉了，改为“用荧光光度法测定微量汞”；“车辆维修器材计算机信息处理系统”，改为“车辆维修器材的计算机信息处理系统”。

（4）语序应正确　“计算机辅助机床几何精度测试”，本意是表达机床精度的辅助测试，但是因为语序不合理，使人不太理解，所以应改为“机床几何精度的计算机辅助测试”。

另外，文章都有作者的署名。署名的意义是：拥有著作权的声明；文责自负的承诺，便于读者联系。署名的位置是在题名下方，一般情况下署名内容除了作者，还应写上作者的工作单位及地址。单位需全称，不能用简称。往往在首页的页脚部分注明第一作者的名字和作者的年龄、技术职务、联系方式等信息。

## 11.1.2　摘要和关键词

**1. 摘要的作用**

文章摘要的主要作用为：使读者尽快了解论文的主要内容，以补充题名的不足，读者看了摘要，就可以基本确定是否要通读该论文。摘要为科技人员和计算机检索提供方便。世界上各大文摘杂志、检索机构一般都直接利用摘要。摘要一般来说就是对论文内容不加注释、评论的简短陈述。

**2. 摘要的分类**

摘要主要分为报道性摘要、指示性摘要和报道-指示性摘要等类型。

（1）报道性摘要　报道性摘要常用于创新内容比较多的论文；报道论文的主要研究成果，向读者提供论文中创新的内容和尽可能多的信息；主要为试验研究和专题研究类文章采用，一般要求篇幅 200~300 个字。

**例 11.1**　单晶高温合金共晶溶解行为的差热分析

摘要：选用一种第二代单晶高温合金，基于差示扫描量热技术（DSC），采用对比法测量了铸态和完全热处理态样品的升温 DSC 曲线，研究了保温过程中单晶合金中 $\gamma$ 相、$\gamma/\gamma'$

共晶相的相变温度变化规律。结果表明，1290℃和1300℃保温过程中，随着保温时间的延长，γ′相溶解温度和γ/γ′共晶相熔化温度先显著提高，然后缓慢增加。1300℃保温过程中，γ/γ′共晶体积分数随保温时间的延长而逐渐降低。而1290℃保温过程中，随保温时间延长，共晶体积分数出现了先降低后增加的反常现象，这与金相实验方法吻合。分析表明，枝晶间粗大γ′相未完全溶解，造成枝晶轴Ta元素向枝晶间扩散，促使共晶长大，从而使共晶体积分数增加。

[张少华，谢光，董加胜，等．金属学报，2021，57（12）]

（2）指示性摘要　指示性摘要一般用于创新内容比较少的论文，主要是专题论述、综述性类型的论文。其特点是概述性、简介性。指示性摘要只简单介绍论文的论题或表达研究的目的，使读者对内容有一个概括的了解，一般要求篇幅在50~100个字为宜。

**例11.2**　金刚石钻头高效破岩技术新进展

摘要：金刚石钻头是钻进破岩的重要工具。近些年来，随着新型复合材料的应用及精密加工技术的不断进步，结合钻井装备的不断创新，金刚石钻头取得迅速发展。本文简要介绍了金刚石钻头高效破岩技术的一些新进展，并提出今后可能的发展方向。

[沈立娜，贾美玲，蔡家品，等．金刚石与磨料磨具工程，2022，42（6）]

（3）报道-指示性摘要　报道-指示性摘要用于创新内容比较少的文章。以报道性摘要的形式表述论文中价值最大的部分内容，其余部分则以指示性形式表示。一般要求篇幅为100~200个字为宜。

**例11.3**　几何参数对主动脉支架生物力学性能的影响

摘要：径向支撑力是评估支架在血管内移位和血管再狭窄等并发症的重要力学指标。目前针对主动脉覆膜支架的径向支撑力的研究较为少见。借助正交试验的方法，利用有限元分析全面地研究了覆膜支架主要几何参数对径向支撑力的影响。研究结果表明支架丝的直径对径向支撑力的影响最为显著，主要几何参数对支架径向支撑力的影响程度排序为：支架丝径>轴向长度>支架波峰数>波峰半径。同时径向支撑力的改变也会改变血管表面的应力环境，有可能导致血管的损伤。本研究为支架的结构优化设计具有指导意义。

[刘宗超，吴林辉，陈贡发．机械工程学报，2021，57（11）]

摘要的形式如何、是否到位往往对文献检索、文摘工作有一定的影响。写得不好，不能真实反映论文的内容和成果水平，可能会失去检索的意义和读者，失去研究成果被引用、应用和推广的机会。摘要的形式和字数的多少主要根据论文内容丰富的程度、论文价值的大小、刊物的类型和摘要中有价值信息的多少来决定的。摘要既要简练，又要尽可能地包含更多的科技创新信息。

**3. 摘要的内容**

摘要的内容一般包括研究工作的目的、方法、结果和结论，重点的是结果和结论。

**例11.4**　新型钴基高温合金中W元素对蠕变组织和性能的影响

摘要：以γ′相强化的Co-Al-W高温合金（Co-9Al-$x$W，$x$=8、9、10，原子分数,%）为研究对象，耦合CALPHAD和晶体塑性本构关系，建立了高温加载时微观组织演化的三元弹塑性相场模型，考察了W含量对蠕变过程中γ′相演化行为和蠕变性能的影响。结果表明，随W含量增加，γ′相体积分数增加，γ基体塑性变形降低，筏化形成并提前，导致蠕变性能提高。不变矩分析表明，9W和10W合金中筏组织的形成是出现稳态蠕变阶段的主要原

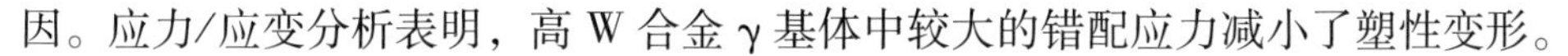
因。应力/应变分析表明，高 W 合金 γ 基体中较大的错配应力减小了塑性变形。

［陈佳，郭敏，杨敏，等．金属学报，2023，59（9）］

**4. 摘要的写作要求**

在文字写作上，摘要有一定的要求。

1）用第三人称，不用其他人称。如摘要中出现“我们”“我”等做主语的句子，会减弱摘要的客观性。不少摘要中以“本文”做主语，在人称上是可以的，但有时在逻辑上不通。“本文进行研究……”“本文认为……”等写法不大讲得通，“本文介绍了……”“本文报道了……”等语句可以，但也都可以删去“本文”两字。

2）简短精练，明确具体。摘要字数虽然仅有 50~300 个字，但是要写出论文的精华，表达要清晰明了，还要有比较多的定性或定量的信息。

3）格式要规范。尽可能使用规范的术语和符号。切忌罗列段落标题来拼凑摘要。一般不出现图、表及参考文献序号，不分段，不用或少用公式、化学表达式。

4）语言通顺，结构严谨，标点符号要准确。

**5. 关键词**

关键词是为了满足文献检索工作的需要，而从论文中选出来的词或词组。这些词或词组可以比较确切地反映论文的主体内容。

关键词分为主题词和自由词两部分。主题词是专门为文献检索规范化，可以在有关资料上查到。自由词是未规范化的词或词组。

每篇论文应专门列出 3~8 个关键词。精选的关键词要能反映论文的主题内容。主题词尽可能多用一些，可从综合性主题词和专业性主题词表中选取。中文关键词确定后，还要写出相应的英文关键词。

## 11.2 科技论文的主体部分

### 11.2.1 引言

**1. 引言的概念和内容**

引言又称为前言或绪论，其目的是向读者交代本研究的背景介绍与发展，引入正题以期引起读者的注意，让读者首先了解论文的主体内容并对论文有一个总的认识。根据引言的目的和在论文中的作用，引言内容大体上有以下几方面：

1）研究的理由、目的和背景等，包括问题的提出，研究对象及基本特征，前人的工作，存在的不足，希望解决的问题以及该研究的作用和意义等。

2）理论依据、实验基础和研究方法思路等。引用介绍他人或自己的工作、已有的理论或他人观点，需提及或注明文献，引出新概念则需要说明。

3）预期的结果及地位、作用、意义等。

**2. 引言的写作要求**

引言的最基本的写作要求是“提纲挈领”。

1）言简意赅，突出重点。内容比较多，但是篇幅有限，应重点写好研究理由、目的、方法和预期结果。意思要明确，语言要简练。

2）开门见山，不绕圈子，不宜铺垫太多。

3）尊重科学，不落俗套。意思表达上既不要太谦虚，也不要太夸张，如“经费有限”“时间仓促”“错误在所难免”等词语都不必写。

4）如实评述。防止吹嘘自己和贬低他人，如指出前人研究工作中存在的不足时，一定要有根据，实事求是，分析得当，用语准确，恰如其分。

一般来说，尽管各种论文内容差别很大，但引言的写作内容大致相似。以上提及的内容可以全部写，也可以不全部涉及。篇幅或字数也比较灵活，可长可短，少则几十字，多则几百字。明确、简练、层次清楚是其写作的基本要求。

### 11.2.2 正文

正文是论文的核心。论文的论点、论据和论证都在正文中阐述。

**1. 论文的立意和谋篇**

论文的立意和谋篇也就是对论文写作和表达的构思。立意就是确定论文的主题思想，谋篇就是根据论文的主题思想安排好正文的结构、材料等内容。谋篇就是将文章谋划的思维结果转化为具体、有层次、符合论文逻辑规律结构的过程，这是一个动态完善的思维过程。它渗透于整个写作过程，从文章构架、段落安排、图表设计、证据材料选择等方面内容的考虑到最后完稿的整个过程。谋篇的主要作用是：正确反映客观事物的发展规律及内在联系，使文章构架更符合科学逻辑的规律，在论文内容叙述上更具有条理性、严谨性、层次性，更能反映论文的主题。

对主题的要求主要是新颖、深刻和集中。主题要新颖，即要认真分析试验结果和数据，得到新的见解和观点。没有“新”意，论文也就没有什么发表的价值。主题应深刻，要透过现象，抓住事物的本质，将实践上升为理论，从试验结果和数据中归纳出客观规律，以体现文章的学术水平和价值。有些论文所做的工作虽然很好，但是在研究分析试验结果和论文构思写作时没有发掘出事物的本质和规律，则是比较遗憾的。主题应集中，这是指论文主题应集中突出，一般来说，一篇论文一个中心。如果所做的研究工作内容很丰富，有许多不同主题的新东西可写，那么可以分成几篇论文来表达所有的研究成果。

编写写作提纲是论文谋篇布局的具体实施和体现。写作提纲是论文的基本结构框架，实际上是一个动态过程。即初步完成的写作提纲在写作过程中由于思维的深入而可能被修改和补充，以达到更趋完善的地步。

**2. 正文的内容**

不同学科和不同内容的论文在形式表达和写作安排上不能完全相同。自然科学和人文社会科学的论文则差别更大。对于自然科学类的论文，正文内容主要包括以下几个方面：

（1）理论分析　理论分析又称为基本原理，要点是假设、前提条件、分析对象、适用的理论原理、分析的方法、计算或推导过程等，常用于理论研究、计算设计为主的论文。

（2）试验材料和方法　对于工程类试验研究性论文，这是必要的内容。其要点是：试验对象，试验材料名称、成分，试验材料的来源、数量、性质，试样的选取方式、处理方法，试验用的仪器设备（包括仪器设备的名称、型号等），试验及测量的方法和过程，出现的问题，采取的措施等，有关其他试验研究过程中所用的辅助材料等。叙述必须具体、真实，必要时可用示意图、方框图、流程图或照片等配合表达。

（3）试验结果与分析　这部分内容是论文的核心，体现论文的水平和价值。其要点是：整理试验结果或数据；可能的话以数学方式、误差分析说明结果的可靠性、重现性、普遍性；进行试验结果和理论计算结果的比较；说明适用对象或范围，检验理论分析的正确性等。

整理数据时不可随意舍去或选择数据。分析讨论时，既要肯定试验结果的可信度，又要进行误差分析，说明或分析存在的问题与不足。本着精练的原则，删除或压缩那些都知道的一般性原理的叙述，省略那些不必要的中间过程或步骤。

对试验结果进行分析讨论，其目的是阐明研究结果的意义，并发表作者自己的见解和观点，点明论文主题，突出新发现、新发明、新成果，同时也可指出以后进一步研究的方向和工作。

同样，正文写作要求也是一样，基本原则要求是明晰、准确、完备和简练。具体来说，还要求：观点和材料的统一；文中图、表的表达要完整；行文要准确、严谨，语言应流畅，标点符号要准确；结构层次安排应得当，有条理，层次递进；对有商业价值的内容不泄密，对需要保密的地方应做技术处理。

**3. 标题的确定**

论文中的标题具有承上启下的作用，一级为一级服务，彼此密切相关。确定标题的原则是：凡能形成独立的一个观点或一部分内容的都可立小节和相应的标题；凡具有完整意义的事实都可以形成论点。论文中要合理地分节和确定标题，一般原则是：

1）不同的论点或内容叙述时，应设立分标题。

2）节（章）的标题要与文章的总标题紧密联系，各节标题尽可能格调一致，并能表达节（章）所表达的内容。

3）段的标题要与节的标题相联系，同样，款的标题也要与段的标题相关联。

4）章、节、段、款在构思时要注意层次性、相关性和递进性。

**4. 结构层次的安排**

层次是论文叙述时形成的意义上相对独立完整的、结构上相互联系的部分。要根据事物的内部特征和作者对客观事物的认识来确定。通常，层次安排可以有以下几种顺序：

（1）时空顺序　按写作对象发生的时间先后顺序或者在空间的位置为序进行排列。

（2）推理顺序　按照逻辑推理、分析问题或理论推导步骤为序进行排列。

（3）并列顺序　根据写作对象的类别分别列举叙述。

（4）总分顺序　按写作对象的总体和分解的几个问题逐一排列叙述。

文章总是有段落的，段落是文章构成的基本单位。明显的外部标志是换行。层次和段落相互联系。层次靠结构的内在逻辑及意义表示彼此的区别，段落借助外部形式来表达。简单的层次可以是一个自然段落，复杂的层次则要由几个自然段来表达。段落的安排要注意以下几点：

（1）完整性　一个意思要在一段中讲完。

（2）单义性　一个段落只讲一个意思。

（3）逻辑性　段落之间的衔接顺序要符合逻辑顺序、因果顺序、总分或并列顺序。

（4）匀称性　文章中的段落长短要适度，不要一篇文章一段到底。通常，一个段落所占行数的宽度以不超过版心宽度为宜。

过渡是文章行文中不间断的联系。它使论文层次清晰、自然衔接，形成一个有机整体。无论什么结构形式的文章，当从一个层次转向下一个层次内容，或从一部分转向另一部分，或从一个段落转向另一个段落时，一般都需要在更迭处设置“过渡”。过渡的方法主要有：以段落过渡，以一句话过渡，以小标题过渡，以关联词过渡等。

### 11.2.3 结论与致谢

结论是在前面论述的基础上得出创造性、指导性或经验性的结果描述，集中反映论文的理论或技术方面的科学价值。结论和引言相呼应。与摘要相同，其作用是便于读者阅读和为二次文献作者提供方便和依据。

对于结论的内容，结论是全文得出的总的观点，是研究成果的要点。主要内容是研究结果说明了什么问题，得出了什么规律性的结论，解决了什么理论或实际问题。

在格式上，可以分点叙述，也可以用一小段话来叙述，根据论文的具体内容来选择。有的综述论文在结论中也可以写上一些建议。

结论的写作要求与摘要相似，概括准确，措辞严谨；明确具体，简短精练。应避免将论文中的标题简单重复。一般不做自我评价，如“具有国际先进水平”“国内首创”“填补空白”等词语不宜使用。

完成论文的过程中，因为需要他人的帮助、合作或指导，所以在论文发表时，可以以“致谢”的形式来表达对他们的感谢。一般情况下，致谢的对象为：参加本试验研究工作（不是主要人员）的人；参加讨论或提出指导、建设性意见的人；承担试验工作的人；提供材料、仪器设备及给予其他方便的人；资助研究工作的组织、单位或个人；对论文写作进行指导和提供帮助的人。

在格式上，也可列出标题并冠以序号，如在“5 结论”后用“6 致谢”表示。也可以不列标题，空一行，置于结论段之后。

对被感谢者不要直接书其姓名，应冠以敬称，如“×××教授”“×××老师”“×××师傅”等。

### 11.2.4 参考文献与附录

按照规定，科技论文中凡是引用他人（包括作者自己）已经发表的文献中的观点、数据、材料和研究结果等内容的，都要对它们在文中出现的地方给予注明，并且在文末列出参考文献。这项工作叫参考文献著录。

**1. 参考文献著录的目的与作用**

1）参考文献著录可以反映出作者的科学态度。参考文献著录是论文科学性的重要体现，可以反映论文具有真实广泛的科学依据，也能反映论文的起点和深度。任何科学技术都有继承和发展两个方面。作者写作论文时继承和评价他人的成果，就必须通过参考文献向读者和他人成果所有者交代清楚，作者自己的成果是否得到公认和推广也需通过参考文献向读者交代。以此向读者表明，哪些是他人的研究成果，哪些是作者自己的研究结果，同时也便于读者查找某些论证和数据的出处，判别作者与他人成果的界限。参考文献还可以证实正文中论断的确凿证据。

2）参考文献著录工作体现了作者的科学道德。参考文献是一项非常严肃而科学的工作，它反映了作者的职业道德、实事求是的秉性。科学技术的研究是要一代代的继续和发展的，列出参考文献是对他人所做工作的尊重，免除抄袭、剽窃他人成果的嫌疑。

3）参考和引用可以节省论文的篇幅。如引用他人的实验技术、方法、结论和观点等，只要说明并且注明出处，不必详细叙述。

**2. 参考文献著录的原则**

1）只著录最必要、最新的文献。这些文献是作者详细阅读，并且在论文中直接引用了其中的有关内容，能给读者提供真正参考作用的文献资料，不能只是为了点缀、装饰而随便罗列一些与正文内容没有关系的文献。

2）原则上，只著录已经公开发表的文献。一般情况下，未公开发表的文献不宜著录。

3）要采用规范化的参考文献著录格式。

4）所列参考文献的主要项目，必须利于读者查找文献，所以参考文献必须按照要求书写齐全、准确。

**3. 参考文献著录的方法和要求**

国家标准GB/T 7714—2015《信息与文献　参考文献著录规则》中规定采用“顺序编码制”和“著者-出版年制”两种。“顺序编码制”便于大家参考、检索和查阅，因此，“顺序编码制”为我国学术期刊普遍采用。下面主要介绍“顺序编码制”的方法和要求。

（1）文内标注格式　对引用的文献，按它们在论文中出现的先后顺序用阿拉伯数字连续编码，根据不同出版刊物的格式要求进行标注。一般方法都置于方括号内，并根据具体情况作为上角标或作为语句的组成部分。例如：

“……对此国内外学者进行了许多的研究[2,4-8]……。”

“……肖纪美等[6]指出……。”

“……具体推导过程参见文献［3］……。”

“……用文献［10］提供的数学模型进行计算……。”

（2）文后参考文献的编写格式　文后参考文献表中，各文献按论文中出现的序号顺序排列，以便和正文中使用的引用序号一一对应，便于查证。参考文献的项目应完整，内容应准确。各个项目的次序和著录符号应符合规定。要注意的是，著录项目之间的符号是著录符号，而不是标点符号。参考文献表置于“致谢”之后，如果没有“致谢”，则直接置于“结论”之后，“附录”之前。参考文献表举例：

［1］张铁亮，王卓，宋镝冲等．紧固件防松性能定量评价方法［J］. 机械工程学报，2021，57（15）：71-79.

（3）参考文献著录的通用格式

1）连续出版刊物著录的格式为

顺序号 作者．题名：其他题名信息［文献类型标识/文献载体标识］. 刊名，年，卷（期）：引文所在的起始或起止页码．

例如：［1］孔丽颖，马磊霞，陈詹迪等．逆向可变车道交叉口仿真与优化［J］. 河北工业大学学报，2022，51（6）：85-91.

2）专著著录的格式为

顺序号 作者．书名：其他书名信息［文献类型标识/文献载体标识］．版次（第1版不标注）．出版地：出版者：出版年，引文所在的起始或起止页码．

例如：[3] 冯端，师昌绪，刘治国．材料科学导论 [M]．北京：化学工业出版社，2002：105.

3）论文集著录的格式为

顺序号 作者．题名：其他题名信息 [文献类型标识/文献载体标识]．出版地：出版者，出版年：引文所在的起始或起止页码．

例如：[8] 黄蕴慧．世界地质科技发展动向 [C]．北京：地质出版社，1982：38-39.

4）学位论文著录的格式为

顺序号 作者．题名：其他题名信息 [文献类型标识/文献载体标识]．保存地点：保存单位，年：引文所在的起始或起止页码．

例如：[1] 徐斌．基于机器学习的新型高强镍基高温合金设计与优化 [D]．北京：北京科技大学，2023：251.

5）专利著录的格式为

顺序号 专利申请者．题名：其他题名信息：专利号 [文献类型标识/文献载体标识]．公告日期或公开日期 [引用日期].

例如：[1] 郭杰华，顾骏，龙凯．一种组合式混凝土金刚石开墙圆锯片：CN217891423U [P]. 2022-11-25.

6）技术标准著录的格式为

顺序号 起草责任者．标准名称：标准代号　标准顺序号—发布年 [文献类型标识/文献载体标识]. 出版地：出版者，出版年．

例如：[9] 火树鹏，戴起勋，陈雪芳，等．热处理技术要求在零件图样上的表示方法：JB/T 8555—1997 [S]．北京：中华人民共和国机械行业标准，1997.

（4）文献著录项目的说明

1）标引顺序号。数字要顶格书写，空一格后再写下一个项目。

2）作者。用各种文种书写的姓名，一律姓在前，名在后。作者为 3 人或少于 3 人的，应全部写出，姓名之间用“,”相隔。3 人以上的只列出前面 3 人姓名，后加上“，等”或相应的文字，如英文为“，et al”。

3）出版年。对于报纸和专利文献，出版年标注为，年-月-日（版面）。对于期刊杂志的出版年、卷、期标注根据期刊的具体情况而定，有年、卷、期的全部标注，如 2022，35（4）；有年、期的，如 2020（5）；有年、卷的，如 2021，325。

例如：[1] 李铭煜．推进红色报刊文献数字化建设 [N]．中国社会科学报，2023-06-01（4）．

**4. 科技论文的附录部分**

附录是论文主体的补充部分，并不是每篇文章必须的。

为了体现整篇论文材料上的完整性，有些内容写入正文可能有损于行文的条理性、精练性，不利于论文的中心突出，喧宾夺主，但又有必要让读者进行比较深入的了解，在这种情况下，可将这些内容写入附录。

附录大致包括如下一些材料。

1）比正文更详细的理论依据、研究方法等。

2）由于篇幅过长或取材于复制品而不宜写入正文的有关材料。

3）某些重要的原始数据、数学推导、计算程序、框图、结构图、计算机打印输出件统计表、注释等。

4）对一般读者并非必要阅读，但对专业同行有参考价值的资料。

如果附录不止一个，可以用“附录 A”“附录 B”……分别表示。附录与正文连续编页码。每个附录应另起一页。

## 11.3　学术论证的逻辑与方法

学术论证是理论思维体现在学术作品中的具体形式，它是运用科学资料来阐述学术论题，证明学术观点具有科学价值的论证过程，也是科学研究的推理方法和形式。科学技术论述性论文包括论证的逻辑方法和结构形式，都是具有规律性的。学术论证要符合精确性原则，这就需要在写作论文时具有严密而辨证的理论思维方法，在表达形式上要选择简洁、明了、有力的逻辑推理形式。

### 11.3.1　学术论证的基本原则

**1. 准确把握科学术语的概念**

在学术论证中，如果对处于重要地位的科学术语理解不透，随便乱用，往往会给人以误解，甚至使论证产生逻辑错误。对于新提出的科学概念，更应该作出明确的界定和准确的解释或定义。一篇学术论文的全部论证过程由若干个知识环节有机联系的论证系统，每个论证环节又由若干个知识点组合，每个知识点都需使用一些准确的科学概念，不能忽略和含糊。福楼拜有句名言：“我们无论描述什么东西，要说明它，只有一个名词；要赋予它运动，只有一个动词；要区别它的性质，只有一个形容词。”这个观点比较确切地说明了把握精确科学概念的重要性和学术论证的重要原则。任何文章的写作都应严格推敲用词造句，特别是学术论文更是如此。所以，论文作者必须对自己要表示的科学内容涉及到的有关术语、概念的内涵和外延理解清楚。从而将论题限制在一个适当的范围内，确定论证的逻辑安排和论述方向。

**2. 保持论证和论点的一致性**

首先作者应该明确自己所要写作论文的论题，即论文所要阐述的中心思想和观点。论题是论证的目的，是一篇论文的核心或灵魂。论证过程中，如果连论证的目的都不太明确，那么在材料的组织和运用上肯定是盲目的，论证的效果也不太好，让读者不知所云。学术论文论题的确定，应该包括两方面的限定，一是对论证范围的确定，二是对论证实质的揭示。写作过程中，必须保持论证和论点的一致性，避免或杜绝“小题大做”“大题小做”“文不对题”“转移论题”等问题。一篇论文必须有一个中心论题，前后保持一致，在不同层次的论述中，要围绕一个分论点展开讨论，所有的分论点又都为中心论题服务。

**3. 保证论据和结论的科学性与真实性**

保证论据和结论的真实性，就是要求作者采用的论据可靠，论证用的数据、图片等材料真实、全面且可靠，不能为了达到某种目的而伪造试验数据或研究结果。

防止分论点和结论不协调的问题出现。相对于结论，服务于结论的各论点和论据实际上也是一种前提。如果论文中出现了各论点和结论不相吻合，那肯定有一方存在问题，严重时整个论文将是失败的。

论证过程中，由于思维习惯的支配，有时作者容易偏执一方地进行推论和得出结论，有时由于思维的局限，往往容易产生学术上的盲点，这样就可能在自己的论文中留下了一些歧义和漏洞。要消除这些问题，不仅是单纯的论证技术问题，它要求作者不仅在论文写作过程中保持清晰的理论思维思路，而且对所研究的科学内容、概念必须有正确和透彻的理解。完成写作后，应采用“八面受敌”的方法反复推敲，逐节逐段地审查可能存在的问题，逐步修改完善论文，使其成为经得起考验的学术作品。

### 11.3.2 学术论证的逻辑方法

**1. 典型的论证逻辑方法**

一般的学术论文有三个最基本的结构，即引论、本论和结论。

(1) 引论　引论是论题意义和研究目标的总体阐述。它是论题的概述、延伸和说明。引论就是前面所说的前言，其作用是让读者全面了解和领会“本论”讨论的学术深度和结论所具有的学术价值。

(2) 本论　这是学术论文的主体内容。其任务是阐明论题确定的步骤，解析研究的方法，指明指导原理，试验数据和结果的分析处理，归纳每一步分析的初步结论，确定研究成果及科学价值等。

(3) 结论　它是学术论文的精华，研究成果和创新点的总结表述。

**2. 根据立论选择适当的推论方法**

论证方法很多，不同内容的论文，有不同的论证方法。主要有以下几种。

(1) 例证法　例证法就是选择典型事例作论据来证明论点的方法。社会科学中常说的“摆事实，讲道理”就是例证法；自然科学研究中经常用样本、试样和实物做试验来获得数据和结果等证据，从而得到结论，这些都是典型的例证法。

(2) 引证法　引证法也称为事理论证，它是以一般事理为依据进行推论来证明论点的方法。所引用的论据可以是已知的科学理论、普遍的常理、名人名著的经典言论，也可以是已经取得并已得到科学界公认的成果等。引证法的关键是引用的材料正确、可靠，并具有科学性和权威性。

(3) 类比法　这是将两种相同或相近的现象或事物加以比较、类推，从已知的一种现象或事物的正确性，来证明另一种现象或事物同样正确的论证方法。类比法的运用可以由此及彼、触类旁通，扩大论证的领域，但是要注意所类比的两类事物之间在性质、特征上的相同或相近程度。

(4) 对比法　对比法是把两种或多种相互对立或各自差异的事物进行比较，以辨明是非、推导出结论的方法。对比法可以充分揭示出事物本质属性的特征，使论点鲜明突出，所以在论证过程中使用比较广泛。

(5) 喻证法　这是通过比喻进行论证的方法。它是用于与论点有某种联系的事理、客观现象、规律等作为论据进行推论，从而证明论点的正确可靠性。这一方法主要应用于社会科学领域的学术论文。

(6) 反证法　顾名思义，这是从反面来间接证明论点的论证方法。不直接证明自己的观点正确，而是证明与自己观点相反的论点是错误的，从而间接证明自己观点的正确性。反

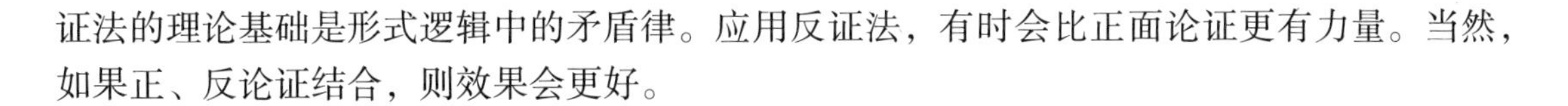

证法的理论基础是形式逻辑中的矛盾律。应用反证法，有时会比正面论证更有力量。当然，如果正、反论证结合，则效果会更好。

## 11.4 学位论文的写作

学位论文一般要给同行专家审核、评阅，要送交学位答辩委员会答辩，并上报学位评审委员会评审，最后作为重要文献档案保存。学位论文的作用主要是总结科学研究成果，利于交流和推广。通过写作学位论文，对培养作者思维、概括、分析、写作等研究过程的环节都有很大的帮助，所以也是培养大学生、研究生独立工作、独立分析问题及独立解决问题能力的重要环节。

### 11.4.1 学位论文的基本要求

研究生学位论文基本要求是有相应的学术水平和一定的试验或研究的工作量。

**1. 应充分体现相应学位的学术水平**

学位论文是反映作者是否具有相应学位水平的重要学术标志，所以学位论文必须体现相应的学术水平。显然，学士、硕士、博士学位论文各有不同的学术水平要求。共同的基本要求是：数据处理必须科学、合理；理论分析和论证要有一定的理论水平，不应该是一般工程问题的实验总结或简单堆砌的实验报告；对研究的内容或某一方面问题应有自己的见解，在科学或技术上要有创新与发现，特别是博士论文不能仅得出显而易见的结论。

确定研究方向后，研究生就要从横与纵两条线来完善自己的知识结构和提高自己的研究水平。“横”就是在学习和研究过程中要注意吸收与本方向领域相关的学科专业的前沿成果。学材料的，与物理、化学、力学等学科关系密切，应该多了解一些与这些学科交叉领域方面的知识及成果。近年来全国优秀博士论文中，有相当一部分选题和成果就出自于学科交叉的领域。“纵”就是要对本专业前沿领域某些问题的来龙去脉充分了解。

研究生学位论文创新不足表现为普遍存在“四个简单”的现象：①简单移植，只是对他人方法的应用和重复；②简单揭示表面现象，没有深入研究事物发生、发展的内在联系，尤其是因果关系；③简单延伸，只是进一步证实他人的工作，没有能揭示其科学的内涵；④简单推理，只是采用一定的实验证实已知的结论，没有进行创新的探索研究。

研究生务必意识到自己的思维方式和路线在试验研究和论文写作过程中的重要价值，要不断形成科学的思维能力。要吃透所研究的对象，要能够运用已具备的知识、理论和方法，透彻地分析、了解本学科领域的新观点、新问题，不能人云亦云，不迷信权威。要全面综合地分析问题，善于把点上的问题放到面上、系统中去认识，以培养和提高自己科学研究过程中的综合思维能力。要进行创新研究，在研究中创新，不断形成独到见解的能力，以及正确而客观地描述自己创新成果的能力。

**2. 要有足够的试验或研究的工作量**

学位论文的试验工作量不能像课程实验一样比较少，一般情况下也不能做与前人重复的工作。必须有自己设计的足够工作量的试验，这样才能对所研究的对象进行比较系统的探索研究，才能比较综合地反映作者在本门学科专业内所掌握的基础理论的系统知识，反映作者具有一定的独立开展科学研究工作的能力。

对硕士生来说，原则上下列学位论文为不合格的硕士学位论文。

1）只涉及实际问题，而没有进行一定的理论分析。

2）仅仅用计算机计算，在方法和原理上无创新，又没有实际应用和实践证明。

3）试验工作量虽然比较多，但只是描述了全过程，写了一个试验汇总罗列式的报告，并且得不出肯定的结论。

4）重复别人的试验，无自己设计的试验或没有新的试验对象，得出的结论显而易见。试验很少，试验结果又没有重现性，缺少可靠性及可信度，就匆忙提出见解。

5）仅仅是资料文献综述性的论文。

6）基本概念不清，立论错误，试验方案及有关试验违反科学、不正确（这和探索性研究的失败不一样）。

## 11.4.2 学位论文的写作要求

**1. 封面、封二和题名页**

封面不仅是外表面起保护作用，更重要的是提供一些重要信息，如题名、单位、专业、申请学位级别、导师姓名、职称、论文日期等。

封二还可列出指导小组成员、姓名、职称等。

题名页则根据具体情况确定是否安排。基本上像出版物一样，除重视封面、封二的内容外，还可适当补充其他的有关内容。

通常，封面格式由学位授予单位统一。

**2. 目录页**

目录页是由论文的章、条、款、项、附录等的序号、标题和页码编排而成。通常，目录列出二级标题即可，若需要，也可列出三级标题。

**3. 摘要页**

摘要页是专页排印。摘要与学术论文摘要的写作要求一样，但字数可以适当增加。对于学位论文，一般要求有详细摘要。详细摘要的字数一般为1000~2000字，写作内容要求是：充分反映论文的主要内容、主要结果和试验数据、主要观点和结论。详细摘要主要用于评审委员会或同行评议专家阅读用，或者是学位授予单位将学位论文详细摘要汇集出版用。学士学位论文一般情况下不必有详细摘要。

**4. 绪论**

对于学位论文，绪论具有文献综述的性质。绪论也称为前言，其内容一般有：课题的目的、意义，该课题方向的国内外研究状况，本课题研究的论证、试验设计方案和研究工作的范围等。实际上是对前期文献检索、阅读消化和准备工作的系统总结。这部分内容也可以表现出作者专业基础知识的掌握程度和进行科学研究工作视野的开阔性。文献综述的好坏直接关系到论文成败，一个成功的文献综述能够以系统的分析评价和目前存在的问题及有根据的趋势预测，为新课题的确立提供强有力的支持和论证。即可以给读者一个很好的印象：开展该课题研究是先进、合理的，并有一定创新意义和学术价值。

期刊杂志上发表的学术论文的前言很短，但是学位论文的前言，往往篇幅比较长，一般还单独成章、节，用足够的文字来叙述。有的学校规定，学位论文的前言或绪论要占全部论文篇幅的1/3~1/4。有的学校规定，文献阅读是研究生的必修环节，要求研究生掌握近十年来本研究课题方向的国内外文献资料，并且作出分析、评述，至少要写出 2 篇以上的综述或读书报告。论文开始前的这些工作为以后写论文的绪论部分打下良好的基础。

**5. 正文**

写作的基本要求与学术论文相似，但是在试验结果分析和讨论时，应比较详细，这能表现出作者在本门学科、专业方向所掌握的理论深度和广度。该部分是学位论文中的重要内容，论文质量水平的高低主要在这部分内容中体现，关键是要有创新。

为了避免出现概念错误，避免在分析讨论时层次不清，思路不明。最忌讳的是将他人的东西拼凑起来机械地堆积在一起，大段抄袭，而没有自己的分析。

**6. 参考文献**

由于学位论文的工作量比较大，并且又要求比较详细地写作，所以参考文献的数量也应该比较多。一般情况下，学位论文要比学术论文的参考文献多得多。有的期刊杂志要求论文的参考文献不宜太多，但是学位论文往往要求参考文献应多些，以证明作者是参阅、消化了许多的文献资料。而且还要求参考文献中有一定数量的外文资料。当然，对博士论文要求则更高，应该反映作者掌握和了解国际前沿的动向和研究状况。

学位论文中参考文献的标注方法和学术论文的要求是一样的，是标准化的。

**7. 附录**

论文试验工作很多，有许多原始数据、实际操作步骤、计算程序、复杂的公式推导等有关内容，不宜放在正文中，可另行安排附录，以便于评审者查阅，来检验、分析作者的研究工作的科学性、可靠性和合理性。研究生学位论文往往都安排附录。

每个研究生都必须重视论文的写作，不仅要做细致的数据处理、科学的分析论证工作，还要努力写作好论文的每一个部分。结构严谨、层次分明、语言通顺、表达清楚、格式规范是最基本的要求。在写作过程中要善于发现和发掘新东西。写作时也可以参考和吸收其他好学术论文的写作方法，进行模仿写作。在模仿的基础上升华，使论文从形式到内容上都尽可能地完美。既要重视学术论文的数量，更应该重视学术论文的质量，“离开质量谈数量是没有意义的”。我国在 2000 年博士后制度 10 周年时评出了 100 篇优秀论文，其中 72 篇论文经同行评议，但只有 25 篇符合某刊物发表的要求。

### 11.4.3 学位论文写作中常见的问题

在校大学生在科学研究方面是初次实践，缺少经验，对科技论文或学位论文的写作也是一个初学过程。即使是硕士研究生，同样也存在不少问题。

对于文献综述（即论文的绪论），许多研究生常常不重视，容易出现一些毛病：大量罗列堆砌他人文章的内容。缺少系统性和条理性，自己没有真正消化这些文献，没能掌握和领会所研究领域中国内外研究状况、发展趋势和内在联系；选择性地探讨文献资料。不是系统地回顾现有的研究文献和研究历程，却称某种研究缺乏文献或无人问津，从而自认为自己的研究是创新的探索性研究；为了凑篇幅，有些内容偏离课题太远。

在学位论文的写作过程中常出现的问题有：评价没有把握好“度”，观点偏颇；论据不充分或分析不足，妄下结论；将试验结果和数据机械地罗列、堆砌，没有很好地进行理论分析和学术讨论；虽然有分析，但东拼西凑，牵强附会，不合情理；内容安排混乱，条理不清；文字表达不规范，语言不通顺；论文格式不符合要求，参考文献、图、表的表示不完整更是普遍现象。

理论分析和论证中常出现的具体问题有：

1）错误地将两种先后发生的事物用因果关系联系起来。

2）错误地将两种同时发生的非相关现象用因果关系联系起来。

3）错误地将某试验结果应用到另一个条件下的试验结果中。有时，不同条件下的试验结果是不能等同相比、相互联系和相互印证的。

4）错误地突出强调其中某一因素（特别是次要因素），而不考虑其他影响比较大的因素。不注意分析讨论时的科学性，而想当然。

5）初学者在写学位论文时，经常犯这样的错误：不科学地过分拔高自己的研究，随意贬低别人的研究成果和学术观点。下结论（未成熟）比较武断。以为这样，自己的论文水平就可以高了。另外，虽然自己的研究已经有了创新，但是作者自己没有意识到，没有从理论上将试验结果、研究成果进一步地提炼和升华，没能做到画龙点睛。

为避免这些问题或毛病的出现，在写作过程中，作者首先要端正态度，集中精力；其次要认真试验，尽可能地理解所研究内容的有关科学技术问题；再次要反复修改，仔细推敲，写好每一个部分。学位论文的写作是锻炼自己科学研究综合能力的过程，这种能力是每个科技工作者必须具备的，也是每个创造发明者应具有的基本素质。

## 11.5 科技论文的起草、修改与投稿

### 11.5.1 科技论文的起草

任何文章在正式写作前总是有一个构思的过程，科技论文也是如此。构思的结果往往是要列出写作提纲。提纲是整个文章的整体设计。写提纲能帮助作者明确和完善文章的具体内容，能使文章所要表达的内容条理化、系统化、周密化。

一般来说，经过消化和吸收实践试验、调查研究和文献资料，论文的结构和内容构思就基本上能够确定。将构思结果写出来进行修改就可以是文章的提纲了。文章写作的构思就是要考虑论文的题目或所要表达的主题思想，主题确定后就要考虑具体的内容与层次，与此同时必须要考虑论述内容的佐证材料，最后应考虑论文得到了什么结论，创新点是什么。提纲的写作可以从粗到细，逐步细化。

提纲确定后，起草就是写论文的初稿，也称为原始稿。科技论文主要分为学术类和应用类，所以其阅读对象也会有所不同，发表的期刊杂志类型也不同。写作时要考虑论文的性质、目的和阅读对象。不同的论文性质有不同的写作要求和表达重点。学术类论文的读者喜欢论文中有真实的典型实例、明白的现象叙述、科学的理论分析、严密的公式推导、可靠的试验数据。注重科学研究的新发现、新发明、新理论和新规律等，注意力在“新”上。应用类科技论文的读者范围则更广泛，一般注意经济价值高、实用效果好、能解决实际问题的科技论文。重点是新设备、新工艺、新产品、新材料、新方法和新设计等，注意力是在“用”上。

写作方法或起草初稿因各人的习惯而有所不同。一般有以下几种。

（1）根据提纲，一气呵成　按照反复构思所拟定的提纲，从头到尾一次完成。对于论

文中的图表，只绘制草图和草表，对有些不妥当的细节也不做推敲。草稿完成后再逐步修改。这种方法的修改工作量比较大，但论文框架出来快。

（2）先易后难，边写边改　这种写作方法的特点是不按提纲的顺序依次撰写，而是考虑成熟的地方先写，然后再写比较难的部分。对于论文中所要用到的图表，可以在数据处理结束后，科学、正确地设计绘制好。这种方法在论文完成后的修改工作量比较小。

（3）局部打底，一次定稿　按照预定的论文提纲顺序，每一小节的写作都经过了仔细思考后才行文。完成段或一小节后，就反复推敲和修改。论文中比较难写的部分，单独用草稿打底稿，待修改后再移到文章中来，最后合并成文。

具体采用什么方法写作，依据各人的习惯和论文的内容性质来定。但是不管用什么方法写作，都要围绕提纲和主题，集中精力来写。

论文主题确定后，论文题目可以先初步确定。论文完成后，可以再反复推敲精练题目，摘要和结论等也是如此。

国内许多期刊对论文的篇幅都有一定的要求，在国内期刊上投稿应尽可能地符合该刊物的要求。国外的期刊一般对论文篇幅没有严格的限制。我国几位著名科学家在自己从事研究领域中所取得的成果已具有一定的权威性，得到了国际同行的认可，他们发表的论文很长。

例如：

柳百新．金属多层膜中晶态-非晶态相变的热力学和原子尺度理论模型．Advances in Physics（2001），63页．

徐庭栋．关于非平衡晶界偏聚动力学．Progress in Materials Science（2004），98页．

### 11.5.2　科技论文的修改与投稿

修改是论文写作的继续，也是科研工作的继续深入。论文的反复修改是科技工作者求实求真的科学精神和严肃认真的科学态度的体现。绝大部分的学术论文在投稿至目标期刊或提交至学术会议进行交流前，均需经过多次修改与完善。论文的修改不仅可以使文章更加完善得体，通畅可读，而且往往还可以在修改过程中不断地修正错误、发掘新的科学内容，使研究结果的学术价值和水平得到更充分的表达。

**1. 论文修改的基本内容**

修改论文主要有审查主题、调整结构、增删内容、语言推敲和规范格式等方面。

（1）审查主题　审查主题就是反复考虑论文表达主题是否正确、新颖、集中和科学。如果基本可以，则在内容和论证的材料上做局部修改；如果发现有问题，就需要重新修订主题，这样该论文的修改就要大动干戈，甚至重新起草。除了论文的主题，还要审查各节的内容是否和主题协调一致，各部分的论述是否围绕主题紧密配合。

（2）调整结构　调整结构一般有三种情况：第一种是论文主题有了变化，为了突出新主题，需要重新拟定提纲和组织论文的结构内容；第二种是论文主题虽然没有改变，但是初稿的内容和结构还没有或者没有充分表达出来，这时也要调整部分内容、论证材料和分析讨论；第三种是初稿和提纲、主题都能比较符合，只要做少量的调整与修改就可以满足要求。不管是什么样的情况，在修改时，都要把初稿中存在的层次不清、顺序混乱、主次不分、详略不当、前后矛盾等问题解决好。这是一个对研究问题不断进行科学思维的过程，也是一个研究成果不断深化和提升的重要环节，在许多情况下，还会有新的发现和新的创新点。

（3）增删内容　增删内容可以按以下几步进行：一是再鉴别论文所用的材料。凡是不真实的研究材料要删去，不太可靠或有怀疑的数据、结果等材料要进行核查，根据真实与否再进行取舍。二是再衡量材料。根据材料对主题的表现力，凡是表现力强、论证有力的材料保留，不能有力表现主题或不能贴切表现主题的材料应删去。三是再增补材料。从收集积累的材料中再选择材料，找到真实而利于表现主题的材料补充进来。四是再核实材料。论文中引用的论断、图表、公式、数据、定理、参考文献等要和原始文献核对以保证准确性。

（4）语言推敲　语言推敲一般包括四个方面：

1）内容的科学性。科学性是科技论文的生命。首先是论文内容的科学性，论文内容要真实、成熟、先进、可行。使用的材料必须是经过核实的真实材料；文章中的内容应该是经得起推敲的理论或可推广的成熟技术；叙述的内容是先进、创新的；叙述的内容在技术上和主客观条件上是可行的，理论推导和分析应科学合理。其次是表达的科学性，就是文章应准确、明白、全面地表达事物及科学内涵，不能含糊不清，模棱两可，更不能有歧义。真实不等于准确，而准确又有定性和定量准确之分，选词造句时要把握好尺度。

2）表达方式的简明性。要认真推敲语言，既要文字通顺，又不能使论文篇幅太长，要把与主题无关或关系不大的语句尽可能地删去。最后达到以最少的语言符号向读者传递最多的信息，并达到很好的交流效果。

3）表达语言的规范性。反复阅读论文，逐字逐句地认真推敲。论文草稿中的字、词、句、专业术语等都要加以检查、修改和补充；错别字，不恰当的表述、病句，不正确的标点符号都要加以纠正；检查论文中的图、表、量纲、数据、公式、符号、外文字母、参考文献等，都要按照论文规范化表达要求进行修改、校正。

4）表达形式的一致性。全文的风格、人称要一致；名词、术语、符号要一致；图、表、符号、公式的应用要一致；各层次标题的表达方式与序码要一致。

（5）规范格式　文章修改完成后，根据国家有关的写作标准和拟投稿杂志的要求进行排版设计。作者既要重视论文的内涵和学术水平，也要重视论文的外观质量和规范的形式。

**2. 论文修改的基本方法**

论文修改也有不同的方法，有热加工法、冷处理法、他改法和综合法等。

（1）热加工法　初稿完成后，大脑对论文的结构、内容印象还比较深，存在的问题还在思维中盘旋，这时应趁热打铁及时修改。其优点是不用花费很多的时间，修改效果也比较好。这种方法的缺点是修改时的思维仍停留在原来写作初稿时的定式，难以跳出原有的思维模式，对需要修改的地方还难以割舍。

（2）冷处理法　冷处理法又称为冷改法。将初稿放置一段时间，待头脑冷静后再修改。主要有：对全文仔细阅读，检查所用的数据结果等材料，审查论文的结构层次与布局，推敲行文用语，斟酌理论推导过程或分析讨论及结论。该方法的特点是能克服原来思维的定式，可能会有新的感受，比较容易发现问题，可以冷静处理存在的问题，更为重要的是往往在学术价值和理论意义上还会有新的提升。它的缺点是难免会忘记部分内容，并且需花费比较多的时间来熟悉内容。当然，初稿放置的时间要合适。

（3）他改法　经常写作的人可能都有这种体会，自己写的文章自己比较难发现毛病和存在的问题或不足。“旁观者清，当事者迷”，作者应该虚心向他人学习，请别人阅读和审查自己的文章，并提出意见，或者将自己还拿不准的问题提出来，征求他人的修改意见，也

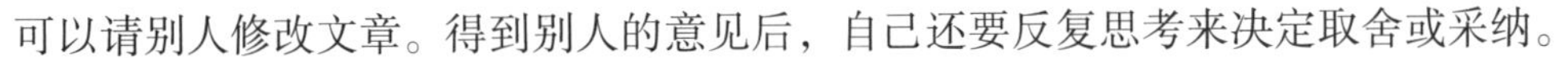

可以请别人修改文章。得到别人的意见后，自己还要反复思考来决定取舍或采纳。

（4）综合法　将以上几种方法结合，效果更好。论文初稿写好后，就着手阅读和修改，首先将写作过程中自己已经发现的问题解决，再仔细核查论文中所用的试验结果、数据，并把图和表按规范设计制作好。初步热改后，论文放置一段时间再反复阅读论文，重新审查论文的结构层次和每节的内容，特别要注意论文中理论推导的分析、试验结果的讨论、创新点的科学性及学术性和结论的客观正确性。然后，将论文送给熟悉这方面科学技术问题的人进行审查，征求修改意见，直到修改定稿。

一篇论文从初稿开始到最后投出，一般情况下都要经过三稿及三稿以上的修改。当然，如果稿件经审查同意录用后，根据反馈的修改意见，还要进行修改。

一篇好的科技论文必须有如下几个方面的反映或体现。

1）论文内容应满足"三统一"，即材料和观点的统一、论题和论据的统一、判断和推理的统一。

2）具有独特的见解或创造性。论文列出的论据能推出论点，并能引出一些新颖的观点和独特的见解。对于创造性，新的理论、新的试验数据或结果、新的分析观点、新技术、新工艺、新产品等都是创新性或发展性的研究成果。

3）观点鲜明，论据有力。层次清楚，说理透彻，语言通顺。文章对科研成果进行了科学合理的文字再创造，能比较好地体现自己的写作风格或特点。

4）有思想、有新意，文章具有耐读性和回味性。

**3. 论文的投稿**

在当今信息爆炸的时代，科技杂志的数量不断增加，科技论文浩如烟海。科技杂志按出版周期分有月刊、双月刊、季刊、半年刊和年刊。其按报道内容分有综合性期刊和专业性期刊，综合性期刊涉及自然科学的各个领域，专业性期刊报道的是一个学科或专业范围的内容。其按性质分有理论性比较强的学术性期刊和技术应用性为主的学术性期刊。在投稿之前，作者首先要了解各种杂志的办刊方针，主要侧重于发表哪些方面内容的论文，该杂志对投稿论文的写作要求及投稿须知，以及该杂志在学科专业或行业中的影响力和权威性。热改后，根据自己所写论文的内容、性质和创新成果的大小合理选择期刊杂志，再进行正式投稿。切忌不了解情况就随便投稿或乱投。

除了正式出版发行的期刊杂志，论文还可以在各种定期或不定期的各类各级的学术会议上进行交流。参加学术会议交流的论文也有投稿、审稿和被录用的问题，但是和期刊杂志上发表论文的审查相比，录用相对要容易些，杂志上发表论文有一定的周期，一般在1~2年，最快也要6个月左右。所以，学术会议上交流论文和传递信息比期刊杂志上发表论文要快，一般在学术会议上交流的论文都是作者最新，且没有在国内外杂志上公开发表的研究成果。一般情况，学术会议都会正式或非正式地出版会议论文集。

所有的期刊杂志都要求作者不能一稿两投或多投。论文已经被某杂志录用发表，作者也不能将原论文稍加变化，没有实质性改变，又在其他刊物上再投稿发表。当然，如果论文被杂志退回，可以修改后再投其他有关的杂志，有些杂志的稿源比较丰富，退稿率比较高。论文被退回，不要灰心，根据审查意见修改补充后可以再投其他相关的期刊。

# 参 考 文 献


[1] 王浩程. 工程认知实践教程 [M]. 北京：清华大学出版社，2013.
[2] 胡泽民，莫秋云. 工程师职业素养 [M]. 2 版. 西安：西安电子科技大学出版社，2022.
[3] 李津. 产品设计材料与工艺 [M]. 北京：清华大学出版社，2018.
[4] 张峰. 产品设计基础解析 [M]. 北京：中国时代经济出版社，2018.
[5] 张崴，冯林. 创意设计与专利保护 [M]. 北京：电子工业出版社，2019.
[6] 倪小丹，杨继荣，熊运昌. 机械制造技术基础 [M]. 3 版. 北京：清华大学出版社，2020.
[7] 王红军，韩秋实. 机械制造技术基础 [M]. 4 版. 北京：机械工业出版社，2021.
[8] 门艳忠. 机械设计 [M]. 北京：科学出版社，2018.
[9] 梁勇，王术良，孙德升. 电子元器件的安装与拆卸 [M]. 北京：机械工业出版社，2020.
[10] 科恩. 硬件产品设计与开发：从原型到交付 [M]. 武传海，陈少芸，译. 北京：人民邮电出版社，2021.
[11] 王威，张伟. 高可靠性电子产品工艺设计及案例分析 [M]. 北京：电子工业出版社，2019.
[12] 张旭辉，樊红卫，朱立军. 机电一体化系统设计 [M]. 武汉：华中科技大学出版社，2020.
[13] 冯浩. 机电一体化系统设计 [M]. 2 版. 武汉：华中科技大学出版社，2016.
[14] 闻邦椿. 机械设计手册：单行本，机电一体化技术及设计 [M]. 6 版. 北京：机械工业出版社，2020.
[15] 高安邦，胡乃文. 机电一体化系统设计及实例解析 [M]. 北京：化学工业出版社，2019.
[16] 董爱梅. 机电一体化技术 [M]. 北京：北京理工大学出版社，2020.
[17] 侯力. 机电一体化系统设计 [M]. 2 版. 北京：高等教育出版社，2016.
[18] 周敏. 智能产品设计 [M]. 北京：化学工业出版社，2021.
[19] 廖建尚，胡坤融，尉洪. 智能产品设计与开发 [M]. 北京：电子工业出版社，2021.
[20] 明新国，余峰，李淼. 工业企业产品创新 [M]. 北京：机械工业出版社，2016.
[21] 肖高. 先进制造企业自主创新能力结构模型及与绩效关系研究 [D]. 杭州：浙江大学，2007.
[22] 周道生，赵敬明，刘彦辰. 现代企业技术创新 [M]. 广州：中山大学出版社，2007.
[23] 申琳. 合作研发的机会主义行为研究 [D]. 天津：天津大学，2011.
[24] 余锋. 精益创新：企业高效创新八步法 [M]. 北京：机械工业出版社，2015.
[25] 屈云波，张少辉. 市场细分：市场取舍的方法与案例 [M]. 北京：企业管理出版社，2010.
[26] 周锡冰. 任正非谈华为创新管理：拥抱颠覆，咖啡杯里飞出黑天鹅 [M]. 深圳：海天出版社，2018.
[27] 李曙光. 武汉蔡甸经济开发区招商引资营销战略 [D]. 武汉：华中科技大学，2010.
[28] 戴起勋，赵玉涛. 科技创新与论文写作 [M]. 北京：机械工业出版社，2004.